上海出版资金项目
Shanghai Publishing Funds
国家"十二五"重点图书出版规划项目

中国园林美学思想史

——上古三代秦汉魏晋南北朝卷

丛书主编　夏咸淳　曹林娣

曹林娣　著

同济大学出版社
TONGJI UNIVERSITY PRESS

U0347704

内 容 提 要

本卷上溯炎黄时代"有意味的形式",历夏商周三代、两汉、三国、两晋,下至南北朝的中国园林美学思想发展历程:

三代"囿台"自娱神逐渐演化为"娱人";西周制礼作乐,基本奠定了三千年的文明模式;战国儒道墨骚诸家张扬了理性精神,"万物有灵"逐渐被"人为万物之灵"所取代,"天人合一"观向德、善、美方向大踏步发展。秦、西汉神仙思想、象天法地主导了帝王构园活动;西汉士大夫确立了"内圣外王"的人格理想;东汉时期,佛教以中国固有的儒道思想为"护照"传入中国,汉末,人们开始面向现实人生,追求短暂生命的享受质量,拥抱着老庄思想,走向田园、山林;魏晋的门阀士族"以玄对山水",进一步唤起了人的自觉,讲究艺术的人生和人生的艺术,于是挖地堆山,乐于丘壑之间,出现了"有若自然"的士人山水园林及园林化的寺观,结束了皇家宫苑一枝独秀的局面,为隋唐园林的发展奠定了思想基础。

图书在版编目(CIP)数据

中国园林美学思想史.上古三代秦汉魏晋南北朝卷/夏咸淳,曹林娣主编;曹林娣著. -- 上海:同济大学出版社,2015.12
ISBN 978-7-5608-6097-8

Ⅰ.①中… Ⅱ.①夏… ②曹… Ⅲ.①园林艺术-艺术美学-美学史-研究-中国-上古 ②园林艺术-艺术美学-美学史-研究-中国-秦汉时代 ③园林艺术-艺术美学-美学史-研究-中国-魏晋南北朝时代 Ⅳ.①TU986.1 ②B83-092

中国版本图书馆 CIP 数据核字(2015)第 294715 号

本丛书由上海市新闻出版专项扶持资金资助出版
本丛书由上海文化发展基金会图书出版专项基金资助出版

中国园林美学思想史——上古三代秦汉魏晋南北朝卷

丛书主编　夏咸淳　曹林娣
曹林娣　著
策划编辑　曹　建　季　慧
责任编辑　季　慧　陆克丽霞　**责任校对**　徐春莲　　**封面设计**　陈益平

出版发行　同济大学出版社　　www.tongjipress.com.cn
　　　　　(地址:上海市四平路 1239 号 邮编:200092 电话:021-65985622)
经　销　全国各地新华书店
印　刷　上海中华商务联合印刷有限公司
开　本　787 mm×960 mm　1/16
印　张　16.5
字　数　325 000
版　次　2015 年 12 月第 1 版　　2015 年 12 月第 1 次印刷
书　号　ISBN 978-7-5608-6097-8

定　价　68.00 元

总序

中国古典园林是中华灿烂文化标志之一,与西亚园林、西方园林并为世界三大园林体系,而以历史悠久绵延不绝、构景以诗文立意、画境布局、精美独特、妙合自然山水画意著称于世。中国古典园林萌发于商周,成长于秦汉魏晋,成熟繁荣于唐宋,至明代后期、清代中期而臻全盛,以后渐趋衰微而显现嬗变迹象。

中国园林美学思想是园林艺术伟大实践的产物,也反过来指导、引领造园实践。

中国古典园林美学,荟萃了文学、哲学、绘画、戏剧、书法、雕刻、建筑以及园艺工事等艺术门类,组成浓郁而又精致的园林美学殿堂,成为中华美学领域的奇葩。

中国园林美学思想之精要、特征可以简括为三点:

一、中国园林美学思想特别注重园林建筑与自然环境的共生同构。以万物同一、天人和合的哲学思维观照天地山川,山为天地之骨,水为天地之血,山水是天地的支撑和营卫,是承载、含育万物和人类的府库和家园。人必有居,居而有园,园居必择生态良好的山水之乡。古昔帝王构筑苑囿皆准"一池三岛"模式已发其端,后世论园林构成要素也以山水居首,论造园家素养以"胸有丘壑"作为不可或缺的条件。山水精神是中国园林美学之魂,园林美学与山水美学、环境美学密不可分。

二、中国园林美学思想深具空间意识、着意空间审美关系。中国园林属于特殊的建筑艺术、空间艺术,特别注重美的创造,将空间艺术之美发挥到极致。以江南园林为代表的私家园林十分讲究山水、花木、屋宇诸要素之间,各种要素纷繁的支系之间,园内之景与园外之景之间,通过巧妙的构思和方法组合成一个和谐精丽的艺术整体。局部看,"片山多致,寸石生情";全局看,"境仿瀛壶,天然图画";大观小致,众妙并包。论者认为,"位置之间别有神奇纵横之法"。"经营位置"是中国画论"六法"之一,也是园林家们经常谈论的命题,还提出与此相关的一系列美学范畴,如疏密、乱整、虚实、聚散、藏露、蔽亏、避让、断续、错综、掩映等,议论精妙辩证。

三、中国园林美学思想尊尚心灵净化、自我超越为最高审美境界。古代帝王苑囿原有狩猎等功能,后蜕变为追求犬马声色之乐的场所,后世权贵富豪也每以巨墅华园夸富斗奢、满足官能物欲享受,因此被贤士指斥为荒淫逸乐。中国园林美学思想以传统士人审美理想为主流,不摒弃园林耳目声色愉悦,但要求由此更上一层,与心相会,体验到心灵的净化和提升,摆脱尘垢物累,达到自由和超越的审美境界。栖居徜徉佳园,如临瑶池瀛台,凡尘顿远,既有"养移体"的养生功能,更具"居移气"

的养心功能,故园林审美最高目标在于超尘拔俗,涤襟澄怀。由此看来,对山水环境、空间关系、生命超越的崇尚,盖此三者构成中国园林美学思想的精核。且作如是观。

中国园林美学史料丰富纷繁。零篇散帙,园记园咏,数量最大,分藏于别集、总集、游记、日记、笔记、杂著、地方志、名胜志诸类文献,诚为"富矿",但搜寻不易。除单篇散记外,营造类、艺术类、工艺类、园艺类、器物类、养生类等著作也与造园有关,或辟专章说园。如《营造法式》、《云林石谱》、《遵生八笺》、《长物志》、《花镜》、《闲情偶寄》等名著。由单篇园记发展为组记、专志、专书,内容翔实集中,或详记一座私家园林,或分载一城、一区数园乃至百园,前者如《弇山园记》、《愚公谷乘》、《寓山注》、《江村草堂记》,后者如《洛阳名园记》、《吴兴园圃》、《越中园亭记》。这些园林志著述颇具史学意识和美学意识。至于造园论专著在古代文献中则罕见,如明末吴江计成《园冶》屈指可数。这与中国文论、诗论、画论、书论专著之发达不可同日而语。究其原因,一则园林艺术综合性特强,园论与画论同理,还常混杂于营造、艺术、园艺、花木之类著作之中。再则,园林创构主体"能主之人"和匠师术业专攻不同,各有偏重,既身怀高超技艺,又通晓造园理论,而且有志于结撰园论专著以期成名不朽者,举世难得,而计成适当其任,故其人其书备受推崇。园论专著之不经见,不等于中国园林美学不发达,不成系统。被誉为世界三大园林体系之一的中国古典园林,当然也包含博大精深、自成系统的美学理论。

目前园林美学思想史研究成果颇丰,但比较零散,迄今尚未见到一部完整系统的专著,较之已经出版的《中国建筑美学史》、《中国音乐美学史》、《中国设计美学史》和多部《中国美学史》著作逊色不少。这部四卷本《中国园林美学思想史》仅是一种学术研究尝试。全书以历史时代为线索,自先秦以迄晚清,着重论析每个历史阶段有关重要著作和代表园林家的美学思想内涵、特点和建树,比较相互异同,阐述沿革关系,进而寻索梳理历史演变逻辑和发展脉络。而这一切都离不开对纷庞繁杂的园林美学史料的发掘、整理和研读,本书在这方面也下了一番工夫。限于学力和时间,疏漏舛误在所难免,尚祈专家、读者不吝指正。

本书在撰写过程中,得到诸多专家学者的关心和帮助。同济大学古建筑古园林专家路秉杰教授、程国政教授、李浈教授,上海社会科学院美学家邱明正研究员、园林家刘天华研究员,都曾提出宝贵意见和建议,使作者深受启发和得益。本书还得到同济大学出版社领导和有关编务人员的鼎力支持。2009年末,该社副总编曹建先生即与上海社会科学院文学所研究员夏咸淳酝酿此课题,得到原社长郭超先生和常务副总编张平官先生的赞同。2010年初,曹建复与编辑季慧博士商议项目落实事宜,并由季慧申报"十二五"国家重点出版规划课题,后又申请上海文化出版基金项目,均获批准。及支文军先生出任社长,继续力挺此出版项目,并亲自主持本书专家咨询会。责任编辑季慧博士及继任陆克丽霞博士多次组织书稿讨论会,经常与作者互通信息,对工作非常认真,抓得很紧。由于他们的努力和专家们的关切,在作者三易其人,出版社领导和责编有所变更的情况下,本项目依然坚持下来,越五年而成正果,实属不易。

    值此付梓出版之际,作者谨向所有为本书付出劳动的人,表示深深的敬意和铭谢。

夏咸淳 曹林娣

2015 年冬

卷前语

中国园林史的研究,和中国史的研究一样,应该超越疑古、走出迷茫,借助不断发现的黄帝时代至夏代文化考古资料为佐证,以全新的视野拨开扑朔迷离的历史雾霭,重新审视园林史领域的美学思想。

《山海经》等上古信史,记述黄帝苑圃文字,极为可贵,佐之考古发现的黄帝初都涿鹿城、以女神庙为中心的牛河梁遗址群、内蒙古东山咀祭坛等,充分证实了5 500多年前那里曾存在着一个具有国家雏形的原始社会,也佐证了黄帝时代已经具备设置初始园林的条件。

作为高级文明的园林美学思想,其基因孕育于炎黄时代,先民出于对原始生态环境的长期生活积累,对自然的恐惧、敬畏、神秘的心理,并由此产生了"万物有灵"观念。又基于对生存和族群繁衍的功利目的,先民对神灵的祭拜,其中祭拜对象、祭坛、礼器形制、巫术歌舞等,装载着先民的思想。神话思维使先民构想了天宫、昆仑神山和蓬莱仙境等最美的生活环境,逐渐萌生出审美意识的胚芽,发展出"有意味的形式"①。

审美活动展示出从再现向表现、由写实向符号、由内容向形式的转化。诚如爱德华·B·泰勒所言:"事实上,万物有灵论是宗教哲学的基础,从野蛮人到文明人来说都是如此。虽然最初看来它提供的仅是一个最低限度的、赤裸裸的、贫乏的、宗教的定义,但随即我们就能发现它那种非凡的充实性。因为后来发展起来的枝叶无不植根于它。"②园林是高级文明的象征,它的产生,建立在社会生产力的发展和社会财富积累的基础上,进入文明社会以后,由于社会财富的增加,劳心与劳力的分工,等级出现,原始宗教逐渐向人为宗教发展。

《礼记·礼运》载:"昔者先王,未有宫室,冬则居营窟,夏则居橧巢。未有火化,食草木之实,鸟兽之肉。饮其血,茹其毛。未有麻丝,衣其羽皮。后圣有作,然后修火之利。范金,合土。以为台榭、宫室、牖户。以炮,以燔,以亨,以炙,以为醴酪。治其麻丝,以为布帛,以养生送死,以事鬼神上帝。皆从其塑。"古时,人类冬天掘地或累土而住,夏天则住在以柴薪堆成的巢形居所,生活条件十分艰苦,不可能产生居住环境的美的意识。

---

① 【英】克莱夫·贝尔提出"美"是"有意味的形式"的著名观点。
② 【英】爱德华·B·泰勒:《原始文化》第1卷,1889,第426页。

进入殷商时代,在陶器和青铜鼎上出现了恐怖、狞厉和神秘、夸张的饕餮纹。帝纣已经慢于鬼神,大乐戏于沙丘。史载其厚赋税以实鹿台之钱,而盈巨桥之粟。益收狗马奇物,充仞宫室。益广沙丘苑台,多取野兽蜚鸟置其中。以酒为池,悬肉为林,使男女倮相逐其间,为长夜之饮。虽然亡国之君殷纣王因居"下流"有被妖魔化之嫌,但从中透露出娱神色彩逐渐褪色而娱人色彩加厚的趋势。

西周初年,由于周公旦的制礼作乐,英雄时代始告结束,特别是进入被称为"轴心时代"的战国以后,百家争鸣,其中儒道墨诸家都张扬了理性精神,"万物有灵"逐渐被"人为万物之灵"所取代,"天人合一"观向德、善、美的方向大踏步发展。政治伦理化、神秘化,自然宗教转变为伦理宗教。可以说,而后三千年的文明模式,基本上是在周初定型的。

这种形态,自秦至汉武帝时代终于发展到经典形态,即专制主义政治、小农经济和儒家纲常伦理三位一体。但神仙思想依然主导着帝王构园活动,宫苑主要模仿幻想中的天上世界和仙境。到东汉末,人们开始从天、鬼、神等神秘、恐惧的氛围中挣脱出来,面向现实世界,并意识到"生年不满百",要追求短暂生命的享受质量。

两汉士大夫确立了"内圣外王"的人格理想,西汉时汲汲事功,东汉则开始求解脱,汉末丘园、山林、归田园、渔钓,成为许多士大夫文人的狂热追求。张衡写《归田赋》,憧憬那与官场形成鲜明对比的田园生活,竭力追求精神世界的宁恬;东汉初年的冯衍《显志赋》推崇老庄高蹈隐逸思想;倜傥敢直言的"狂生"仲长统的理想是"使居有良田广宅,背山临流,沟池环匝,竹木周布,场圃筑前,果园树后"。

魏晋时代是中国园林的形态发生飞跃的时期,也是中国思想领域中开放并具有特色的时期:魏晋的门阀士族,侵淫于玄佛之中,"以玄对山水",从自然山水中领悟"道",唤起了人的自觉,讲究艺术的人生和人生的艺术,诗、书、画、乐、饮食、服饰、居室和园林,融入到人们的生活领域,于是挖池堆山,乐于丘亩之间,出现了"有若自然"的士人山水园林,为隋唐园林的发展奠定了基础。

目 录

中国园林美学思想史——上古三代秦汉魏晋南北朝卷

目
录

第一章　炎黄时代园林美学思想的原始基因

"基因"指存在于细胞内有自体繁殖能力的遗传的基本单位。本书指中国园林美学思想存在于民族文化细胞内的基本元素。

恩格斯说:"历史从哪里开始,思想进程也应当从哪里开始。"①

恩格斯在《家庭、私有制和国家的起源》中,以人类生产技能的发展和获取生活资料的进步为标志,划分为三个时期:采集现成的天然产物为主的蒙昧时代、靠人类的活动来增加天然产物生产的野蛮时代和学会对天然产物进一步加工的文明时代,并认为,文明时代是真正的工业和艺术产生的时期。②

诚然,审美作为情感与智力结合的高级心理活动,有意识的园林美学思想不可能出现在人类的蒙昧和野蛮时期,审美价值在功利价值的基础上产生。

炎黄时代相当于仰韶文化的早期和中晚期,③属于新石器时代,大汶口文化、红山文化、良渚文化均可概括为炎黄时代文化,正如恩格斯所说的从母权走向父权,是"人类所经历的最激烈的革命之一","一切文化民族在这一时期经历了自己的英雄时代"。

"文明的起点,开始于城堡的兴起"④,黄帝城和良渚古城的考古发现,支持了这一推论。

司马迁的《史记·五帝本纪》说黄帝在"修德振兵"、"征师诸侯",先后打败炎帝与蚩尤部落之后,巡狩四方,封禅祭祀山川鬼神,意在"合同万国"并抚慰黎庶。黄帝曾东至海岱,西至崆峒,南至熊湘,而后"北逐荤粥,合符釜山,而邑于涿鹿之阿",兴建了我国历史上第一座都城——黄帝城。

黄帝城遗址呈不规则正方形,长宽各 500 米,城墙系夯土筑成。现存城墙高3~5 米,南、西、北城墙尚在,东城墙浸于轩辕湖中。黄帝城遗址内,有大量陶片,除少量夹砂质粗红陶外,大部分是泥质灰陶和黑陶。器物残件如陶鼎腿、乳状高足、粗柄豆柄等,常有发现,甚至还有完整的石杵、石斧、石凿、石纺轮、石环等。涿鹿之野的黄帝城,这座残破的 5 000 年前的古城堡,中华民族这个东方伟大的民族就从这里起步! 最初的文明就从这里开始创立!

考古发现的良渚古城,占地 290 多万平方米,是长江中下游地区首次发现同时代中国最大的良渚文化时期的城址,专家称之为"中华第一城"。

中华"文明"史始于炎黄时期,园林美学思想的行程也应该出现在这一时期,当然,这不是指比较理性的"审美思想",而是指先人对于"美"的朦胧的、感性的和飘忽不定的心理感受,美学界称之谓"原初审美意识"。

但关于"原初审美意识"渊源却众说纷纭,大多从剖析和解读汉字"美"符号切

① 《马克思恩格斯选集》第二卷,人民出版社,1972,第 122 页。

② 《马克思恩格斯选集》第四卷,人民出版社,1972,第 23 页。

③ 范文澜:《中国通史》(第二节),许顺湛进一步提出炎帝时代相当于仰韶文化早期,黄帝时代相当于仰韶文化中晚期的观点(许顺湛.《黄河文明的曙光·附录一》),中州古籍出版社,1993。

④ 【英】弗·培根著,何新译:《人生论·论园艺》,华龄出版社,1996,第 199 页。

入：或曰"羊大为美"，出于人的味觉美感①；或曰羊人为美，源于"图腾"和原始巫术活动②；或曰羊女为美，认为"美"本源于"色"和视觉美的感受③；古风则主张兼采三说，合立一论(图1-1)。④

图1-1　甲骨文"美"字

笔者以为，词源学的探究固然是不可或缺的切入点，但还可从"原初审美意识"创造出的"有意味"的"形式"中去寻找具体的佐证。

"从词源学上来讲，《说文》：'美，羊大也。'羊大了，肉好吃，就称之为'美'。这既不属于眼，也不属于耳，而是属于舌头，加上一点鼻子，鼻子能嗅到香味。"⑤"羊大为美"揭示了审美的最初动因出于动物性的本能感觉。⑥

从生理学角度来看，人们的喜悦、悲伤、记忆和包袱，本能感觉和自由意识，都是一大群神经细胞及其相关分子的集体行为，是脑电波的生理活动。⑦ 在生物追求适悦感的表现形式中，出现了可以称作审美的现象，也就是说，美感起源中包含着生物的因素。法国生物学家恩斯特·海克尔就在原生动物那里，发现了喜与厌这种基本情感，这表现在它们的所谓向性上，向光或向暗，向暖或向寒，表现在对正、负电的不同反应上。⑧ 而"色"和"目观之美"比较理性。

笔者以为，在初民眼中，凡能保佑人生存者，能保持种族繁衍者都为崇拜对象，也即"美"的对象，这是原初美意识的渊源。正因为如此，与人类生存相关的自然崇拜、英雄崇拜以及和生殖崇拜相关的女性崇拜等跃上了初民祭坛，原始神话中同时出现了初民对生活境域的憧憬，成为承载炎黄时代初民园林美学思想基因的形象载体。

第一节　崇功尚用与"有意味的形式"

通过考古发掘，证实了在成文历史出现之前已经存在远古原始宗教，表现形态

---

① 东汉许慎《说文解字》："美，甘也，从羊，从大。"宋初徐铉《校定说文解字》："羊大则美。"清段玉裁《说文解字注》："羊大则肥美"，"五味之美皆曰甘"；日本学者笠原仲二《古代中国人的美意识》："中国人最原初的美意识，就起源于'肥羊肉的味旨'这种古代人们的味觉的感受性。"

② 萧兵《从"羊人为美"到"羊大则美"》，见《北方论丛》1980年第2期；萧兵《〈楚辞〉审美观琐记》，《美学》第3期。

③ 马叙伦《说文解字六书疏证》："(美)字盖从大，羊声……(美)盖媄之初文，从大犹从女也"。

④ 古风：《中国古代原初审美观念新探》载《学术月刊》2008年第5期。

⑤ 季羡林：《季羡林散文全编》第五卷，中国国际广播出版社，2001，第215～216页。

⑥ 一曰：味觉成为被"美"描述的对象，至中国战国晚期才开始出现，许慎乃基于对小篆字形的望文生义而导致的误判。《从"美"字释义看中国社会早期的审美观念》。

⑦ 【英】弗朗西斯·克里克著，汪云九等译：《惊人的假说》，湖南科技出版社，1999，第3页。

⑧ 参见赵惠霞《审美发生论》所引，陕西人民出版社，2002，第31页。

多为植物崇拜、动物崇拜、天体崇拜等自然崇拜以及与原始氏族社会存在结构密切相关的生殖崇拜、图腾崇拜和祖先崇拜等。原始宗教不同于人为宗教的一神教,它是以"万物有灵论"①为其特征的"多神教"。如辽宁牛河梁红山文化"女神庙"遗址中的彩绘女神头像;阴山岩画中,"有巫师祈祷娱神的形象,也有拜日的形象";在连云港市将军崖岩画中,"天神表现为各式各样的人面画……包括太阳神、月神、星神等";又如随县擂鼓墩 1 号墓内棺上"有一些手执双戈戟守卫的神像,有的长须有角,有的背生羽翼,富于神话色彩";长沙子弹库出土的楚帛书上的十二月神形象,"或三首,或珥蛇,或鸟身,不一而足,有的骡视不可名状"②。

原始宗教崇功尚用,日月、天地、雷电、风雨、山川、动物、植物等神灵成了理所当然的报祭对象:"社稷山川之神,皆有功烈于民者也……及天之三辰,民所以瞻仰也;及地之五行,所以生殖也;及九州名山川泽,所以出财用也,非是不在祀典。"③

园林的审美基因,蕴藏在原始巫术、图腾崇拜与原始祭拜仪式呈现出来的"有意味的形式"之中,同时将思想观念装载进去。为中华民族园林美学思想史铺设了一条美丽的底线。

一、璧圆象天　琮方象地

恩格斯在《自然辩证法》中说:"首先是天文学——游牧民族和农业民族为了定季节,就已经绝对需要它。"

以农立国的中华先民,通过观察与农业生产密切相关的天象循环变化的规律,来掌握季节和气候的变化。17 世纪天主教耶稣会教士初到北京,认为中国天文学4 000 年前就有了,据甲骨文记载约在公元前 1500 年。所以顾炎武说中国"三代以上,人人皆知天文。'七月流火',农夫之辞也;'三星在户',妇人之语也;'月离于毕',戍卒之作也;'龙尾伏辰',儿童之谣也。"④

源于先民们对天地的崇拜,出现了祭祀天地的台社。西方旧圣经《创世纪》有通向天界的通天塔,中华古人认为与天界最接近的是高山巨岳,祭天要在高山。

作为中国名山的代表和象征的泰山,地处东部,为"万物终始之地,阴阳交泰之所",称为"五岳独宗",因此,成为历代帝王举行封禅告祭之地。《后汉书·祭祀志》:"岱者,胎也;宗者,长也。万物之始,阴阳之交,云触石而出,肤寸而合。不崇朝而遍雨天下,惟泰山乎!故为五岳之长耳。"《史记·封禅书》记载,自三皇五帝始,就有一些著名的"帝"、"王"举行祭天活动。如到泰山祭天始于伏羲氏之前的无怀氏,之

① 普列汉诺夫:《普列汉诺夫哲学著作选集》第 2 卷,北京:生活·读书·新知三联书店,1961,第720~721 页。

② 袁行霈主编:《中国文学史·第一章上古神话》,高等教育出版社,2000,第 39 页。

③ 《国语·鲁语》上展禽语。

④ 顾炎武:《日知录》卷三十,上海古籍出版社影印本。

后,伏羲氏、神农氏、黄帝、颛顼、帝喾等都到过泰山顶上祭天。

祭天要筑台,《山海经》中有"帝尧台、帝喾台、帝丹朱台、帝舜台,各二台,台四方,在昆仑东北"的记载。

还有"轩辕之丘"、"轩辕之台"的记载。《山海经卷二·西山经》:"又西四百八十里,曰轩辕之丘,无草木。洵水出焉,南流注于黑水,其中多丹粟,多青、雄黄。"《山海经卷十六·大荒西经》有轩辕之台,射者不敢西向(射),畏轩辕之台。

《管子·白心》:"故苞物众者,莫大于天地;化物多者,莫多于日月。"[1]天地自然首先跃上先民的祭祀神坛。天的符号往往用永恒不变的圆形太阳来表示。地则以方形表示。考古发现提供了佐证:新石器时代兼有祭天礼地的功能的祭坛形制为圆形和方形,如辽宁红山文化遗址中的石砌方形祭坛和石筑圆形祭坛。[2] 辽宁省建平县牛河梁红山文化遗址中也有方坛石桩筑成的三层同心圆圆坛。[3] 专家认为"三环石坛以象天,方形石坛以象地","是最早的天坛"和"最早的地坛"。[4] 在辽宁凌源、喀左、建平三市、县交界处,为距今约5 000多年的大型祭坛、女神庙和积石冢群址,其布局和性质与北京的天坛、太庙和十三陵相似。说明早在炎黄时代,先民就有了"天圆地方"的观念。

玉琮与玉璧、玉圭、玉璋、玉璜和玉琥为巫师们用来礼天地四方的六种礼器,古谓之六瑞。仰韶文化和良渚文化遗址都出土了玉璧、璧圆,在礼仪活动中用璧祭祀天神。玉琮的造型实际上是方圆合体、天地合一的。良渚文化出土了体积最大、制作最精致玉琮,玉琮两端圆中间为方柱体,上端上部正中阴线刻日月纹,是天上世界的象征,反映出先民对太阳、月亮的崇拜。多数学者认为玉琮的造型本身是内圆(孔)外方,内圆象征天,外方象征地,玉琮是天地合一的形象,应该是一种沟通天地的法器,也是承担沟通人神关系任务的卜、史、巫、觋、祝一类的巫师通神的法器,是十分重要的祭祀礼仪用器。《周礼·春官宗伯第三·大宗伯》有"以苍璧礼天,以黄琮礼地"的记载,只是笼统的说法,出土实物印证了璧圆象天,琮方象地。仰韶文化和良渚文化遗址都出土了三角形的玉圭,应该是山的象征。这样,圆形、方形、三角形及其组合成为园林建筑图案的基本造型。

太阳崇拜的标识在园林中出现得最频繁的是十字纹和卍字,月亮崇拜主要有各式月洞门,另外还有云神、冰雪等符号。

总之,"天圆地方"的观念,成为"艺术的宇宙图案"的园林的天然蓝本(图1-2)。

① 《管子》第三十八。
② 郭大顺、张克举:《辽宁省喀左县东山嘴红山文化建筑群址发掘简报》,《文物》1984年第11期。
③ 辽宁省文物考古研究所:《辽宁牛河梁红山文化"女神庙"与积石冢群发掘简报》《文物》1986年第8期。
④ 冯时:《星汉流年——中国天文考古录》,四川教育出版社,1996,第221~223和第145页。

图1-2　旭日穿过云层正欲喷薄而升(苏州耦园花窗)

二、帝者蒂也　繁衍之神

祭台冠以尧、喾、丹朱、舜及轩辕之名,该台应是他们与"天"通话、受命于天的特殊场所,炎黄时这些冠以"帝"名者,是传说中的英雄,可能都兼有巫师和部落首领的双重身份,因而,他们祭拜天地,同时成为非凡之人而受到氏族的祭拜。

巫,甲骨文 Ξ = $\mathbf{I}$(工,巧具)+ $\mathbf{X}$(又,抓、持),表示祭祀时手持巧具,祝祷降神。有的甲骨文写作 $\maltese$ = $\vdash$(工,巧具)+ $\mathbf{I}$(巧具),表示多重巧具组合使用,强调极为智巧。金文 $\maltese$ 承续甲骨文字形。篆文 $\mathbf{巫}$ 写成一"工" $\mathbf{I}$ 两"人" $\mathbf{人}$,表示两人或多人配合祝祷降神。《说文解字》:巫,祝也。女能事无形,以舞降神者也。象人两袖舞形。远古部落中智慧灵巧的通神者,以神秘法器,祝祷降神。1987年,考古工作者在河南省濮阳市西水坡发现了一组公元前4 000年左右的仰韶文化古墓群,其中,第45号墓主尸骨两侧,用蚌壳精心摆砌有龙、虎、熊、蜘蛛等图案,墓穴的南部边缘呈圆形,北部边缘呈方形。说明他们是能够乘龙遨游天地的英雄兼神,[①]龙、虎、熊、蜘蛛等图案显然是葬礼的遗留物。

远古巫师是部落中最为智巧者,《山海经·海内西经》:"开明东有巫彭、巫抵、巫阳、巫履、巫凡、巫相,夹窫窳之尸,皆操不死之药以距之。"通常是直觉超常的女性,男巫出现的时代在男权社会形成之后。

---

① 濮阳市文物管理委员会等:《河南濮阳西水坡遗址发掘简报》,华夏考古,1988年第1期,《文物》1988年第3期。

黄帝是传说中上古帝王轩辕氏的称号,有的研究者认为"黄帝"是母系氏族社会的生殖女神①,而"帝"字,学者们都认为是花蒂之"蒂"演化而来,甲骨文字形象形,像花蒂的全形。上面像花的子房,中间像花萼(花瓣外面的绿片),下面下垂的像雌雄花蕊。本义为花蒂:"如花之有蒂,果之所自出也"②;"帝者,蒂也……像花萼全形"③;"知帝为蒂之初字,则帝之用为天帝义者,亦生殖崇拜之一例也"④(图1-3)。

(a) 甲骨文　　　　　　(b) 金文　　　　　　(c) 小篆

图1-3　帝者,如花之有蒂

牛河梁南侧红山文化竟有一座女神庙,数处积石大冢群,以及面积约为四万平方米的类似城堡或方形广场的石砌围墙遗址。女神庙主神彩塑女神像,有大于真人三倍的女性乳房,还有女神头像、玉佩饰、石饰和大量供祭祀用的具有红山文化特征的陶器。女神头像是典型的蒙古利亚人种,与现代华北人的脸型近似。

喀左县东山嘴红山文化祭坛遗址中,也出土了裸体女神立像;突出挺立的大肚子,腹下有表示性器官的记号,臀部肥硕,向后凸起,上身微向前倾。仰韶文化后期,男性生殖崇拜渐趋主导地位。

始祖神女娲为具有超人之行和神圣之德,《说文》云:"古之神圣女,化万物者也。"从字源学上看,女娲是远古时期的生育女神。女娲,也名女包娲(《路史·后纪二》)。《说文》中没有"女包"字,但从"包"字中可以透见出一些信息。《说文》云:"包,象人裹妊,巳在中,象子未成形也。"又云:"胞,儿在裹也。"由此可见,"女包"也是一个有关妊娠生育的字。这从"女娲造人"的神话传说中可以得到证实。《风俗通》云:"俗说天地开辟,未有人民。女娲抟黄土作人。剧务,力不暇供,乃引绳于泥中,举以为人。"(《太平御览》卷七十八引)汉墓出土帛画及画像石刻中,女娲与伏羲联体交尾的人首蛇身像上,女娲手捧月亮,说明女娲是象征太阴之神即月神的。月神又是主司婚姻和生殖之神,是初民心目中混沌的天人合一的高媒神。在流传至

　　①　见叶林生:《古帝传说与华夏文明》,黑龙江教育出版社,1999,第169页。笔者认同黄帝为女性的说法,但认为"黄"字乃龟的象形。
　　②　吴大澂:《古籀补·附录》。
　　③　王国维:《观堂集林·释天》。
　　④　郭沫若:《甲骨文字研究·释祖妣》,科学出版社,1962。

今的"屡经后世歪曲增删的远古神话、传奇和传说"①中,这个月神是从《山海经》"帝俊妻常羲生月十有二"的月母"常羲"演变而来,"常羲"就是嫦娥,她为了能使月亮不断地"死而复生",于是"奔月"后变为"不死之药"的"蟾蜍"。② 原始先民崇拜蛙,视之为繁衍之神,是雷神之子。因为蛙似乎能冬死(冬眠)夏生,具有死而复生的神秘力量;蛙产子多,具有超人的生殖力;蛙腹瘪了又圆,圆了又瘪,永无已时,具有超人的死而复生的生殖神力。于是,古史传说中用自己的身躯"化生万物"的"古之神圣女"名字就叫"女娲"③。"娲"与"蛙"通。

在考古发掘中,有这样一个耐人寻味的事实,即所有出土的母系氏族阶段的文化遗物,凡是人面雕像,乃至器物塑像,几乎全部为女性。女子,特别是怀有身孕的女子,就是当时人们心目中最美的偶像。

即使到了殷商时期,仍然残留着母系社会的某些信息。如崔恒昇编著的《简明甲骨文词典》中收入"帚女"、"帚井"、"帚丰"、"帚白"等以"帚"(即妇,已婚女子)字冠头的双音妇女名就有 92 个,而收入"子央"、"子戈"、"子安"、"子美"等以"子"冠头的双音男子名只有 63 个。

当然,母系社会对于女性的尊重和崇拜,是由其社会地位决定的。

在我国的仰韶文化、龙山文化、齐家文化、屈家岭文化和红山文化等原始社会遗址,均发现过陶塑、石祖等"生殖崇拜"的遗物,生殖崇拜也成为原始绘画和造型艺术最古老的重要的源头。

赵国华《生殖崇拜文化论》说,花卉纹等植物纹样是女阴的象征,是远古人类实行女性生殖器崇拜的又一种表现。他认为,河姆渡的"水草"刻画纹和"叶形"刻画纹,庙底沟的"叶形圆点"纹,秦壁村的"花瓣"纹,甘肃和青海马家窑文化的"叶形"纹、大墩子的花卉纹等,其实都具有模拟女阴的性质。④

被称为仰韶文化四大图腾纹的鱼纹、鹿纹、鸟纹和蛙纹(实为蟾蜍),都与生殖崇拜有关系。

鱼很早就被先民视为具有神秘再生力与变化力的神圣动物。闻一多先生认为,《诗经》中提到的"鱼"都与"性"和"配偶"有关系(闻一多《说鱼》)。

鹿一雄多雌,鹿角能脱而复生,因此也被人们视为生命力的象征。古有以鹿皮纳聘的礼俗,和鹿的繁殖众多又喜成群出没有关,有繁盛兴旺的意思。《诗经·野有死麕》有"野有死麕,白茅包之。有女怀春,吉士诱之"的诗句,可见以鹿相赠与婚恋相关联,并且其深层内涵不在于审美意识,而在于生殖崇拜。鹿象征女性,不仅因为其婀娜轻盈的体态,还在于旺盛的生育能力,妇人之贵有子。图 1-4 为苏州留

---

① 李泽厚:《美的历程》,文物出版社,1981,第 5 页。

② 蔡运章、戴霖、秦简:《〈归妹〉卦辞与"嫦娥奔月"神话》,《史学月刊》,2005 年第 9 期,第 16～21 页。

③ 东汉许慎:《说文》。

④ 赵国华:《生殖崇拜文化论》,中国社会科学出版社,1990,第 214～215 页。

园的鹿图案铺地。

古人认为"日者,阳精之宗,积而成鸟",鸟象征男根,鸟啄鱼、鸟衔鱼的图案,这是男女性交的象征。

南方的稻谷种子,神话以为是鸟从天上盗来的,所以南方普遍有鸟崇拜。如图1-5所示。

图1-4 鹿(苏州留园铺地)

图1-5 燕尾脊(台湾林本源园林)

良渚文化出土的玉器有玉枭的造型。河姆渡人雕刻在陶盆上的是双鸟纹弓形重圈图符等,精湛的雕刻工艺,生动逼真的陶塑,优美的刻画装饰与绚丽的绘画,以象牙雕刻件最为珍贵。

于1977年在河姆渡遗址出土距今已有6 500年的双鸟朝阳纹象牙碟形器,象牙雕刻件是河姆渡文化的标志物,更是"河姆渡人"的吉祥物。

河姆渡遗址出土的蝶(鸟)形器共19件,材质有木、石、骨、象牙4种。蝶形器,是一种经过变体的鸟的圆雕形式。

2002年在昆山绰墩遗址出土鸟纹阔把黑皮陶罐。泥质黑皮陶,胎薄如纸,乌黑漆亮。鸭嘴形的流口高高上翘,通体布满精细的鸟纹,云雷纹图案繁复,纹饰细如发丝。壶背上置一扁薄的宽把,上面有着42条直线,似鸟拖出美丽的尾巴。

《山海经》中的灵木仙卉就很丰富,仙卉多为常绿的不死草,松柏之类四季长青、寿命极长的树木也被称为"神木"。若木,又作扶桑,若木是由于桑树被认为具有"再生"的生命力而得名的。"若"字甲骨文 🌿 是象形字,形象是一个披着长发的女人跪着,双手在梳理欧丝。该字的神话背景源于《山海经·海外北经》:"欧丝之野,在大迹东,有一女子跪据树欧丝。三桑无枝,在欧丝东,其木长百仞,无枝。"这个跪而欧丝的女子当是原始神话中的桑神,亦应是"若"字披长发跪着的女子形象。

神树还是众神上下天地的"天梯",建木就是其一。"有木,青叶紫茎,玄华黄实,名曰建木,百仞无枝,上有九木属,下有九枸,其实如麻,其叶如芒。大皥爰过,黄帝所为。"①"大皥"即伏羲,他曾沿着建木上下于天,而建木这把天梯,是黄帝亲手所作。

《淮南子·墬形训》:"建木在都广,众帝所自上下。日中无景,呼而无响,盖天地之中也。"

三、冠冕缨蕤　炫示威猛

旧石器时代晚期,我国出现了装饰品,北京龙骨山的"山顶洞人"距今约四五万年,他们"所居住的山洞中出土有白色小石珠、黄绿色的钻孔石砾石和穿孔兽牙等装饰品,原来大约用麻葛藤或动物皮条之类穿成串链,作为头饰、项饰、腕饰或服饰的"。② 反映了这在衣食住行方面的审美要求。

距今4万年前的辽宁海城市小孤山仙人洞遗址发现了礼仪动物牙齿、贝壳做成的穿孔项链,经过磨制钻孔加工。③

新石器时代仰韶文化遗址等,发掘出造型丰富的陶环和陶笄。

《后汉书·舆服志》:"上古穴居而野处,衣毛而冒皮,未有制度。后世圣人易之以丝麻,观翠翟之文,荣华之色,乃染帛以效之,始作五采,成以为服。见鸟兽有冠角鬐胡之制,遂作冠冕缨蕤,以为首饰。"

辽宁省沈阳新乐遗址出土木雕鸟文权杖,长38.5厘米,由嘴、头、身、尾、柄组成,全身双面雕琢禽鸟图案和菱形羽鳞,振翅欲飞。与河姆渡出土的权杖逐渐显示出英雄崇拜和权力崇拜。

良渚文化时期更多用于宗教礼仪的法器等装饰,如三叉形器、玉手柄、钺端饰物、钺冠饰等。三叉形饰物和附件与汉字中"皇"字义形符合,"皇"的本义是"冕"的象形。良渚文化的玉三叉形冠饰(图1-6)很可能就是中国最初的皇冠。古代文献记载说远古时代有虞氏部落首领就是戴着彩羽的冠冕举行隆重祭典的。

① 《山海经·海内经》。
② 刘叙杰主编《中国古代建筑史》第一卷,中国建筑工业出版社,2009,第5～6页。
③ 张镇洪等:《辽宁海城小孤山遗址发掘简报》,人类学学报,1985年第1期。

江苏南京咎庙遗址出土神人兽面玉饰，正反两面用阴线刻出纹案，或认为起贯通天地和保护人世的功用。戴兽面具的巫师，也由酋长担当。①

良渚最早的龙形玉饰件，出自 20 世纪 80 年代南京浦口营盘山遗址，是两件龙形玉饰件。这两条龙一条是"抬头龙"，脖子是往上抬的，另一条则是"俯首龙"，龙头是往下弯的。

图 1-6　良渚文化的玉三叉形冠饰

普列汉诺夫《论艺术》："这些东西最初只是作为勇敢、灵巧和有力的标记而佩戴的，只是到了后来，也正是由于它们是勇敢、灵巧和有力的标记，所以开始引起审美的感觉，归入装饰品的范围。"②

"最早的装饰品的功能与物质生产没有直接关联，也与解决他们的温饱问题无关。他们佩戴这些装饰品，或为驱崇避邪，或为炫示威猛，或为取悦异性，或为托佑神灵，都是为了满足精神上的需求，求得精神上的充实。"③

到了人类真正摆脱动物界的"蒙昧时代"的中级阶段，发现了用野火烧烤的兽肉可口，于是学会了保护火种和人工取火的本领，可怕的火变得可亲，人们在火堆旁跳舞，火成了原始的审美对象。

在河南泥池县仰韶村红色陶片上画着简单的红色花纹，火的红色随之有了美的价值。

原始人用赤铁矿粉等天然红色颜料对死去的人及陪葬品进行装饰，红色或许象征血液、生命，能让死人重生，或为生者带来某些庇护，辽宁海城市小孤山仙人洞的穿孔蚌壳项链就有"红色浸染"。④

河姆渡遗址中出土过一只朱漆的木碗，其造型精美，朱漆髹饰技艺高超，埋在地下 7 000 余年，重见天日时仍然鲜艳夺目，这只迄今被发现的最早的漆器制品，使目睹者都惊叹现代人之不如。从上古时代一直到明清时期，漆饰家具和漆器工艺品在我国古代物质文明史上写下了辉煌灿烂的篇章。

20 世纪 50 年代至 70 年代，在苏州唯亭镇东北二公里处草鞋山，发现了三块炭化的先缫后织的织物残片，距今约在 6 000 年以上，是我国出土最早的织物残片，堪称"世界第一片丝绸"。花纹为山形斜纹和菱形斜纹，属于提花和印花

①　张正明、邵学海：《长江流域古代美术玉石器》（史前至东汉），湖北教育出版社，2002，第 36～37 页。

②　普列汉诺夫：《论艺术》，生活·读书·新知三联书店，1973，第 11 页。

③　张朋川：《黄土上下》，山东画报出版社，2006，第 77 页。

④　黄慰文等：《海城小孤山的骨制品和装饰品》，《人类学学报》1986 年 5 卷 3 期。

两类织物。说明当时的人们已经对织物进行了有意识的美化,已具有美化意向。

马克思《1844年经济学哲学手稿》中说:"人的感觉、感觉的人类性——只是由于相应的对象的存在,由于存在着人化了的自然界,才产生出来的。""人化的自然"指自然与人发生联系后具有了人的内容的自然客体,即主体化、社会化了的自然客体;"自然的人化"指的是人将自然客体人化,赋予它人的社会内容,即自然的社会化、主体化。

乌格里诺维奇在《宗教与艺术》中说过:"把艺术胚芽萌发的时间同宗教胚芽萌发的时间分开,这无论在理论上还是在事实上都毫无根据。恰恰相反,有一切理由认为,二者是同时形成的。"[1]

原始人的狩猎、采集生活是原始艺术产生的经济基础。

狩猎时,原始人普遍采取舞蹈、咒语等形式,企图凭借神灵的力量降伏动物。在一些祭祀活动中,人们把自然景物、动物的皮毛等刻在墙上或岩石上进行祭祀。原始人所作壁画约始于氏族社会,出现在岩画、陶纹上的早期的原始宗教文化符号,都可以溯源于巫术礼仪,如动物的装饰雕刻,源于狩猎巫术的特殊实践,阴山岩画、甘肃黑山岩画、新疆天山南北的岩画都以游牧和狩猎为题材。

后来逐渐有了装饰的意味。这些原始的艺术活动,实际上也是创造美的艺术活动。古人"结绳而为网罟,以佃以渔",陶器器形和装饰图案缤纷夺目,出土的许多新石器时代陶屋模型,外观有方锥体、桃形、卵形等,尺度比例已经十分完美,无暇可指。

陶器是用泥涂抹在一定形状的编织物上,放在火中烧制而成,编织物被烧毁后泥土烧成陶器,编织物的纹样留在陶器上,这就是席纹和绳纹的最初形式,如图1-7所示。泥坯上手指印、草绳和木板等工具留下印记成陶器印纹、雷纹、绳纹产生的经过。这就是说:陶器上的装饰纹是人类在劳动过程中自然产生的。[2]

新石器时代彩陶纹饰都由动物植物形象写真逐渐抽象化、符号化。

出土的陶器制品上的图案组织结构常采用二方连续、四方连续的方法,这种结构有一种回环复沓的

图1-7 陶器雷纹、绳纹

① 乌格里诺维奇著,王先睿等译:《宗教与艺术》,生活·读书·新知三联书店,1987,第29页。
② 楼庆西:《中国传统建筑装饰》,中国建筑工业出版社,1999,第5页。

美。可能由编织物编制过程中连续的经纬交织演化而来,体现了编织劳动过程之美和编织物之美。

第二节　神话思维与园林美学元素

远古时代,人类还没有能力对自然现象和社会现象作出符合实际的解释,为了生存和繁衍,于是,创造了许多自然"神",希望得到"神"的佑助,征服自然。先民沉醉于这种不断扩散开来的幻想之中,这类经过了"幻想"、用一种不自觉的艺术方式加工过的自然和社会形式本身即神话。在神话中的英雄"神灵"都具有超自然的神灵和魔力,在他们的佑助下,先民们对自然恐惧的心理悸动得到平衡宁静,萌动了原始的审美愉悦,具有厚生爱民意识;原始神话中"神"的生活境域,成为先民幻想中的最佳生活环境。

原始先民的理性思维还处于萌芽阶段,他们在探索天地宇宙的秘密和人类的秘密时,往往采用以己观物、以己感物的神话思维,这是一种以人为本位的类比思维,这是基于人类因生理现象而产生的感知表现形式,对先民们来说,可以说是本能的。

神话思维是一种象征性或隐喻性的、具体的、形象的思维方式,伴随着先民对大自然的恐惧、敬畏或惊喜等浓烈的情感体验,先民们张开了幻想的翅膀,将万物都看做与人一样的有灵、有肉、有意志、有情感,他们憧憬着美丽的世界。

原始神话就是由不同类型的象征性、隐喻性的意象符号系统构成的,其特点是具有朴素美、怪异美和悲壮美。没有美丽的神话幻想,理性思维缺乏一种激活力;完整而准确的理性思维又能使类比的形象思维跨进更为美妙的境界。

中华各个民族都有自己的神话传说,但影响中国园林的主要是农耕文化圈的神话,主要有无性创世神话群、昆仑神话系、蓬莱神话系等,这些神话散见于先秦的《山海经》①、《列子》②、《楚辞》③、《穆天子传》④、先秦诸子⑤、《吕氏春秋》,汉初的《淮

---

① 《山海经》约成书于战国初年到汉代初年之间,应是由不同时代的巫觋、方士根据当时流传的材料编选而成,实际上是一部具有民间原始宗教性质的书。《山海经》是我国古代保存神话资料最多的著作。

② 今本《列子》可能是魏晋人编辑的,但其中保存了许多先秦可信史料。

③ 《楚辞》保留的神话材料较多,尤其是《天问》这一篇,作者运用了大量的神话作为素材,其中有些材料较他书所载更接近于神话的原始面貌,因此很有价值。

④ 关于穆天子骑八骏见西王母的故事,神话色彩最为浓厚。

⑤ 诸子中以《庄子》援引神话最多,《庄子》自称"寓言十九",其中有些寓言就是神话,另一些则往往是古神话的改造,如鲲鹏之变、黄帝失玄珠、倏忽凿浑沌等。《孟子》、《墨子》、《韩非子》等书中也保留了一些神话材料。

南子》①、六朝的《十洲记》②等书中。明清小说如《西游记》、《封神演义》等。

穆天子所骑八骏,成为俊才多多的象征,是园林木雕常见题材,如图1-8所示。

图1-8　八骏图木雕(苏州网师园)

一、对自然现象的神话解释

宇宙是怎么生成的?天为何向西北方向倾斜,太阳月亮星星为何向西北方向移动?大地为何向东南方向塌陷?以至江湖流水泥沙都往东南方向汇集?原始先民在思考,并企图解释。

盘古开天辟地的创世神话,是中华先民对宇宙生成的阐释,《艺文类聚》卷一引三国徐整《三五历纪》:

> 天地混沌如鸡子,盘古生其中,万八千岁,天地开辟,阳清为天,阴浊为地。盘古在其中,一日九变,神于天,圣于地。天日高一丈,地日厚一丈,盘古日长一丈,如此万八千岁。天数极高,地数极深,盘古极长。后乃有三皇。

天地未开之前漆黑混沌一团,像个大鸡蛋。大鸡蛋的里面,只有盘古生在其中,经过18 000年,盘古将天和地用利斧劈向大鸡蛋一般的混沌世界,一些轻而清的东西,慢慢上升变成了天;重而混沌的东西慢慢下沉变成了地。

盘古头顶着蓝天,脚踩着大地,天每日升高一丈,地也每日加厚一丈。盘古自

---

① 《淮南子》对神话的搜罗相当宏富,如《地形训》就有关于海外三十六国、昆仑山、禹以及九州八极等神话以及中国古代著名的四大神话:女娲补天、共工触山、后羿射日和嫦娥奔月。
② 《海内十洲记》旧题为汉东方朔著,不可信,今本《海内十洲记》非一时一人之作,其形成经历了逐渐增补的过程:东汉之前十洲部分地理博物记载已形成,东汉末奇闻轶事被补入,魏晋之后补入仙岛、昆仑、十洲部分神仙叙述以及全书叙述框架。

己则也随着天的增高而每日长高一丈。这样,顶天立地,坚持了 18 000 年,天极高,地极厚,盘古也极长。才有了天地人"三皇"。

卵生是一种普遍的生命现象,先民们由此设想宇宙也是破壳而生的。反映了我国古代人民一种朴素的天体演化思想。宇宙卵生神话对中国的阴阳太极观念有极重要的影响。同时,宇宙生成的人格化、意志化过程也反映了先民对人类自身力量的坚定信念。

出于先人神话思维,常常出现将葫芦、禽卵甚至石头视为母体崇拜、生殖崇拜的对象。

徐整《三五历纪》中描述盘古"垂死化身":

气成风云。声为雷霆。左眼为日。右眼为月。四肢五体为四极五岳。血液为江河。筋脉为地里。肌肉为田土。发髭为星辰。皮肤为草木。齿骨为金石。精髓为珠玉。汗流为雨泽。身之诸虫。因风所感。化为黎甿。

盘古终因劳累不堪而累倒死去。就在他临死之一瞬,全身忽然发生了根本变化:口里呼出的气变成了风和云;呻吟之声,变成了隆隆作响的雷霆;他的左眼变成了太阳,右眼变成了月亮;手足和身躯,变成了大地和高山;血液变成江河;筋脉变成了道路,肌肉为田土,毛发变成了天上的星星;皮肤变成了草地林木;牙齿和骨骼,变成了闪光的金属和坚石,精髓成为珍宝;汗水化成了雨露和甘霖,盘古身上的寄生虫,被风吹过以后,就变为黎民百姓。盘古自身造就了一个美丽的世界。

这种"垂死化身"的宇宙观,暗喻了人和自然的相互对应关系。

盘古时期开天辟地之后,又出现天崩地裂,于是有了《淮南子·览冥训》中"女娲补天"的神话:

往古之时,四极废,九州裂,天不兼覆,地不周载,火爁焱而不灭,水浩洋而不息,猛兽食颛民,鸷鸟攫老弱。于是,女娲炼五色石以补苍天,断鳌足以立四极,杀黑龙以济冀州,积芦灰以止淫水。苍天补,四极正;淫水涸,冀州平;狡虫死,颛民生;背方州,抱圆天。

以往古代的时候,四根天柱倾折,大地陷裂;天(有所损毁,)不能全部覆盖(万物),地(有所陷坏,)不能完全承载万物;烈火燃烧并且不灭,洪水浩大汪洋(泛滥)并且不消退;猛兽吞食善良的人民,凶猛的禽鸟(用爪)抓取年老弱小的人(吃掉)。于是女娲炼出五色石来补青天,斩断大龟的四脚来竖立(天的)四根梁柱,杀死(水怪)黑龙来拯救冀州,累积芦苇的灰烬来制止(抵御)过量的洪水。苍天(得以)修补,四个天柱(得以)扶正(直立);过多的洪水干涸(了),冀州太平(了);狡诈的恶虫(恶禽猛兽)死去,善良的人民百姓生存(下来)。背大地抱着圆天。

女娲补天的后遗症是"背方州,抱圆天",天向西北倾斜,太阳、月亮和众星辰都很自然地归向西方,又因为地向东南倾斜,所以一切江河都往那里汇流。

共工怒触不周山①的神话对于"天倾西北"又做了另一种解释："昔者共工与颛顼争为帝,怒而触不周之山,天柱折,地维绝,天倾西北,故日月星辰移焉;地不满东南,故水潦尘埃归焉。"②颛顼,黄帝之裔。

祖国大地"天倾西北"、"地不满东南"地形,是因为共工与颛顼争做部落首领遭惨败,愤怒地撞击不周山的结果。成为后世城市设计及构园的依据,如明代北京四面城墙并没有组成矩形,它的东北、东南、西南角都为整齐的直角,却唯有西北角成了抹角,四角缺了一角。《淮南子·地形训》,天地之间,九州八极。土有九山认为大地八方有八座大山支撑着天体,其中支撑西北方向的山叫不周山。③

二、神话英雄与厚生爱民意识

原始神话中,出现了一群造福于民的"英雄":射日的后羿、治水的鲧禹、填海的精卫等都是先民的保护神,他们无疑有着原始部落酋长的影子,个个神通广大,不仅能沟通天地、人神,而且为捍卫先民的生存不屈不挠地奋斗,锲而不舍。《山海经·海内经》载:

> 洪水滔天。鲧窃帝之息壤以堙洪水,不待帝命。帝令祝融杀鲧于羽郊。鲧复(腹)生禹,帝乃命禹卒布土以定九州。

鲧为了止住人间水灾,而不惜盗窃天帝的息壤,引起了天帝的震怒而被杀。鲧由于志向未竟,死不瞑目,终于破腹以生禹,新一代的治水英雄由此诞生了。父子两代生生不息,造福人类,不辞辛劳,为民除害,又充满智慧的英雄形象,洪水神话集中反映了先民在同大自然作斗争中所积累的经验和表现出的智慧。

《淮南子·本经训》④:

> 逮至尧之时,十日并出,焦禾稼,杀草木,而民无所食。猰貐、凿齿、九婴、大风、封豨、修蛇皆为民害。尧乃使羿诛凿齿于畴华之野,杀九婴于凶水之上,缴大风于青丘之泽,上射十日而下杀猰貐,断修蛇于洞庭,擒封豨于桑林。万民皆喜。置尧以为天子。

神话塑造了英雄后羿⑤的形象,十个太阳一起出现在天上,草木庄稼枯死,百姓无食可吃,猛兽祸害人间……百姓们遭受着天灾人祸,凄惨之状难以尽述。就在这时,神勇非凡的救星后羿,下杀猛兽,上射太阳,救万民于水火。后羿射日反映了我

---

① 《淮南子·天文训》。

② 《山海经·海内经》。

③ 一曰:北京内城城墙所围合的区域基本成东西较宽的方形,惟西北缺一角,据遥感观测,此处原有城墙痕迹,但这里的地形是沼泽和湿地,不利于地基稳固,因此推测原城墙修筑后不久即被废弃,并修筑斜角的新城墙,将此处割出城外。

④ 古本《山海经》中有大羿射日的故事,但在后来失传了。

⑤ 神话中有两后羿,帝尧时的后羿和夏太康时的后羿。

国古代劳动人民想要战胜自然、改造自然的美好愿望。

精卫填海：为造福人类的理想而奋斗不止。图 1-9 为精卫填海的装饰图案。

龙、凤等神话形象，体现了"德"意识的萌芽。如凤凰，不仅集百鸟之长，而且融入了龙、鱼、龟、蛇及麒麟的优势特征，典型地反映出上古各大集群相互融合的历史真实。如图 1-10 所示。

图 1-9 "精卫填海"(同里陈御史花园)　　图 1-10 凤鸣朝阳(苏州狮子林)

凤凰"五色"后来就被看成是维系古代社会和谐安定的"德、义、礼、仁、信"五条伦理的象征。

《山海经·南山经》说："(凤凰)首文曰德，翼文曰义，背文曰礼，膺文曰仁，腹文曰信"。《山海经·南山经》云："是鸟也，饮食自然，自歌自舞，见者天下安宁。"《山海经·海内经》也说："有鸾鸟自歌，凤鸟自舞。凤鸟首文曰德，翼文曰顺，膺文曰仁，背文曰义，见则天下和。"

据《山海经·大荒西经》等所载，主宰昆仑山之主神又为西王母。该篇云："赤水之后，黑水之前，有大山，名曰昆仑之丘。有神，人面虎身，文尾，皆白处之。……有人戴胜，虎齿，豹尾，穴处，名曰西王母。"此乃西王母的早期形象。

《竹书纪年》谓："周穆王西征昆仑丘。"《穆天子传》讲西王母宴请周穆王于瑶池；西王母变成了雍容华贵的天帝之女；西王母掌握着长生不老之药。西王母所戴之"胜"，成为园林常见的辟邪图案"方胜"形象，如图 1-11 所示。

"黄帝钻燧生火,以熟荤臊,民食之无肠胃之病。"①南方之神炎帝采药为民治病,甚至不惜以身试毒,"一日而遇七十毒"②。《山海经》中"不死之国"、"不死民"、"不死之药"的传说,都说明了中国神话对人类生命珍视。

《淮南子·地形训》昆仑山周的赤水、弱水、洋水等都为"帝之神泉,以和百药,以润万物",疏圃之"丹水,饮之不死"。

图1-11 "方胜"图案(苏州网师园)

《山海经·西次三经》:"有木焉,其状如棠,黄华赤实,其味如李而无核,名曰沙棠,可以御水,食之使人不溺。有草焉,名曰草,其状如葵,其味如葱,食之已劳。"吃了沙棠可以不溺水,吃了"草"可以消除疲劳。《列子·汤问》所载蓬莱岛上同样生长着"食之皆不老不死"的芝花仙草等。

古代神话还表现了自然和人的亲和关系,如主日月之神羲和,不但要职掌日月的出入,"以为晦明"③,调和阴阳风雨,还要"敬授人时"④,以利人类的生产和生活。再如春神句芒的到来,"生气方盛,阳气发泄,句者毕出,萌者尽达"⑤等,是"天人合一"的形象表述。

三、山围水绕的神境灵域

昆仑山和蓬莱神话中,描写了众神灵生活的境域,山围水绕、增城九重、宫阙壮丽、灵木仙卉、神禽瑞兽。

《山海经》之《西次三经》谓:"西南四百里,曰昆仑之丘,是实惟帝之下都。"《海内西经》谓:"海内昆仑之虚,在西北,帝之下都。"昆仑之墟,位于西海之南、流沙河的水滨,它的南面是赤水,北面是黑河。它是天帝在人间的住所。

《山海经·海内西经》云:"昆仑之虚,方八百里,高万仞。……面有九井,以玉为槛。面有九门,门有开明兽守之。"又云"赤水出东南隅","河水出西北隅","洋水、黑水出西北隅","弱水、青水出西南隅"。《大荒西经》云:"其下有弱水之渊环之,其外有炎火之山,投物辄然(燃)。"

《淮南子·地形训》曰:"中有增城九重,其高万一千里百一十四步二尺六寸。"

---

① 《太平御览》卷七九引《管子》。
② 《淮南子·修务训》。
③ 郭璞注《山海经·大荒南经》引《归藏·启筮》语。
④ 《尚书·尧典》。
⑤ 《礼记·月令》。

又曰："旁有四百四十门,门间四里,里间九纯,纯丈五尺。旁有九井,玉横维其西北之隅。北门开,以内(纳)不周之风。倾宫、旋室、县圃、凉风、樊桐,在昆仑阊阖之中,是其疏圃。"

《山海经·西次三经》云:昆仑山"有兽焉,其状如羊而四角,名曰土蝼,是食人。有鸟焉,其状如蜂,大如鸳鸯,名曰钦原,惹鸟兽则死,惹木则枯。有鸟焉,其名曰鹑鸟,是司帝之百服"。

《海内西经》云:"昆仑南渊深三百仞。开明兽身大类虎而九首,皆人面,东向立昆仑上。开明西有凤皇、鸾鸟,皆戴蛇践蛇,膺有赤蛇。开明北有视肉、珠树、文玉树、琪树、不死树。凤皇、鸾鸟皆戴。又有离朱、木禾、柏树、甘水、圣木曼兑,一曰梃木牙交。……开明南有树鸟,六首;蛟、蝮、蛇、蜼、豹、鸟秩树,于表池树木,诵鸟、鶽、视肉。"

《淮南子·地形训》曰:昆仑山"上有木禾,其修五寻。珠树、玉树、璇树、不死树在其西,沙棠、琅玕在其东,绛树在其南,碧树、瑶树在其北"。

昆仑山传说有一至九重天,能上至九重天者,是大佛、大神、大圣。西王母、九天玄女均是九重天的大神。典籍记载,西王母在昆仑山的宫阙十分富丽壮观,如"阆风巅"、"天墉城"、"碧玉堂"、"琼华宫"、"紫翠丹房"、"悬圃宫"、"昆仑宫"等。

前秦王嘉《拾遗记》卷十曰:昆仑山"四面有风……四面风者,言东南西北一时俱起也。又有祛尘之风,若衣服尘污者,风至吹之,衣则净如浣濯。甘露蒙蒙似雾,著草木则滴沥如珠。亦有朱露,望之色如丹,著木石赭然,如朱雪洒焉;以瑶器承之,如饴……昆仑山者……上有九层,第六层有五色玉树,荫翳五百里,夜至水上,其光如烛。第三层有禾穟,一株满车。有瓜如桂,有奈冬生如碧色,以玉井水洗食之,骨轻柔能腾虚也。第五层有神龟,长一尺九寸,有四翼,万岁则升木而居,亦能言。第九层,山形渐小狭,下有芝田蕙圃,皆数百顷,群仙种耨焉。旁有瑶台十二,各广千步,皆五色玉为台基。最下层有流精霄阙,直上四十丈,东有风云雨师阙,南有丹密云,望之如丹色,丹云四垂周密。西有螭潭,多龙螭,皆白色,千岁一蜕其五脏。此潭左侧有五色石,皆云是白螭肠化成此石。有琅,谬琳之玉,煎可以为脂。北有珍林别出,折枝相扣,音声和韵。九河分流。南有赤陂红波,千劫一竭,千劫水乃更生也。"

烟波浩淼的大海上,因海面上冷暖空气之间的密度不同,对光线折射而产生的海市蜃楼这一种光学现象,"时有云气如宫室、台观、城堞、人物、车马、冠盖,历历可见"。[①] 催生出蓬莱神话。

《列子·汤问》记载了五座神山,"其(渤海)中有五山焉:一曰岱舆,二曰员峤,三曰方壶,四曰瀛洲,五曰蓬莱"。方壶即方丈。此后,岱舆与员峤逐渐衰微,秦汉

---

① 宋沈括:《梦溪笔谈》卷 21,文物出版社,1975。

典籍多记载后三山。①

其山高下周旋三万里,其顶平处九千里。山之中间相去七万里,以为邻居焉,其上台观皆金玉,其上禽兽皆纯缟,珠玕之树皆丛生,华实皆有滋味,食之皆不老不死。②

《海内十洲记》记载说:蓬莱周围环绕着黑色的圆海,"无风而洪波万丈";方丈,"专是群龙所聚,有金玉琉璃之宫";瀛洲,"上生神芝仙草,又有玉石,高且千丈,出泉如酒,名之为醴泉,饮之数升辄醉,令人长生"。

昆仑山上有平圃、县圃、悬圃、疏圃、元圃、玄圃等,圃中有池,山水环绕的昆仑山是有灵的仙境。蓬莱一池三山海岛模式同样是山绕水围的理想景境。众神生活的地方,植物丰茂、建筑宏丽、鸢飞鱼跃,囊括了中国园林的物质构成要素,而且,体现了原始初民对山岳和天体崇拜和对人生命的眷恋、对生命永生的渴望等精神性要素,为中国园林描绘了一张美丽的魅力无穷的蓝图,成园林中理想的景境模式。

正如荣格所说:"一个用原始意象说话的人,是在同时用千万个人的声音说话……他把我们个人的命运转变为人类的命运,他在我们身上唤醒所有那些仁慈的力量,正是这些力量,保证了人类能够随时摆脱危难,度过漫漫的长夜。"③

第三节　建筑审美基型和先民择址

中国传统木构架"有抬梁、穿斗、井干三种不同的结构方式"④,因地制宜、就地取材,是南北先民木构架营造形式产生不同的因素之一。

《易·系辞》曰:"上古穴居而野处,后世圣人,易之以宫室,上栋下宇,以待风雨,盖取诸大壮。"《墨子·辞过》:"古之民……就陵阜而居,穴而处。"⑤穴居是当时的主要居住方式,它满足了原始人对生存的最低要求。在生产力水平低下的状况下,天然洞穴显然首先成为最宜居住的"家"。北方寒冷,且黄河流域有广阔而丰厚的黄土层,土质均匀,含有石灰质,有壁立不易倒塌的特点,便于挖作洞穴,原始先人本能地选择了穴居。长江流域先民最初也有穴居。江苏苏州吴江良渚文化(公元前2600—公元前2000年)土木结构聚落遗址下层文化层发现九处均为半穴居,

---

①　原因一曰:除了布局的平衡美观以外,"三"在中国文化中具有特有的含义,如《国语·周语下》:"纪之以三,平之以六。"韦昭注:"三,天、地、人也。"又《国语·晋语一》:"民生于三,事之如一。"韦昭注:"三,君、父、师也。"《后汉书·袁绍传》注云:"三者,数之小终,言深也。"(见《中国历代园林图文精选·第一辑》赵雪倩前言)

②　《列子》第5《汤问》。

③　【瑞士】荣格著,冯川,苏克译:《心理学与文学》,生活·读书·新知三联书店,1987,第122页。

④　刘敦桢主编《中国古代建筑史》,中国建筑工业出版社,1984,绪论。

⑤　穴居大致分原始横穴居、深袋穴居、袋形半穴居、直壁半穴居、地面建筑等几个发展阶段。

并在辽宁、贵州、广州、湖北、江西、江苏、浙江等地都有发展。

巢居,是架空居住面的居住方式。[①]开始是利用自然树木架屋,进而创造了用采伐的树干作为桩、柱子,以架空居住面而建成的房屋。有巢氏是中国古代神话中发明居所的英雄。《太平御览》卷七八引项峻《始学篇》:"上古穴处,有圣人教之巢居,号大巢氏。"巢居是从《韩非子·五蠹》所说的"有巢氏"教人"构木为巢"逐步进化为干阑建筑的。黄河流域也曾有过巢居,但没有得到发展。

穴居和巢居有时也交互使用,"冬则尽营窟,夏则居橧巢"[②]。

后来才发展为"南越巢居,北朔穴居,避寒暑也"[③]。黄土地带的穴居及其发展,是中国土木混合建筑的主要渊源;而架空的巢居,则为水网沼泽即热湿丘陵地带的主要居住形式,为中国干阑式木结构和"穿斗式"木结构的主要渊源。这两大原始建筑审美基型均在原始社会出现,为中国古典园林土木混合建筑和穿斗式木构架建筑的发展奠定了基础。

先民在选择居住地址中表现出对优美的自然环境的本能偏好,群居的聚落出现后世"风水"意识的萌芽。

一、土木混合结构的滥觞

寒冷的北方原始初民本能的穴居选择,无论是距今大约七十万年的"北京直立人"、还是距今约一万八千年的"新人"、"山顶洞人",都选择天然岩洞作为定居之所。进入氏族社会以后,随着生产力水平的提高,房屋建筑也开始出现。但是在环境适宜的地区,穴居依然是当地氏族部落主要的居住方式,只不过人工洞穴取代了天然洞穴,且形式日渐多样,更加适合人类的活动。

旧石器时代晚期黄土高原就出现了人工的穴居、半穴居。距今七八千年前后的新石器时代早期,发现了多处人类用以居住和藏物的圆形、椭圆形窖穴和筒形半穴居。原始社会晚期,竖穴上覆盖草顶的穴居成为这一区域氏族部落广泛采用的一种居住方式。至今在黄土高原依然有人在使用这类生土建筑。同时,在黄土沟壁上开挖横穴而成的窑洞式住宅,也在山西、甘肃、宁夏等地广泛出现,其平面多为圆形,和一般竖穴式穴居并无差别。山西还发现了"地坑式"窑洞遗址,即先在地面上挖出下沉式天井院,再在院壁上横向挖出窑洞,这是至今在河南等地仍被使用的一种窑洞。

随着原始人营建经验的不断积累和营建技术的提高,穴居从竖穴逐步发展到半穴居,最后又被地面建筑所代替。

原始人在地面掘出深约1米的方形或圆形浅坑,门道上建两坡屋顶,坑内一般

---

① 巢居大体分为单树巢、多树巢和干阑建筑三阶段。

② 《礼记·礼运》。

③ 张华撰,范宁校注:《博物志·五方人民》,中华书局,1980,第12页。

用二至四根立柱承托屋架,建筑面积约在 10 平方米左右,实例最早见于河南新郑裴李岗文化和西安半坡仰韶文化晚期。参见半坡村原始社会大方型房屋复原图,其结合用绑扎法,屋顶覆以树枝及茅草(有的表面再涂泥),下部直达地面。再如河南陕县庙底沟遗址,其入口为附有门槛之斜坡门道,在地面掘出深约 1 米的方形或圆形浅坑,门道上建两坡屋顶。一般于室内中央稍前置火塘,例见河南陕县庙底沟遗址。

从半坡遗址可见,祖先已掌握了伐木、绑扎和夯土等技术,方形或长方形的地面式土木建筑已经成为当时建筑的典型。

北方穴居采用了土的穴身和木的顶盖,为土木混合结构的滥觞。

穴居的发展至竖穴初级阶段已经形成土木混合结构,即在浅竖穴上实用起支承作用的木柱,并在树木枝干扎结的骨架上涂泥构成屋顶结构。

原始社会晚期,墙体使用了用湿土夯筑的土坯砖,以深褐色黏土为主内夹少许小块红烧土,墙外壁抹一层细黄泥、一层草拌泥,最后抹"白灰面",结实、牢固、美观。

二、穿斗式木结构的渊源

南方地区湿热多雨,加上"古者禽兽多而人民少","于是民皆巢居以避之,昼拾橡栗,暮栖木上,故命之曰有巢氏之民"。[1]

江南属母系氏族公社,在繁荣时期的河姆渡文化和良渚文化遗址中发现,建筑形式由早期的巢居发展为干阑式,大量应用榫卯结构。干阑又称高栏、葛栏或麻栏,是从越人巢居演变过来的。干阑式建筑的立柱、梁架、盖顶均是木构,之间的衔接方式运用了榫卯的结构。

1973 年在浙江余姚河姆渡村发现了距今 6 900 多年的干阑构件的遗存,房屋架在高出地面的木柱上,以求在潮湿和闷热的环境中得到凉爽和干燥的住所。

在这个遗址的第 4 文化层中,发现了榫卯结构构件及大量带榫卯的木梁架构件,总数有数千件之多。有用木材制作的梁枋、板等建筑构件,有圆桩、方桩、板桩及梁、柱、地板等木构件,不少构件上发现榫卯,种类多样,有梁头榫、柱头榫、柱脚榫等各种榫卯、榫头,有方有圆,还有双层榫,卯眼也有方有圆,平身柱上的卯、转角柱上的卯、带梢钉孔榫、燕尾榫等多种形式,榫铆技术已经得到广泛应用。此外还发现有企口地板、雕花栏杆等。[2] 如图 1-12 所示。

这种已经成熟地使用榫卯的木结构建筑,设计之科学,规模之宏大,不仅是我国所罕见,亦是人类建筑史上最早的杰作。

河姆渡遗址建筑雏形为干阑式建筑,长度约有 23 米,进深约为 7 米,专家称之为"长屋",适应氏族时期先民们聚居的居住传统。干阑式建筑的基础为桩木,其上

① 庄周著,纪琴译注:《庄子》,中国纺织出版社,2007,第 351 页。
② 浙江省文物考古研究所:《河姆渡新石器时代遗址考古发掘报告》文物出版社,2003。

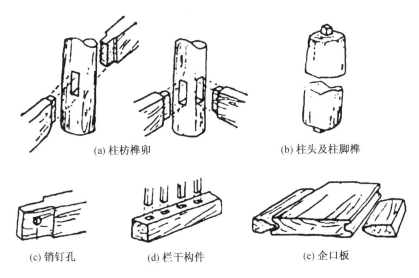

(a) 柱枋榫卯　　　　　　　(b) 柱头及柱脚榫

(c) 销钉孔　　　(d) 栏干构件　　　(e) 企口板

图 1-12　河姆渡榫卯

架设大、小梁以承托地板，形成高于地面的架空楼层。

干阑建筑促进了穿斗结构的诞生和发展，"穿斗"称谓来自南方民间，《说文解字》曰："穿，通也，从牙在穴中"，"斗之属皆从斗"。南方将穿斗式又称为"串逗式"，"逗"即凑起来的意思，指的是南方建筑中的串枋是由数根小木枋用硬木销子穿过从而相拼相凑而成，可见穿斗式有着榫和卯的运用技巧。

河姆渡遗址第 2 文化层发现一眼木构浅水井遗迹。这是中国目前所知最早的水井遗迹，也是迄今发现的采用竖井支护结构的最古老遗存。井内紧靠四壁栽立几十根排桩，内侧用一个榫卯套接而成的水平方框支顶，以防倾倒。排桩上端平放长圆木，构成井口的框架。水井外围是一圈直径约 6 米呈圆形分布的 28 根栅栏桩，另在井内发现有平面略呈辐射状的小长圆木和苇席残片等，可见井上还当盖有井亭。

最近在浙江上山遗址(距今 11 400 年至 8 600 年)发现的由三排柱洞构成的建筑遗迹表明"上山"先人已经学会营建木构房子。遗址还发现建筑遗存，建筑形式以木柱腐烂后遗留的柱洞遗迹作为判断的依据。

第 3 文化层下编号 F1 的房址遗存具有明确的结构单元，有三排"万年柱洞"，每排 11 个柱洞，直径分别在 40 至 50 厘米，深度约为 70 至 90 厘米，三排柱洞，形成了长 11 米、宽 6 米的矩阵，布列呈西北东南向。这三排"柱洞"，很可能是木结构建筑的遗迹。

这种类型的建筑布局与河姆渡遗址的干阑建筑基础有相似之处。在河姆渡遗址的干阑建筑中，也有类似的柱洞，很可能与上山的"万年柱洞"是一脉相承。上山人可能已经拥有木结构的地面建筑，告别了穴居生活。也有专家提出，上山的"万年柱洞"，也许仅仅是季节性居住的痕迹。

同属河姆渡文化类型的江苏苏州唯亭草鞋山遗址,距今 6 000 多年前的新石器时代古文化遗址,在第 10 文化层发现了一处由一圈 10 个柱洞围成的圆形居住遗迹,居住面土质坚实,房内面积 6 平方米。和河姆渡遗址上还保留着打进地下的成排木桩一样,草鞋山遗址第 10 文化层中也有大量零散的柱洞,许多柱洞还保存着相当完好的木柱和柱下垫板,有的木板上有清晰可见的砍劈、锯截的加工痕迹……说明当时已直接在地面上建造木架结构房屋,在柱洞底衬垫一两块木板,以芦苇为筋涂泥成墙,再用芦苇、竹席或草束盖顶,这种建筑形式既适合多水的自然条件又符合因材制宜的地域特点。

良渚先民的水井也采用将大圆木对剖、中间挖空的方式制成井壁。1990 年 11 月,在上海青浦发现的良渚木井,用一棵对剖开的大木,中间挖空后对合作井壁。

"吴人善舟习水","视巨海为平道",河姆渡遗址第 3、第 4 文化层出土的有木桨、陶舟以及除了淡水鱼以外的海洋鱼如鲻、鲷、鲨鱼等鱼骨,还有鲸鱼的脊椎骨,说明河姆渡人的渔猎活动不仅在内河,也有近海活动的能力。《越绝书·记地传》记载:"越人之性以舟为车,以楫为马。"擅长制造舟楫之技,今在常州地区还出土了迄今为止发现的最大的独木舟。

三、择址的环境意识

早在六七千年前的中华先民们对自身居住环境的选择与认识已达相当高的水平。

"北京人"已经"力图选择有水源供给、捕猎和采集食物便利而又安全的生活环境,其栖居的处所,则喜欢选择自然岩洞"。[①] 被原始人选择作为栖身之所的自然洞穴,条件是:

(1) 近水——为了生活用水及渔猎方便,都选择湖滨、河谷或海岸的河汊附近。

(2) 防止水淹——为防止涨水时受淹,所选择的洞口都比较高,且高出附近水面 10~100 米不等,多数在 20~60 米处。

(3) 洞内较干燥——选择钟乳石较少的科斯特溶洞,洞内湿度较低,以利生存。太深的洞内则过分潮湿而且空气稀薄,不宜居住。处于"新人"阶段的"山顶洞人"居住的岩洞,前部为集体生活起居使用,内部低洼部分,早期也曾住人,后期改为埋葬死者。

(4) 洞口背向寒风——一般洞口收敛,而且背向冬季主要风向。现已发现的这些岩洞,很少朝向东北或北方的。[②]

新西兰奥克兰大学的尹弘基教授提出风水起源于中国黄土高原的窑洞、半窑洞的选址与布局,距今 6 000 多年前陕西西安半坡的仰韶文化,已经是一个典型的

① 刘叙杰主编《中国古代建筑史》第一卷,中国建筑工业出版社,2009,第 3 页。
② 刘叙杰主编《中国古代建筑史》第一卷,中国建筑工业出版社,2009,第 7 页。

风水例证。[①]

西安半坡聚落大体分为居住、陶窑和墓葬三区。半地下和初级的地面房屋环立于部落中心的广场周围，面向广场有半穴居的大房子，是氏族首领及老人、孩子居住场所，同时也是氏族聚会之处。房屋有方圆两种形式。方形的多半穴居形式，内部有区隔独立空间的格局，此为后世"前堂后室"的雏形。圆形的房屋一般建造在地面，四壁用编织的方法以较密的细枝条加以若干木桩间隔排列，上面是两坡式的屋顶。已经显现"间"的雏形。[②]

环绕村落的大壕沟，是一条为保护居住区和全体公社成员的安全而作的防御工程，有如古代的城墙或城壕的作用。壕沟规模相当大，平面呈南北长不规则的圆形，全长 300 余米，宽 6～8 米，深 5～6 米，上宽下窄，像现在的水渠一样。靠居住区一边的沟沿高出对面沟沿约 1 米，这是挖沟时将掘出的土堆积在内口沿形成的，起加强防卫的作用。穿过村落中心的一条沟道，把居住区分成南、北两半，沟道中间偏东处有一缺口，缺口中间是一个家畜圈栏。沟的长度除去已破坏的，现长 53 米，深、宽平均各 1.8 米，其用途可能是区分两个不同氏族的界线。半圆形的壕沟相其下的流水在居民区的东南组成一个两水交汇的"合口"。这正是风水形局。[③] 可见，半坡遗址为依山傍水、两水交汇环抱的典型的上吉风水格局，且出现了较为明确的功能分区。如半坡遗址中，墓地被安排在居民区之外，居民区与墓葬区有意识地分离，成为后来区分阴宅、阳宅的前兆。如图 1-13 所示。

图 1-13　西安半坡聚落

①　丁一、雨露、洪涌：《中国古代风水与建筑选址》，河北科学技术出版社，1996，第 6 页。

②　王其钧：《华夏营造》，中国建筑工业出版社，2010，第 22～23 页。

③　丁一、雨露、洪涌：《中国古代风水与建筑选址》，河北科学技术出版社，1996，第 7 页。

相传黄帝所作的《黄帝宅经》，讲述了人与住宅的和谐，人与天地的和谐，人与自然的和谐，人与宇宙的和谐：

"宅以形势为身体，以泉水为血脉，以土地为皮肉，以草木为毛发，以舍屋为衣服，以门户为冠带，若得如斯，是事俨雅，乃为上吉。"

这里明显地把宅舍作为大地有机体的一部分，强调建筑与周围环境的和谐，这是风水关于建筑思想的主旨。

第二章　夏商周园林美学思想

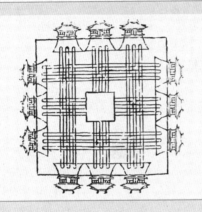

夏商周时期的园林美学思想包孕着后代各种美学思想发展的胚胎和萌芽。

《史记·夏本纪》明确记载了夏代世系，那是夏启开创的父死子继的中国历史上第一个世袭制王朝，自禹至履癸（桀），共十四世、十七王，前后经过了四百余年。

《史记·殷本纪》所记的商代世系，在金石学家王懿荣发现的安阳殷墟出土的甲骨卜辞中得到了证实，真是"一片甲骨惊世界"！多数学者据此认为《史记·夏本纪》同样为信史，但因为长期以来没有实物印证，夏的存在曾遭一些西方学者和疑古派的怀疑。

当前，夏代的存在已经获得考古实物遗存的支持，最重要的有河南洛阳市偃师县"二里头"一、二（甚至三期）遗址文化，被学术界普遍认为属于夏代中、晚期文化，其他还有河南龙山文化遗址中的洛阳市王湾、东干沟及矬里等遗址、山西夏县东下冯遗址、襄汾县陶寺遗址的某些文化层，亦有可能属于夏代。[①]《国语·周语》："昔夏之兴也，融降于嵩山。"居息之范围以今山西西南及河南西北为中心，再逐渐扩展至河北、山东境内。夏代农业、手工业比较原始社会有了很大的发展。

商族首领成汤灭夏，建立了以商为国号的新王朝，商王盘庚迁殷，亦称殷商。史载自成汤至帝辛（纣王）凡十六世三十王。历时六百年。疆域比夏朝为大，大体在西至陕西，南及湖北，东抵山东、北达河北范围内。商代农业、畜牧业有了更大发展，手工业技艺精湛、分工细微，釉陶和纺织、漆器之手工艺，也达到很高水平。特别是已经出现了铜铁合制的器物，其造型和纹饰之美以及殷商的甲骨文字线条之美令世界叹为观止！

甲骨文中发现了以满足"人王"精神需要为主要特征的"囿"、"圃"的叙述。

"自窜于戎狄之间"的姬姓周人，从今日甘肃南部的洮河流域逐渐迁徙到甘陕边境的渭水河谷，最后到岐山周原定居，成为商王朝属国，"乃贬戎狄之俗，而营城郭室屋，而邑别居之。作五官有司"[②]，经济文化得到迅速提高。古公亶父之孙姬昌被商王封为西伯（周建国后追尊为文王），其子姬发伐纣，建立周朝，为周武王。于是，在"溥天之下，莫非王土；率土之滨，莫非王臣"的原则下，"裂土分茅"，以封建方式制定了一种合乎当时农业扩张的统治形态，又以宗法制度使封建统治更加稳固。周历时六百年，分西周、东周（可析为春秋和战国两个时期），为我国奴隶社会走向帝制社会的过渡时期。《史记·苏秦列传》就记载齐王听从苏秦别有用心的劝说，而"高宫室大苑囿以明得意"[③]。

两周装饰纹样更多样，铜器上有饕餮纹、云雷纹、窃曲纹、三角纹、龙凤纹等；瓦当上有同心圆纹、卷云纹、山字纹、饕餮纹、鸟纹、双兽纹、鹿纹等；地砖有菱形纹、S纹、圆圈纹……使用方式有木材之雕刻、陶砖瓦之模印，金属之铸造，漆面之描绘，

---

① 刘叙杰主编：《中国古代建筑史》第一卷，中国建筑工业出版社，2009，第127页。
② 《史记·周本纪》。
③ 《史记·苏秦列传》。

另外还有利用贝、金银、珠宝之镶嵌和石料之拼砌等多种。[1] 西周中期遗址中发现了大量瓦件,建筑已经完成了由"茅茨"向"瓦屋"的过渡。此间,诞生了最早的专门论述建筑及其制式的文献《考工记》[2]。

两周以来,特别是春秋末至战国时期,诞生了一批思想深邃、见解卓越、泽被后世的中华民族的文化元典,诸如《诗》《书》《礼》《易》《乐》《春秋》六经与《老子》、《墨子》《论语》《庄子》《孟子》《荀子》《楚辞》等诸子著作。"第一次总结了中华农耕文明的独立起源与早期发展,将历代先民对宇宙、社会、人生的思考和探索进行了全面梳理和总结,并将其上升到哲学的高度,奠定了中华民族的文化基因,构建了中华民族的精神特色。……最终积淀了中华民族独有的文化心理结构。这种民族文化心理结构具有超越时代、超越阶层的稳定性,成为一种文化血液基因,传授给子孙后代。"[3]

在这些思想的百花园中,同时也绽放着姹紫嫣红的园林美学思想之花,其中对园林美学影响力最大的是儒家、道家、墨家三个哲学门派和楚骚。其在美学上的主张各自有其侧重点,展示了完全不同的风格,对后代美学思想的发展都起到了巨大的影响。

1980 年李泽厚在为宗白华《美学散步》所作的序言中说,中国美学有四大主干,他说:"'天行健,君子以自强不息'的儒家精神、以对待人生的审美态度为特色的庄子哲学,以及并不否弃生命的中国佛学,加以屈骚传统,我以为,这就是中国美学的精神和传统。"1981 年,李泽厚在《关于中国美学史的几个问题》中又说:"如果说儒家学说的'美'是人道的东西,道家以庄子为代表的美是自然的话,那么屈原的'美'就是道德的象征……还有就是中国的禅宗。"其中,儒、道、屈骚三大美学主干都奠定于三代。

儒家认为善的道德观念为美。儒家反对"利",乐于"义",在形式与实质美之间,实质的美决定着形式美,因而更为重要。"礼之用,和为贵,先王之道斯为美"、"文质彬彬,然后君子",将道德认知上升到审美爱好,将内心道德关照与外在行为统一起来,使外在于我的行动合乎内心的道德规范,使人敬之乐之,就是儒家的做人理想。

---

[1] 刘叙杰主编:《中国古代建筑史》第一卷,中国建筑工业出版社,2009,第 354 页。

[2] 今本《考工记》为《周礼》的一部分。《周礼》儒家经典之一,乃记述西周政治制度之书,传说为周公所作,实则出于战国。原名《周官》,由"天官"、"地官"、"春官"、"夏官"、"秋官"、"冬官"六篇组成,合天地四时之数。《天官冢宰》掌邦治,《地官司徒》掌邦教,《春官宗伯》掌邦礼,《夏官司马》掌邦政,《秋官司寇》掌邦禁,《冬官司空》掌邦务。西汉时,"冬官"篇佚缺,河间献王刘德便取《考工记》补入。刘歆校书编排时改《周官》为《周礼》,故《考工记》又称《周礼·考工记》(或《周礼·冬官考工记》)。书中记载了车舆、宫室、兵器以及礼乐之器等六门工艺的三十个工种(缺二种)的技术规则,涉及数学、力学、声学、冶金学、建筑学等方面的知识和经验总结。清代学者戴震著有《考工记图》、程瑶田著有《考工创物小记》等有关研究著作。钱临照《〈考工记〉导读》称之谓"先秦之百科全书"。

[3] 江林昌:《探寻中华民族元典原貌》,《中国社会科学报》2015 年 09 月 07 日。

道家所认同的美,比儒家所赞颂的道德之美还要空泛、还要抽象。在老子看来,对于美的欣赏要看这种美之内的"纯美"是不是符合道德规定,如果不符合,那么外表优美的也是丑陋的。"五色令人目盲,五音令人耳聋,五味令人口爽,驰骋畋猎,令人心发狂;难得之货,令人行妨。"

庄子更进一步,在否定了世俗美及其审美快乐后,提出了以道为美的本质观和审美特点,即自然美、人物美皆以自然无为的道德本性为依据,这种美给人带来的感觉是无法感受的,所以世俗人无法理解,甚至以之为苦。

与儒家、道家对美的要求不同,墨子承认了人生存范围之内的基本生存需要和社会的公平正义,敢于正视对"利"的正当要求,大声疾呼"义"、"利"统一,再三把"利"字放在他思想言论的首位。可见,墨子并不是一味反对文化艺术的。他之所以"非乐",是要先解决"温饱",再解决审美需要。

总之,夏商周三代的园林美学思想有所区别,夏商时期带有鲜明的原始自然崇拜色彩,以原朴的略带野性的自然美为基础;两周园林美学思想则具有多元色彩,但自然人格化已露端倪,比德思想大行其道。

三代时期出现的园林景象元素之间虽尚无统一主题的有机艺术结合,然苑囿中必设高台,以代替接天地的山;筑台必取土而成池,所以已经蕴含了未来山水园林的基本审美元素。

出土文物和儒道经典是承载三代园林美学思想的主要载体。

第一节　夏商园林美学思想雏形

据《东方京报》2009 年 7 月 29 日报道,河南立法保护二里头遗址,并称乃"中国最古老的夏王朝遗址",王宫后院发现了水池遗迹,证明了三千多年以前就出现了皇宫后花园——皇家园林。

《左传》称"夏启有钧台之享"[①],《汲冢古文》也有"夏桀作倾宫、瑶台,殚百姓之财"[②]的记载。

关于殷商台苑的记载就更多了:

《新序·刺奢》:"纣为鹿台,七年而成,其大三里,高千尺,临望云雨。"古人观日出、望云气、定时节、祭祀四时主的地方!

汉董仲舒《春秋繁露·王道》:"桀纣皆圣王之后,骄溢妄行,侈宫室,广苑囿。"

《史记·殷本纪》:"(帝纣)好酒淫乐,嬖于妇人……厚赋税以实鹿台之钱,而盈巨桥之粟,益收狗马奇物,充仞宫室;益广沙丘苑台,多取野兽蜚鸟置其中。慢于鬼

---

① 《左传》昭公四年,中华书局,1981,第 1250 页。

② 《文选》卷 3《东京赋》李善注引《汲冢古文》。

神,大聚乐戏于沙丘,以酒为池,悬肉为林……"

《说苑·反质》引墨子的话:"纣为鹿台槽丘,酒池肉林,宫墙文画,雕琢刻镂,锦绣被堂,金玉珍玮……"室内外的屋身已经采用涂饰、彩饰、雕刻和壁画等装饰手段,也镶嵌金玉珠翠等珍贵材料和锦绣等软材料为饰。

"囿"、"圃"和璇宫、倾宫、琼室等大规模的宫苑建筑群,主要是满足"人王"精神需要为主,"渔猎已成游乐化,而牧畜而久经发明"[1]。"圃、台"作为之前的狩猎、祭祀的物质功利性已经十分淡化,逐渐超越了功利价值向审美价值过渡。

一、居中为尊　四阿重屋

"居中为尊"意识的萌芽。夏王朝二里头宫殿区内已发掘的大型建筑基址达九座,最新的发掘结果表明,其中至少存在 2 组具有明确中轴线的建筑基址群。宫室都建在土台之上,且平面大都为矩形,宫室多以主轴线作对称布置。"建筑的主要轴线都大约为北偏东八度,这种朝向可令建筑在冬天获得更充分的阳光"[2]。

早在半坡等新石器时代的聚落中都有一栋大房子,这栋大房子是祭祀、聚会中心。二里头大型宫廷遗址平整而高度略低的夯土台,北部正中又有单独的夯土台,估计为主体宫殿,坐北朝南,具有"居中为尊"和"面南为尊"的审美意向。

《周易·说卦》曰:"圣人南面而听天下。"中国的天文星图是以面南而立仰天象而绘制的,地图是以面南而立用俯视地理方法绘制的。所以中国古代的方位观念也很独特:前南后北,左东右西。这符合中国地利环境特点:处在北半球中的中国,受阳面为南,南向采光;中国境内大部分地区冬季盛行的是寒冷的偏北风,而夏季盛行的是暖湿的偏南风,这就决定了中国风水的环境模式的基本格局应当是坐北朝南,其西、北、东三面多有环山,以抵挡寒冷的冬季风,南面略显开阔以迎纳暖湿的夏季风。

殷墟宫殿宗庙建筑格局"前朝后寝,左祖右社"。这里洹水自西北折而向南,又转而向东流去。河流两岸,其南岸河湾处的小屯村一带,是商朝宫室的所在地;宫室的西、南、东南以及洹河以东的大片地段,则是平民及中小贵族的居住地、作坊和墓地等;其北岸的侯家村、武官村一带则为商王和贵族的陵墓区。商人在外围修建了防御性壕沟,将宫殿区包围成四面环水的凹字形。

无论是宫室区、民居区还是生产区、陵墓区,它们都是位于河水曲折怀抱之处,符合后世风水学中追求"曲则贵吉"的理念。

《博山篇·论水》中所说:"洋潮汪汪,水格之富。弯环曲折,水格之贵。""河水之弯曲乃龙气之聚会也",古代建筑风水学中所总结的"水抱有情为吉"的观点,就根源于此种科学认识的基础之上。

四方格局。河南偃师二里头遗址的前面有排列整齐的柱洞,不仅证明了我国

---

①　郭沫若:《中国古代社会研究·社会基础的生产状况》,人民出版社,1954,第29页。
②　王其钧:《华夏营造》,中国建筑工业出版社,2010,第27页。

大型建筑初期已经采用了土木结构的构筑方式,而且,建筑已经呈现四合院式格局,并有门堂的区分,布局呈折角正方形,四周有回廊环绕。《书·舜典》:"询于四岳,辟四门,明四目,达四聪。"孔传:"广视听于四方,使天下无壅塞。"孔颖达疏:"明四方之目,使为己远视四方也。"

青龙、白虎、朱雀、玄武是后世风水中推崇的四个方位神的名称。

河南淄阳西水坡发现的距今6 000年前的仰韶文化的墓葬中,有着一幅图案清晰的用蚌壳砌塑而成的"青龙"、"白虎"图形,分别位居埋葬者两侧(图2-1)。暗合了后世风水著作中"青龙婉蜒,白虎蹲踞"的思想。

《礼记·曲礼上》方位神的观念就已经很明确:"行,前朱雀而后玄武,左青龙而右白虎。"

图2-1　蚌壳砌塑的"青龙"、"白虎"图形

青龙、白虎等四神作为方位神灵,各司其职,护卫着城市、乡镇、民宅,凡符合"玄武垂头,朱雀翔舞,青龙婉蜒,白虎驯俯"环境的,即玄武方向的山峰垂头下顾,朱雀方向的山脉要来朝歌舞,左之青龙的山势要起伏连绵,右之白虎的山形要卧俯柔顺,即可称之为"四神地"或"四灵地"的风水宝地。

《阳宅十书》曰:"凡宅左有流水,谓之青龙;右有长道,谓之白虎;前有汙池,谓之朱雀;后有丘陵,谓之玄武,为最贵地。"

根据周礼《考工记》中记载的商代建筑风格是:"茅茨土阶,四阿重屋"。意思就是地面为夯土台基,屋顶为茅草覆盖的两重檐四面坡的形制。商朝高等级的房子都是四合院,用灰陶烧制而成的地下排水设施已经非常完善。

建筑房屋时的夯土墙,叫板筑墙,商朝的房屋台基是以黄土夯实而成,房子的骨架是以木柱和木梁为主的。那时还没有出现砖瓦,一根根立起的柱子再架上梁,形成房子的骨干,它浑然一体,严谨结实,具有很强的抗震能力,以后历代建筑基本沿用这种结构,这在世界建筑史上也是遥遥领先的。

五行学说渊源五方说。《周礼·考工记·匠人》"夏后氏世室"汉郑玄注:"堂上为五室,象五行也……金室于西南。"夏代宗庙西南之室称金室,与后世"五行"中的西方属"金"合。

根据河南安阳出土的甲骨卜辞中,殷商把所在的地域称作"中商",而与"东土"、"南土"、"西土"、"北土"并列,说明当时已经有了东、西、南、北、中五个空间方位的观念,而且人们还把春、夏、秋、冬四时的风雨气候变化与五个空间方位联系起来观察,从而显示出古人欲用"五方说"总括空间整体的意向,并蕴含着最早的整体观念的萌芽。

夏王朝二里头遗址宫城平面略呈长方形,面积约 10.8 万平方米。长方形平面,南面受光面大,易于通风,利用率高,而且审美上体现了多样统一律。黑格尔在《美学》中谈道:"一个直角长方形比起正方形较能引起快感,因为在长方形之中,相同之中有不同。"①西方从建筑抽象出来的"黄金分割",就是一种合乎比例规律的长方形。可见,这类长方形屋基,已经出于实用和审美的双重需要。

但如果都是长方形,又会显得单调乏味,又需要方圆来作为必要的补充。方形,具有肯定、庄重、明确的形态,传统审美心理,有端齐、方严、庄重、稳定的性格。刘勰《文心雕龙·定势》:"方者矩体,其势也自安。""圆者规体,其势也自转。"圆者,体现出由静见动的审美意味。居中者则为太古时代伏羲、神农掌握"逆"的根本,《淮南子·原道训》:"得道之柄,立于中央;神与化游,以抚四方。"掌握"道"的根本,立身于天地中央,精神与自然造化融合,以此安抚天下四方。

《淮南子·天文训》:"天道曰圆,地道曰方。"北海团城(图 2-2),以圆和天道取得同形同构的形态,表现了对宇宙空间的哲理把握。《易》曰"蓍之德,圆而神。"

图 2-2　北海团城

二、依类象形　形声相益

中华民族不仅拥有自己的民族文化元典,而且还创造了记录这些文化元典的汉字,这些汉字属于表意文字系统,从创造伊始,就具有神圣性、审美性,而且,因基

---

① 　黑格尔:《美学》第 3 卷上册,商务印书馆,1984,第 64 页。

本结构没有变化,是世界上唯一使用至今,具有旺盛生命活力的文字,成为中国上古文化遗传下来的"活化石"。

殷墟出土的甲骨文,是中国汉字的鼻祖,是中国传统文化的源头。甲骨文已具象形、会意、形声、指事、转注、假借等"六书"的造字方法,会意由象形稍加引申而成,例如日在树后上升,是为东。双手执鸡放在樽俎之内,是为祭。还有不能图解之观念则可以同音字代表,如"亦"字发音与"腋"同,所以画人之两腋为亦。"来"与高粱之"来"同,所以画"来"而得来。其他"转注"、"假借"等也不外将这些基本原则重叠而扩大的使用。值得注意的则是青铜时代的书写方式和今日报纸杂志的铅字一脉相传。[①]

甲骨文(图2-3)作为中国最早、最成熟的文字,具有"名言诸无,宰制群有,何幽不贯,何往不经,可谓事简而应博"[②]的特点,惊天地、泣鬼神,见《淮南子·本经训》:"仓颉造字而天雨粟,鬼夜哭。"许慎《说文解字序》曰:"仓颉之初作书也,盖依类象形,故谓之文。其后形声相益,即谓之字。"张彦远《历代名画记》解释说:"造化不能游其秘,故天雨粟;灵怪不能遁其形,故鬼夜哭。"

据说仓颉造字时"颉首四目,通于神明,仰观奎星圆曲之势,俯察龟文鸟迹之象,博彩众美,合而为字,是曰古文"。[③] 我们的方块汉字从诞生伊始,就注入了众美,汉字与生俱来带有历史的温度,承载着丰富的文化内涵。

每个甲骨文字作为一个符号,用象形符号去写心中万物,美学家卡西尔认为,艺术可以被定义为一种符号语言。

图2-3 甲骨文

汉字,形声意三美兼具。甲骨文的结构字体,皆须像其一物,若鸟之形,若虫食禾,若山若树,具有表意的形象性和直观性。通过甲骨文,我们似乎可以看到很多生动的生活速写画面:如小鸟的灵巧活泼、禽兽的凶猛强大等。甲骨文虽以"象形"为本源,但字中包含着主观的意味、要求和期望,已经含有超越被模拟对象的符号意义,"更以其净化了的线条美——比彩陶纹饰的抽象几何纹还要更为自由和更为多样的线的曲直运动和空间构造,表

① 主仁宇:《中国大历史》,生活·读书·新知三联书店 2007,第7~8页。
② 张怀瓘:《文字论》。
③ 张彦远:《法书要录》七卷。

现出和表达出种种形体姿态、情感意兴和气势力量,终于形成中国特有的线的艺术:书法"①。汉字充满了生命的始态魅力,那就是超越形而上学前的诗性思维语言,也是一种心灵的语言、一种诗的语言,它具有诗意和韵味。

甲骨学研究者发现,甲骨文的笔画往往是两头尖,中间粗,线条较细。字型大部分呈长方形,这在甲骨文总量中占75%,方形的占20%,扁方的约占5%。绝大多数字的形体都呈现出五比八,五比三的形态,正符合黄金分割率的原则,另外几何图形的美感在甲骨文中被运用得相当成功,如:三角形(各种)、圆形、方形(含长方形)、椭圆形、棱形等。

古文字专家郭沫若先生曾经这样评说甲骨文:"卜辞契于龟骨,其契之精而字之美,每令吾辈数千载后人神往!"

由甲骨文衍化而来的汉字,"集形、音、意于一体,形呈于目,音入于耳,意达于心,三者通感互利,共同作用,成就了独特的意象之美"。

"'象'与'意'作为一种特殊统一体,在汉字发展史中起着重要作用。象形、象意,包含'象'、'意'两大传统的交融,并通过'象外之象'、'意外之意'开辟辽阔浩渺的审美空间。"②

钱穆先生尝云:中国文字虽曰象形,而多用线条,描其轮廓态势,传其精神意象,较之埃及,灵活超脱,相胜甚远。而中国线条又多曲势,以视巴比伦专用直线与尖体,婀娜生动,变化自多。

这些原则一经推广,今日之汉字为数2万,又经日文与韩文采用,无疑已是世界上最具有影响力的文字之一。它的美术性格也带有诗意,使书写者和观察者同一的运用某种想象力,下至最基本之单位。③

三、铸鼎象物 以承天体

夏商时期,用铜锡合金制成的器皿,我们称之为青铜器。据《左传》宣公三年记载,夏禹铸有九鼎,今夏鼎已不可见,殷商的青铜器所见甚众,品类很多,造型精美:圆鼎、小方鼎、大圆鼎以及觚、角、爵、斝、青铜鼓、弓形器等。除了鼎以外,大部分是酒器和食器。

殷商青铜器造型精美。如司母戊大方鼎(图2-4)可能是商王文丁为祭祀其母亲"戊"而铸造的,大鼎重达875公斤,威重为世界青铜器之最。造型美观,花纹绚丽,鼎身净高约66厘米,鼎的长为110厘米,鼎身的长和高之比为0.6,与黄金分割比例的常数0.618基本符合,而这比毕达哥拉斯的应用要早七百年以上。

商妇好墓中的随葬品被古希腊数学家称之为"黄金商妇好"。墓中的随葬品司

---

① 李泽厚:《美的历程》,文物出版社,1981,第40~41页。
② 2014年12月24日《中国社会科学报》记者吴楠引党圣元之言。
③ 王仁宇:《中国大历史》,生活·读书·新知三联书店,2007,第8页。

母辛铜觥、两件龙虎形制的象征王权的兵器钺、乐器石磬等都精美无比。其中三件象牙杯体呈筒状，两件高约 30 厘米，一件高 42 厘米。它们都带有夔形或虎形"鋬"的提手，是用榫接法将鋬体插接杯体的。杯体上环绕的是用绿松石镶嵌的饕餮和夔龙图案，采用了半浮雕的雕刻手法，雕工精细。妇好墓中的随葬品之丰美，也说明了商代社会虽属父系，但是它的贵族妇女却享有崇高的地位和尊严。

青铜器上铸有各种纹饰，有"乳钉"、凤鸟、蕉叶，最多的是许多论著中所称的"饕餮纹"，李济先生称为"动物面"、张光

图 2-4　司母戊大方鼎

直先生称为"兽头纹"、马承源先生径称为"兽面纹"、陈公柔、张长寿先生研究时亦以"兽面纹"作为名称。即用非常粗犷的构图表现出动物脸面的基本轮廓，一般是采用两个显身或隐身的侧视兽面，左、右对称拼合在一起，口呲目瞠、角耸耳张，给人面目狰狞、神情诡谲的感觉。李泽厚在《美的历程》一书中称之为"狞厉的美"。

最先用饕餮纹(图 2-5)之名的是《宣和博古图》。宋代学者显然比较认同这样的说法，所以在《路史·蚩尤传》注中，认定"三代彝器，多著蚩尤之像，为贪虐者之戒"。经研究者发现，饕餮纹或兽面纹本来是两个相对的动物头面侧视图，是"一对双"，独立的兽面图像要晚出一些，而且是沿用了原先的两合图像，将左、右两侧面合成出立面像。两张脸中间常有扉棱之类的隔断，后来这隔断装饰消失，但构图依然还是原来双身兽面的结构，只是省却了原有的身形，为"隐身兽面纹"，以强调它与全形兽面纹之间的相关性。

据研究，无身兽面纹的最原始形式，只是一对圆泡状乳钉，以表示兽面的双目，后来逐渐增添鼻角口耳眉，遂成为器官齐备的兽面。

兽面纹一般其实只见有双目，它原本应当源自史前的眼睛崇拜。史前彩陶上有成对眼目纹，玉器上有成对眼目纹。

图 2-5　饕餮纹

又有研究认为萨满教中的天神同时也是太阳神,太阳神往往被绘制成眼睛状,因为在诸多古代神话中,太阳被称为是"天之眼"。如婆罗门教的太阳神,又称"天之眼睛"或"世界的眼睛",由此认为饕餮当为天神或太阳神之属。日本学者林巳奈夫注意到二者实为一体:饕餮是从太阳那里继承了传统而表现为图像的东西,饕餮纹中对眼睛的强调,正是其作为光明的太阳神特征的描述。

西周中期兽面纹出现向窃曲纹演变的趋向,兽面纹因此消失。窃曲纹不少还保留有眼目图形,所以又有学者称为变形兽面纹,是兽面纹的变体。眼目是兽面纹的主体。

使用怪异的兽面纹,并不是为了体现装饰之美,而是"以这些怪异形象的雄健线条、深沉凸出的铸造刻饰,恰到好处地体现了一种无限的、原始的、还不能用概念语言来表达的原始宗教的情感、观念和理想,配上那沉着、坚实、稳定的起舞造型,极为成功地反映了'有虔秉钺,如火烈烈'(《诗·商颂》)进入文明时代所必经的那个血与火的野蛮年代"。[1]《左传》宣公三年王孙满谈到了"铸鼎象物"的原因:"铸鼎象物,百物而为之备,使民知神、奸。故民入川泽山林,不逢不若。螭魅魍魉,莫能逢之,用能协于上下以承天休。"铸造九鼎并且把图像铸在鼎上,所有物像都具备在上面了,让百姓知道神物和怪物。所以百姓进入川泽山林,就不会碰上不利于自己的东西。螭魅魍魉这些鬼怪都不会遇上,因而能够使上下和谐,以承受上天的福佑。铸在青铜彝器上一些动物能助巫师通天地,它们的形象,可以使上下和谐、国泰民安。

因此,"以饕餮纹为代表的青铜器纹饰具有肯定自我、保护社会、'协上下'、'承天休'的祯祥意义"。[2]

第二节　儒家"和合"的园林美学思想

"和"、"合"二字均见于甲骨文和金文。"和",指和谐、和平、祥和;"合"是结合、合作、融合,即不同要素的统一,"商契能和合五教,以保于百姓者也"[3],商契能将五种不同的人伦之教加以融合,实施于社会。融合是最为理想的结构存在形式,成为中国传统文化的精髓,成为儒家思想的核心,也是中国文化的核心。"和合"是实现"和谐"的途径,而"和谐"是"和合"的理想实现。

作为园林美学思想的"和合",首先指人与自然"天人合一"的审美境界论,强调人生境界与审美境界的合一;其次是特别注意运用"和合"理论展开与构架诸如真

---

① 李泽厚:《美的历程》,生活·读书·新知三联书店,2009,第37页。
② 李泽厚:《美的历程》,生活·读书·新知三联书店,2009,第36页。
③ 《国语·郑语》。

善统一、情理统一、有限与无限的统一、认知与直觉的统一等一系列审美范畴,如:"儒家美学的中心是反复论述美与善的一致性,要求美善统一,高度重视审美与艺术陶冶、协和,提高人们伦理道德感情的心理功能,强调艺术对促进社会和谐发展的积极作用。"①因此,研究者认为,中国诗性智慧和审美意识与"和合"文化有着一种特殊的亲和性和关联性。"和合"文化,是中国古代诗性智慧之根。

儒家"和合"美学思想散见于《尚书》《乐记》《左传》《国语》《论语》《孟子》《荀子》《诗经》《易经》(《孔子彖传》)《礼记》等先秦儒家经典,也偶见于《韩非子》等儒家以外的先秦典籍。

一、以礼定制 尊礼用器

"礼"是指社会人生各方面的典章制度和行为规范以及与之相适应的思想观念,源自于上古初民尊祖、祭祖与祭祀天神地祇的活动。"乐"则是与这些礼仪活动相配合的乐舞,即艺术熏陶,对自然的人进行人文化教育,把自然人纳入到政治性伦理性轨道上来,使社会成员都成为"克己复礼"的"文质彬彬"的君子,自觉遵守社会伦理规范,从而达到维持社会秩序和谐的目的。远古图腾歌舞,巫术礼仪的进一步完备与分化,至殷周鼎革之际,周公旦据此"制礼作乐",系统建立起一整套"礼乐治国"的固定制度,确定了以"嫡长制、分封制、祭祀制"为核心的礼制法规,讲究"名位不同,礼亦异数"②,这在中国历史上具有划时代的意义。

"夫礼,天之经也,地之义也,民之行也。天地之经,而民实则之,则天之明,因地之性,生其六气,用其五行,气为五味,发为五色,章为五声,淫则昏乱,民失其性。是故为礼以奉之"③,"礼者也,犹体也。体不备,君子谓之不成人"。"礼"的主要目的在于"明尊卑,别上下",从而维护尊卑长幼(即君臣父子)森严等级制的统治秩序和社会稳定。

诺贝尔奖获得者宣言:"人类要想在 21 世纪生存下去,必须回头从 2 540 年前的孔子那里去汲取智慧。"孔子从哲学本体论和社会历史观的角度,创拟了旨在让社会各阶级(阶层)在"礼乐"的约束下和谐共处的社会理想,他的核心价值观念就是"礼"和"乐",孔子强调:"礼之用,和为贵。"④

《考工记》作为官营手工业的技术规则和工艺规范,其造物思想遵循严明的"以礼定制、尊礼用器"之礼器制度。城市及住宅是可居住的"礼器"。《考工记·匠人》篇指出,匠人职司城市规划和宫室、宗庙、道路、沟洫等工程,并且记载了有关制度,也有各种尺度比例的规定。诸侯城、都城与王城的规模各不相同,据《考工记》中记

---

① 李泽厚、刘纲纪主编《中国美学史》(第一卷),中国社会科学出版社,1987,第35页。
② 《左传》庄公十八年。
③ 《左传》昭公二十五年。
④ 《论语·学而》。

中国园林美学思想史——上古三代秦汉魏晋南北朝卷

载:"天子城方九里,公盖七里,侯伯盖五里。"从中看出营造的美学思想,如王城的规划思想:"匠人营国,方九里,旁三门。国中九经、九纬,经涂九轨。左祖右社,面朝后市,市朝一夫。"

王城每面边长九里,每边三道门。城内纵横各有九条道路,每条道路宽度为"九轨"(一轨为八尺)。王宫居中,左侧是宗庙,右侧是社坛(或社庙),前面是朝会处,后面是市场。朝会处和市场的面积各为一夫(据考证一夫为100步×100步)之地。如图2-6所示。

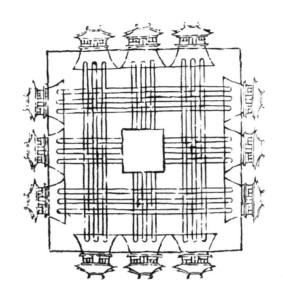

图2-6 《考工记》王城图

都城九里见方,旁三门的方形城市,反映天圆地方的宇宙观;九里见方,源于盛行于当时的井田制的"九井为夫"的规制,井田制将田地划分为若干等面积的方块,王城形制方正,纵横有序。《考工记·匠人》:"九分其国,意味九分,九卿治之。"王宫外八分,称"乡",八乡共有成周八师一同拱卫宫城。居中为贵为宫城,内宫外城。宫城以宫门与外城相连接,高筑宫垣,外城四周筑城垣,每面各开三门,共计十二城门。中轴线即宫城南北中轴线的延伸。纵横各九条道路,"道有三涂",《王制》:"道路男子由右,女子从左,车从中央。""九经九轨",采用经纬涂制道路网,以九条经涂和九条纬涂,按以道三涂之制,构成经纬大道各三条,成为王城主干道。每边辟三门,三朝三门,"左祖右社",东面为祖庙,西面为社稷坛,"前朝后市",前面是朝廷宫室,是朝廷的行政机构,后面是"市",就是商业区。

王城规划中"九五"为尊的意识萌芽,"九"为阳数之最,这里大量用"九"为王城标准,如国有"九里"、"九经九纬"、"经涂九轨"、"(宫)内有九室,九嫔居之,外有九室,九卿朝焉"、"王城……城隅高九雉"等,表明此时的"九"已经为周王专用。[1] 规模宏伟,规划严整,设施完善。

两周时期,诸侯王都的营建高度和建筑色彩严格地纳入"礼"的轨道,如果"夫上夹而下茸,国小而都大者弑。主尊臣卑,上威下敬,令行人服,理之至也。"[2]上面

① 刘叙杰主编:《中国古代建筑史》,中国建筑工业出版社,2009,第一册第233页。
② 《管子·霸言》。

权小而下面权重,国土小而都城大,就将有被弑之祸。做到主尊臣卑,上威下敬,令行人服的,才是治国的最高水平。《左传》隐公元年:"祭仲曰:都城过百雉,国之害也。先王之制:大都不过参国之一,中五之一,小九之一。"大夫祭仲说:"分封的都城如果城墙超过三百方丈长,会成为国家的祸害。先王的制度规定,国内最大的城邑不能超过国都的三分之一,中等的不得超过它的五分之一,小的不能超过它的九分之一。"城墙超标将为"国之大害"。宫室建筑的体量大小、高度,是礼制的重要体现,《礼记·礼器》云:"有以大为贵者:宫室之量,器皿之度,棺椁之厚,丘封之大。"《礼记·礼器》亦云:"有以高为贵者:天子之堂九尺,诸侯七尺,大夫五尺,士三尺。天子诸侯台门。"

建筑色彩是体现礼制不可或缺的一部分,周礼根据公侯伯子男等不同级规定了建筑装饰规格,逾越和崇饰皆为非礼,从《春秋左传正义》卷十关于"丹楹"和"刻桷"的评论可看出当时的礼制:

"(庄二十三年)秋,丹桓宫楹。桓公庙也。楹,柱也。"

"[经]二十有四年,春,王三月,刻桓宫桷。"

正义曰:《释器》云:"金谓之镂,木谓之刻。"刻木镂金,其事相类,故以刻为镂也。桷谓之榱,榱即椽也。《谷梁传》曰:"刻桷,非正也。夫人,所以崇宗庙也。取非礼与非正而加之於宗庙,以饰夫人,非正也。刻桓宫桷,丹桓宫楹,斥言桓宫,以恶庄也。"是言丹楹刻桷皆为将逆夫人,故为盛饰。

[传]二十四年,春,刻其桷,皆非礼也。

[疏]注"并非丹楹故言皆"。

正义曰:《谷梁传》曰:"礼,楹,天子诸侯黝垩,大夫苍,士黈。丹楹,非礼也。"注云:"黝垩,黑色。黈,黄色。"又曰:"礼,天子之桷,斫之砻之,加密石焉。诸侯之桷,斫之砻之。大夫斫之。士斫本。刻桷,非正也"。"加密石",注云:"以细石磨之。"《晋语》云:"天子之室,斫其椽而砻之,加密石焉。诸侯砻之,大夫斫之,士首之,备其物,义也。"言虽小异,要知正礼楹不丹,桷不刻,故云"皆非礼也"。

御孙谏曰:"臣闻之:'俭,德之共也;侈,恶之大也。'……先君有共德,而君纳诸大恶,无乃不可乎?"以不丹楹刻桷为共。

鲁庄公将其父桓公的宗庙柱子漆成红色、椽子上雕刻镂等,皆不合礼制,《春秋》鞭挞之。礼制规定,天子的宫殿柱子油漆用红色,诸侯用黑色,大夫用青苍色,其他官员只能用土黄色,而庶人则不许用色彩,谓之白屋。宋朝程大昌《演繁露·白屋》:"古者宫室有度,官不及数,则居室皆露本材,不容僭施采画,是为白屋也已。"建筑构件(椽或柱)的砍削打磨精度同样也是反映建筑等级的重要标志:天子宫殿的椽子,可以用砻,磨也。密石,即以坚实细密之石打磨。诸侯的砍削磨光,大夫的只能砍削,土,则只对椽头进行加工。

西周时期,周宣王所营宫室虽不求奢华,仅"避风雨,除鸟鼠",但作为王权象征的天子之庙饰,在"山节"形式的单层斗拱上,可以用"山节藻棁"①,郑玄注:"山节,刻卢为山也;藻棁,画侏儒柱为藻文也。"成为周王宫室特殊身份等级的重要象征。

《考工记》中反映的传统城市设计中"礼"的思想,诸如"左祖右社"等布局模式奠定了宅园建筑中礼式建筑和后世都城亘古不变的规划范式。

园林滥觞时期的"囿"的大小也有严格的等级划分,据《诗·大雅·灵台》毛传解释:"囿,所以域养禽兽也。天子百里,诸侯四十里。"

二、八音克谐　神人以和

《尚书·虞书·尧典》②:"诗言志,歌永言,声依永,律和声。八音克谐,无相夺伦,神人以和。"用诗歌表达志向,歌是延长诗的语言,声音的高低又和长言相配合,六律六吕要和五声谐和。金、石、土、革、丝、木、匏、竹八种乐器的音调能够调和,不失去相互间的次序,物质的人和精神的神相互协和。成于战国末年到西汉的《礼记·乐记·乐本》云:

> 凡音者,生人心者也。情动于中,故形于声。声成文,谓之音。是故治世之音安以乐,其政和;乱世之音怨以怒,其政乖;亡国之音哀以思,其民困。声音之道,与政通矣。

凡是音,都是在人心中生成的。感情在心里冲动,表现为声,片片段段的声组合变化为有一定结构的整体称为音。所以世道太平时的音中充满安适与欢乐,其政治必平和;乱世时候的音里充满了怨恨与愤怒,其政治必是倒行逆施的;灭亡及濒于灭亡的国家其音充满哀和愁思,百姓困苦无望。声音的道理,是与政治相通的。《乐记》总结的是以音乐为代表的关于整个艺术领域的美学思想。《荀子·乐论》进一步阐释了中国的音乐精神:

> 夫乐者,乐也。人情之所必不免也。故人不能无乐;乐则必发于声音,形于动静;而人之道——声音、动静、性术之变,尽是矣。故人不能不乐,乐则不能无形,形而不为道,则不能无乱。先王恶其乱也,故制《雅》、《颂》之声以道之,使其声足以乐而不流,使其文足以辨而不諰,使其曲直、繁省、廉肉、节奏,足以感动人之善心,使夫邪污之气无由得接焉……君子以钟鼓道志,以琴瑟乐心。动以干戚,饰以羽旄,从以磬管。故其清明象天,其广大象地,其俯仰周旋有似于四时。故乐行而志清,礼修而行成。耳目聪明,血气和平,移风易俗,天下皆宁,莫善于乐。故曰:乐者,乐也。君子乐得其道,小人乐得其欲。以道制欲,则乐而不乱;以欲忘道,则惑而不乐。故乐者,所以道乐也。金石丝竹,所以道德也。乐行而民向方矣。

---

① 《礼记·明堂位》。
② 《尚书·尧典》为《今文尚书》中的一篇,虽或有口传尧舜时代神话传说,但竺可桢《论以岁差定尚书尧典四仲中星之年代》(《科学》第 11 卷第 12 期,1926 年)认为"四仲中星"乃商末西周初的天象。《尚书·尧典》可能成书于西汉或更晚。

儒家庙堂音乐用金钟、石磬、琴瑟、管箫等乐器，是用来引导人们修养道德的，因而清雅平和，即使"变雅"的《小雅》、"饥者歌其食，劳者歌其事"直接反映了人民生活和喜怒哀乐的感情的十五《国风》，也是"乐而不淫，哀而不伤"①，欢乐而不放纵，悲哀而不伤痛，适度、平和的中和之美。

季札观乐，见载《左传·襄公二十九年》：

吴公子札来聘……请观于周乐。使工为之歌《周南》、《召南》，曰："美哉！始基之矣，犹未也，然勤而不怨矣。"为之歌《邶》、《鄘》、《卫》，曰："美哉，渊乎！忧而不困者也。吾闻卫康叔、武公之德如是，是其《卫风》乎？"为之歌《王》曰："美哉！思而不惧，其周之东乎！"为之歌《郑》，曰："美哉！其细已甚，民弗堪也。是其先亡乎！"为之歌《齐》，曰："美哉，泱泱乎！大风也哉！表东海者，其大公乎？国未可量也。"为之歌《豳》，曰："美哉，荡乎！乐而不淫，其周公？"为之歌《秦》，曰："此之谓夏声。夫能夏则大，大之至也，其周之旧乎！"为之歌《魏》，曰："美哉，渢渢乎！大而婉，险而易行，以德辅此，则明主也！"为之歌《唐》，曰："思深哉！其有陶唐氏之遗民乎？不然，何忧之远也？非令德之后，谁能若是？"为之歌《陈》，曰："国无主，其能久乎！"自《郐》以下无讥焉！

为之歌《小雅》，曰："美哉！思而不贰，怨而不言，其周德之衰乎？犹有先王之遗民焉！"为之歌《大雅》，曰："广哉！熙熙乎！曲而有直体，其文王之德乎？"

为之歌《颂》，曰："至矣哉！直而不倨，曲而不屈；迩而不逼，远而不携；迁而不淫，复而不厌；哀而不愁，乐而不荒用而不匮，广而不宣；施而不费，取而不贪；处而不底，行而不流。五声和，八风平；节有度，守有序。盛德之所同也！"

见舞《象箾》、《南籥》者，曰："美哉，犹有憾！"见舞《大武》者，曰："美哉，周之盛也，其若此乎？"见舞《韶濩》者，曰："圣人之弘也，而犹有惭德，圣人之难也！"见舞《大夏》者，曰："美哉！勤而不德。非禹，其谁能修之！"见舞《韶箾》者，曰："德至矣哉！大矣，如天之无不帱也，如地之无不载也！虽甚盛德，其蔑以加于此矣。观止矣！若有他乐，吾不敢请已！"

这是孔子之前以"中和之美"对周乐所作的最长、最全面的音乐评论。

季札通过音乐"考见得失"、"观风俗之盛衰"：季札从《周南》、《召南》中听出"勤而不怨"，从《邶》、《鄘》、《卫》中听出"忧而不困"。从《郑》中听出"其细也甚，民弗堪也"，《豳》"乐而不淫"，《魏》"大而婉，险而易行"，《小雅》"思而不贰，怨而不言"，《大雅》"曲而有直体"。因为"盛德之所同"，对《颂》诗连用了十四个词来形容："直而不倨，曲而不屈，迩而不逼，远而不携，迁而不淫，复而不厌，哀而不愁，乐而不荒，用而不匮，广而不宣，施而不费，取而不贪，处而不底，行而不流"，由衷感叹："至矣哉"！因为"五声和，八音平，节有度，守有序"，季札对中和之美推崇到极致。

---

① 《论语·八佾》。

季札的"乐而不淫"、"哀而不愁"与孔子"乐而不淫,哀而不伤"的主张完全同一。

"和而不同"是和合思想的一个特征。儒家的"和"和"同"的内涵有区别,孔子说,"君子和而不同,小人同而不和",君子坦荡荡,心胸宽广,可以与他周围的人保持和谐融洽的关系,但他善于独立思考,从来不愿人云亦云,盲目附和;小人则无原则地表面随声附和,所以,"小人"表面上的"同"并不能代表"和","和"应该是更高意义上的、更本质的一种美德。而周人的礼乐制度是"取和去同",让相互差异、矛盾、对立的事物相结合,达到一种相对的平衡和谐;"同"只求同质事物的绝对同一。

《左传·昭公二十八年》记载:

> 齐侯至自田,晏子侍于遄台,子犹驰而造焉。公曰:"唯据与我和夫!"晏子对曰:"据亦同也,焉得为和?"公曰:"和与同异乎?"对曰:"异。和如羹焉,水、火、醯、醢、盐、梅,以烹鱼肉,燀之以薪,宰夫和之,齐之以味,济其不及,以泄其过。君子食之,以平其心。君臣亦然。君所谓可而有否焉,臣献其否以成其可;君所谓否而有可焉,臣献其可以去其否,是以政平而不干,民无争心。故《诗》曰:'亦有和羹,既戒既平。鬷嘏无言,时靡有争。'先王之济五味、和五声也,以平其心,成其政也。声亦如味,一气,二体,三类,四物,五声,六律,七音,八风,九歌,以相成也;清浊、小大、短长、疾徐、哀乐、刚柔、迟速、高下、出入、周疏,以相济也。君子听之,以平其心。心平,德和。故《诗》曰:'德音不瑕'。今据不然。君所谓可,据亦曰可;君所谓否,据亦曰否。若以水济水,谁能食之?若琴瑟之专壹,谁能听之?同之不可也如是。"

晏婴指出和"如羹焉。水火、醯醢,盐梅以烹鱼肉,火单之以薪,宰夫和之,齐之以味,济其不及,以泄其过"。这就是说"和"是一种由不同要素所构成的和谐状态,就像鱼、肉掺和水、火、盐、梅等,经过厨师的烹调与加工而成为另一种新质的食品存在状态。

如果以水加水,仍然是水,构不成佳肴美食,谁愿去吃呢?同之,琴瑟如果只弹奏一个音符,没有其他音符相配,终不能组成悦耳动听的乐章,谁又愿意去听呢?可见,"和"不是相同要素的相加与聚合,更不是单个要素的存在状态。

《国语·郑语》中,史伯说:"夫和实生物,同则不继。以他平他谓之和,故能丰长而物归之。若以同稗同,尽乃弃矣。故先王以土与金、木、水、火杂以成百物。是以和五味以调口,刚四支以卫体,和六律以聪耳,正七体以役心,平八索以成人,建九纪以立纯德,合十数以训百体。出千品,具万方,计亿事,材兆物,收经入,行姟极。故王者居九畡之田,收经入以食兆民,周训而能用之,和乐如一。夫如是,和之至也。"和谐才是创造事物的原则,同一是不能连续不断永远长有的。把许多不同的东西结合在一起而使它们得到平衡,这叫做和谐,所以能够使物质丰盛而成长起来。如果以相同的东西加合在一起,便会被抛弃了。所以,过去的帝王用土和金、木、水、火相互结合造成万物。"和"包含着矛盾的对立与统一,是矛盾多样性的统一,是事物产生和发展的源泉,是万物存在的基础。

在儒家经典《中庸》中，孔子说："君子之中庸也，君子而时中。""时中"即"随时以处中"，言行时时刻刻适中，丰富和发展了传统的"尚中"观念。

三、人与天调　天地美生

春秋哲人管子早就说"人与天调，然后天地之美生"①，人类的生产、生活要与自然界的阴阳时序保持协调，然后自然界才会有美好的事物产生。要达到天人和谐，必须尊重"天"，即自然规律，人类要戒奢，不可过度向自然索取，如此，方能建立起人与万物之间互利共生、相互依存、融合无间的和谐关系。

春秋末战国初期的《礼记·考工记》认为："天为乾、为圆，地为坤、为方"，"圆象征天上万象变化不定，方象征地上万物有定形"，故将所制车形作为天人合一审美理想的物化载体，用车的各部件象征天地万物。

《考工记》提出："轸之方也，以象地也。盖之圜也，以象天也。轮辐三十，以象日、月也。盖弓二十有八，以象星也。龙旂九斿，以象大火也；鸟旟七斿，以象鹑火也；熊旗六斿，以象伐也；龟蛇四斿，以象营室也；弧旌枉矢，以象弧也。"②

《考工记》还提出："天有时，地有气，材有美，工有巧。合此四者，然后可以为良。"③制作精良器物，要"天时"、"地气"、"材美"、"工巧"四者相合，前三者讲"天工"，后指的是"人巧"，"天工"与"人工"的相融和，体现出天人合一、主客融通的理想审美境界。

《考工记》提出的各种工艺规程，旨在巧妙地利用自然规律，使人的目的性与自然的规律性完美契合："凡冒鼓，必以启蛰之日"、"材在阳，则中冬斩之。在阴，则中夏斩之"、"凡为弓，冬析干而春液角，夏治筋，秋合三材，寒奠体，冰析灂……春被弦则一年之事"。《考工记》这一美学思想，竟与后世"虽由人作，宛自天开"的成熟的园林美学思想契合。

为保证人与自然关系的和谐，中国很早就设置了专门的生态保护机构和官职进行管理，被称为"虞"或者"衡"。"虞"最早出现在《尚书》和《史记》的记载中，舜帝时任命九官二十二人，虞官伯益就在其中。

周代大司徒之下设草人"掌土地之法以物地，相其宜而为之种"④，改良土壤，审视土地，观察某地适宜种什么就决定种什么；"衡"、"虞"具体的职责在《周礼》中记载得很详细。"虞"、"衡"被分为山虞、泽虞、川衡、林衡。山虞主要职能是"掌山林之政令，物为之厉，而为之守禁"⑤。掌管有关山林的政令，为山中的各种物产设置藩界，并为守护山林的民众设立禁令，保护山林资源，禁止进入山林乱砍乱伐。

---

① 《管子·五行》。

② 闻人军：《考工记译注》，上海古籍出版社，2008，第37页。

③ 闻人军：《考工记译注》，上海古籍出版社，2008，第4页。

④ 杨天宇：《周礼译注》，上海古籍出版社，2004，第239页。

⑤ 同上书，第243页。

林衡是山虞的下属机构,"掌巡林麓之禁令"①,负责具体政令的实施,平时负责巡视山林,调遣守林人员,根据守林人员的表现,给予赏或者罚。泽虞与山虞相类似,负责山林草木的管理;川衡与林衡相类似,负责川泽鱼鳖的管理。还有专门打扫卫生的"条狼氏","条"即"涤",洗涤之意。

周文王临终之前嘱咐武王要加强山林川泽的管理,保护生物,因为国家治乱兴亡都要仰仗生态的好坏,他说:"山林非时不升斤斧,以成草木之长;川泽非时不入网罟,以成鱼鳖之长;不麛不卵,以成鸟兽之长。"②

《孟子·梁惠王上》云:"不违农时,谷不可胜食也;数罟不入池,鱼鳖不可胜食也;斧斤以时进入山林,材木不可胜用。谷与鱼鳖不可胜食,材木不可胜用,是使民养生丧死无憾也。养生丧生无憾,王道之始也。"

《诗经·大雅·行苇》:"敦彼行苇,牛羊勿践履。方苞方体,维叶泥泥。"对刚刚出生的娇嫩的行苇,不要放牛羊去践踏,来保护正在生长的植物。

夏商周三代都制定过保护环境的法规。夏有"禹之禁"的自然资源保护法规。据《逸周书·大聚解》记载:"禹之禁,春三月,山林不登斧,以成草木之长;夏三月,川泽不入网罟,以成鱼鳖之长;不麛不卵,以成鸟兽之长。"商立"弃灰之法",虽然源于消灭火灾隐患,但对环境也是一种保护。《韩非子·内储说》记载:"殷之法,灰弃于道者,刑。子贡以为重,问之仲尼,仲尼曰:'灰弃于道者,必燔人。人必怒,怒必斗,斗则三族杀。虽刑之,可也。且父重罚者,人之所恶也,而无弃灰,人之所易也,使人行之所易而无离无恶,此治之道也。"将灰烬丢弃在道路上,要受到判刑处罚。这里的意思是子贡认为(处罚)太重了,就问孔子,孔子说:将灰烬丢弃在道路上,必然有可能烧到其他人。被烧到的人肯定会生气上火,一旦生气上火就会产生打架斗殴,如果发生了打架斗殴,就会触犯刑法,导致三族被杀之祸。虽然将灰弃于道者予以判刑处罚,但可以避免三族杀,因此,是可行的。

公元前11世纪,西周颁布了《伐崇令》,规定"毋坏屋,毋填井,毋伐树木,毋动六畜。有不如令者,死无赦"。

《汉书·五行志》:"秦连相坐之法,弃灰于道者黥。"孟康说:"商鞅为政,以弃灰于道必坋人,坋人必斗,故设黥刑以绝其原也。"③

住宅建筑也注重人与自然环境的和谐统一。

《诗经·大雅·公刘》:"笃公刘,既溥既长,既景迺冈,相其阴阳,观其流泉,其军三单。度其隰原,彻田为粮,度其夕阳,豳居允荒。"公刘在山冈测日影,勘察南北阴阳,观看流泉,量好土地,整治田地,豳地富庶又宽广。

住宅周边,"秩秩斯干,幽幽南山,如竹苞矣,如松茂矣",树木葱郁茂盛。"东门

① 杨天宇:《周礼译注》,上海古籍出版社,2004,第244页。
② 《逸周书·文传解》。
③ 《汉书·五行志》注。

之栗,有践家室"(东门城外栗树茂,房屋成行栗叶覆)①、"东门之杨,其叶牂牂"(东门城外有白杨,长得叶儿真茂盛)②、"无逾我墙,无折我树桑"③,宅外种有桑树。北堂后庭植谖草,《诗经·卫风·伯兮》:"焉得谖草,言树之背。"(哪里找到忘忧草,栽在北堂要趁早。)

古人园中已开始种植韭、杏、桃、棘、檀等果木。《大戴礼·夏小正》"囿,有韭囿也","囿有见杏"。《诗经·魏风·园有桃》:"园有桃,其实之殽","园有棘,其实之食。"《诗经·郑风·将仲子》中"无逾我园,无折我树檀"……而且,种植时已经注意了高矮植物和谐搭配,《诗经·小雅·鹤鸣》中有云:"乐彼之园,爰有树檀,其下维穀。"高大的檀树和矮小的穀桑相配植,渗入了审美情感。

西周时设置了管理园圃的专职官员名"场人",其职责便是"掌国之场圃,而树之果蓏珍异之物,以时敛而藏之"。④

四、天六地五 数之常也

古人认为,天空中星宿的运行规律可以预示吉凶祸福,包括建筑活动。最早如《诗·定之方中》:"定之方中,作于楚宫。""定"即指二十八星宿之一的定星,亦名营室,据郑玄笺:"楚宫,谓宗庙也。定星昏中而正,于是可以营制宫室,故谓之营室。"⑤

春秋时代,阴阳五行学说已经大行其道,用单襄公的话来说,就是"天六地五,数之常也"⑥,"天六"即阴、阳、风、雨、晦、明"天之六气";"地五"即地之五行。《尚书·洪范》篇,"洪"即"大","范"为"法",指"统治大法",夏商时代即有其雏形,文中提出"五行":"一曰水,二曰火,三曰木,四曰金,五曰土。水曰润下,火曰炎上,木曰曲直,金曰从革,土爰稼穑。润上作咸,炎上作苦,曲直作酸,从革作辛,稼穑作甘。"指的是水火木金土五种世界组成的元素,与人们的生产、生活密切相关,是先民长期观察的结果,含有原始的天人感应思想,但尚处于朴素的唯物主义阶段。《尚书·大诰》记述了人们对"五行"的歌颂:"孜孜无息! 水火者,百姓之所饮食也;金木者,百姓之所兴作业;土者,万物之所资生业,是为人用。"

"天六"、"地五"二者密不可分。"阴阳"为"六气"之要,是两种互相遗存而又互相排斥的力量,是生成万物、决定世界运动变化之本源。由阴阳五行组成合规律的整体,"气无滞阳,亦无散阳,阴阳序次,风雨时至,嘉生繁祉,人民和利,物备而乐

---

① 《诗经·东门之墠》。

② 《诗经·陈风·东门之杨》。

③ 《诗经·郑风·将仲子》。

④ 杨天宇:《周礼译注》,上海古籍出版社,2004,第251页。

⑤ 《诗·风》,中华书局影印《十三经注疏》,第315页。

⑥ 《国语·周语下》。

成"①,就成为和谐美好的宇宙世界。

公元前774年周太史史伯在回答郑桓公问"周其弊乎?"时提出:"夫和实生物,同则不继。……故先王以土与金、木、水、火杂,以成百物。"②第一次以"五材"(土、金、木、水、火)作为产生"百物"的物质来源和基础,在我国美学乃至世界美学史上都是最早提出的。"五行"产生了"五色",《考工记》"画缋之事"将"五色"与"五行"匹配:"东方谓之青,南方谓之赤,西方谓之白,北方谓之黑,天谓之玄,地谓之黄。青与白相次也,赤与黑相次也,玄与黄相次也";"青与赤谓之文,赤与白谓之章,白与黑谓之黼,黑与青谓之黻,五采备谓之绣",即将青与赤、赤与白、白与黑、黑与青两两相配,形成"文"、"章"、"黼"、"黻"的视觉形象,恰好分别与"五行相生"中"木生火"、"火生土"、"土生金"、"金生水"、"水生木"的动态次序相吻合。

后世发展为五行与四季、四方、四象、八卦等的对应关系,指导着构园实践。③

五、文质彬彬 然后君子

《论语·雍也》子曰:"质胜文则野,文胜质则史,文质彬彬,然后君子。"孔子说:"内在的品质胜过外在的文采,就会粗野;外在的文采胜过内在的品质,就会浮夸虚伪。文采与品质配合恰当,然后才能成为君子。"

南宋朱熹《论语集注》:"言学者当损有余,补不足,至于成德,则不期然而然矣。"清刘宝楠《论语正义》:"礼,有质有文。质者,本也。礼无本不立,无文不行,能立能行,斯谓之中。"孔子此言"文",指合乎礼的外在表现;"质",指内在的仁德,只有具备"仁"的内在品格,同时又能合乎"礼"地表现出来,方能成为"君子"。文与质的关系,亦即礼与仁的关系,体现了孔子美善统一的理想人格和中和审美思想:不偏不倚,执两用中,而做到这点确属不易。

《礼记·表记》中,子曰:"虞夏之质,殷周之文,至矣。虞夏之文,不胜其质;殷周之质,不胜其文;文质得中,岂易言哉?"

美和善既有区别又有联系,苏格拉底说:"如果它能很好地实现它在功用方面的目的,它同时是善的又是美的。"④亚里士多德认为:"美是一种善,其所以引起快感正因为它是善。"⑤

《考工记》造物践行的也是此原则:实用和审美的统一。如"梓人为筍虡"记载

---

① 《国语·周语下》。

② 《国语·郑语》。

③ 战国末期,以邹衍为首的阴阳家在总结前人认识成果的基础上,提出了"五行相胜"的观点,还把这种五行相生相克的物理性能,比附到社会历史方面,提出了所谓的"五德终始说";汉代大儒董仲舒《春秋繁露·五行之义》进一步形成了"五行相生相胜"理论,还按照"天人感应"的思想把自然的"五行"与社会政治制度方面一一对应起来,"五行"遂一度披上了神秘的外衣。

④ 北京大学哲学系美学教研室编:《西方美学家论美和美感》,商务印书馆,1980,第19页。

⑤ 同上书,第41页。

了工匠不仅要求簨虡能够支撑所悬挂乐器的重量,使其便于演奏;同时讲究它的审美效应。装饰物也与器物的功能相匹配。如簨虡上装饰的动物都是善于捕杀抓咬的兽类,要求"必深其爪,出其目,作其鳞之而。深其爪,出其目,作其鳞之而,则于视必拨尔而怒",形神兼备。但装饰的动物形象特征与虡的结构功能保持一致:钟虡需要支撑较大的重量,在外观上显得沉稳,所以主造型选取前胸阔大、后身顾小、体大颈短的"赢类",给人以宜于负重之感;磬虡支撑的重量相对较轻,所以其主造型选取颈项细长、躯体偏小而腹部不发达的"羽类",给人以轻巧感;簨为乐器架中央的横梁,所以其主造型选取头小而长,身圆而前后均匀的"鳞类",给人以灵动感。还选用一些"小虫之属"的纹饰用作主造型的点缀和陪衬。这样,造型纹饰与簨虡在整体上达到了和谐统一。动物造型的汇集也给本为冷峻、呆板的簨虡注入了勃勃的生机与无限的活力。显示了"质"与"文"的一致,"功能"与"审美"的和谐。

第三节　儒家"以物比德"的园林审美观

周代立国之初,周公旦就提出了"德治"思想,"天命靡常,惟德是辅",三王五帝都发迹于"天命"的眷顾,但天命之所以降福与他们是由于他们本身的"德",有德者才配享天命,建功立业,施惠百姓,得以拥戴,流芳后世,而且德者福寿。

《周易·乾卦》象曰:"天行健,君子以自强不息;地势坤,君子以厚德载物。"天(即自然)的运动刚强劲健,相应地,君子处世,也应像天一样,自我力求进步,刚毅坚卓,发愤图强,永不停息;大地的气势厚实而顺,君子应增厚美德,容载万物。

中国古典园林特别重视寓情于景、景情交融和寓意于物,以物比德,把作为审美对象的自然景物看作是品德美、精神美和人格美的一种象征。以德义为美和以物比德成为儒家重要的园林美学思想。

一、显显令德　宜民宜人

《诗经·大雅·假乐》:"假乐君子,显显令德,宜民宜人,受禄于天,保右命之,自天申之。……威仪抑抑,德音秩秩,无怨无恶,率由群匹,受福无疆,四方之纲。"赞美了周成王有明德威仪,善于安民,使用贤臣,为人爱戴。《诗经·大雅·烝民》:"仲山甫之德,柔嘉维则,令仪令色,小心翼翼,古训是式,威仪是力,天子是若,明命使赋。"塑造了一位德行完美,勤于王事的政治家形象。这表明了周人重德敬德的思想,成为"德治"思想的形象载体。

《诗经·小雅·南山有台》记载:

南山有台,北山有莱。乐只君子,邦家之基。乐只君子,万寿无期。
南山有桑,北山有杨。乐只君子,邦家之光。乐只君子,万寿无疆。

南山有杞,北山有李。乐只君子,民之父母。乐只君子,德音不已。

南山有栲,北山有杻。乐只君子,遐不眉寿。乐只君子,德音是茂。

南山有枸,北山有楰。乐只君子,遐不黄耇。乐只君子,保艾尔后。

看似一首颂德祝寿的宴饮诗,但《毛诗序》解读为"乐得贤",故承德避暑山庄从该诗中莱、杨、杞、栲、李、枸等树意象,提炼出"万树"(图2-7)一词,成为乾隆三十六景之一,园内不施土木,设蒙古包,其立意深在于"乐得贤也,得贤,则能为邦家立太平之基也"。康熙、乾隆、嘉庆年间,曾多次在这里会见、宴请少数民族王公贵族及政教首领,并多次会见、赐宴东南亚及欧洲许多国家的使节。借此传达出乾隆意欲仿效文王怀柔四海九洲,而"乐得其贤"也。

图2-7　承德山庄乾隆万树园诗

《左传·文公七年》记载晋国大夫郤缺对赵宣子说:

《夏书》曰:"戒之用休,董之用威,劝之以《九歌》,勿使坏。"九功之德皆可歌也,谓之九歌。六府、三事,谓之九功。水、火、金、木、土、谷,谓之六府;正德、利用、厚生,谓之三事。义而行之,谓之德礼。

郤缺将"务德"作为"主诸侯"即做盟主的关键,"礼"和"九功之德"的音乐结合,就可以使诸侯归附而不叛离。

儒家反对以满足君王一己之私欲,而建累榭高台,赞美与民同乐的公共游豫园林。囿台,是古代天子三台之一。"囿"中有可"游"的宫室:《周礼·天官·阍人》:"王宫每门四人,囿游亦如之。"郑玄注:"囿御苑也,游,离宫也。"孙诒让正义:"盖郑意囿本为大苑,于大苑之中别筑藩界为小苑,又于小苑之中为宫室,是为离宫。以其为囿中游观之处,故曰囿游也。"

春秋末至战国时期,囿台的功能多元化复杂化了,既有战略意义,又逐渐演化为夸示军事经济实力、兼有诸多娱乐功能的场所。诸侯竞相效尤"高台榭,美宫室",并互相夸耀,"厚葬以明孝,高宫室大苑囿以明得意"[1];齐有桓公台、赵有丛台、卫有新台,吴王所筑姑苏台与楚国章华台为其中佼佼者。

《左氏传》载楚子西之言曰:"夫差次有台榭陂池焉,宿有妃嫱嫔御焉。一日之行,所欲必成。"[2]姑苏台"高三百丈,望见三百里外,作九曲路以登之"[3];"举国营之,数年乃成"的章华台,"台高十丈,基广十五丈",曲栏拾级而上,中途得休息三次才能到达顶点,故又称"三休台";又因楚灵王特别喜欢细腰女子在宫内轻歌曼舞,不少宫女为求媚于王,少食忍饿,以求细腰,故亦称"细腰宫"。

《国语》卷十七《楚语上》楚大夫伍举在回答灵王章华台"美夫"时,明确提出了"美"的标准:

> 夫美也者,上下、内外、小大、远近皆无害焉,故曰美。若于目观则美,缩于财用则匮,是聚民利以自封而瘠民也,胡美之为?夫君国者,将民之与处;民实瘠矣,君安得肥?且夫私欲弘侈,则德义鲜少;德义不行,则迩者骚离而远者距违。天子之贵也,唯其以公侯为官正,而以伯子南为师旅。其有美名也,唯其施令德于远近,而小大安之也。若敛民利以成其私欲,使民蒿焉忘其安乐,而有远心,其为恶也甚矣,安用目观?

伍举说,所谓美,是指对上下、内外、大小、远近都没有妨害,所以才叫美。如果用眼睛看起来是美的,财用却匮乏,这是收括民财使自己富有却让百姓贫困,有什么美呢?当国君的人,要与百姓共处,百姓贫困瘦弱了,国君怎么能肥呢?况且私欲太大太多,就会使德义鲜少;德义不能实行,就会使近处的人忧愁叛离,远方的人抗拒违命。天子的尊贵,正是因为他把公、侯当作官长,让伯、子、男统率军队。他享有美名,正是因为他把美德布施给远近的人,使大小国家都得到安定。如果聚敛民财来满足自己的私欲,使百姓贫耗失去安乐从而产生叛离之心,那作恶就大了,眼睛看上去好看又有什么用呢?

伍举批评楚国建章华台"国民罢焉,财用尽焉,年谷败焉,百官烦焉",旗帜鲜明地反对"土木之崇高、彤镂为美",而以金石匏竹之昌大、嚣庶为乐",反对"以观大、视侈、淫色以为明"。

伍举认为的先王台榭之美是:"榭不过讲军实,台不过望氛祥。故榭度于大卒之居,台度于临观之高。其所不夺穑地,其为不匮财用,其事不烦官业,其日不废时务。瘠硗之地,于是乎为之;城守之木,于是乎用之;官僚之暇,于是乎临之;四时之

① 汉司马迁:《史记·苏秦列传》。
② 宋朱长文:《吴郡图经续记》,江苏古籍出版社,1986,第6页。
③ 唐陆广微:《吴地记》,宋范成大《吴郡志》引,江苏古籍出版社,1986,第99页。

隙,于是乎成之。"先王所建之是用来讲习军事,台是用来观望气象吉凶的,因此榭只要能在上面可以检阅士卒,台只要能登临观望气象吉凶的高度就行了。它既不侵占农田,也不使国家的财用匮乏,不烦扰正常的政务,不妨碍农时。选择在贫瘠的土地上,用建造城防剩余的木料建造它;并让官吏在闲暇的时候前去指挥;在四季农闲的时候建成。

伍举毫不客气地告诫楚灵王:"若君谓此台美而为之正,楚其殆矣!"如果您认为这高台很美,那楚国可就危险了!

伍举论美,既体现了早期审美认识发展阶段上美善同义的特点,同时又反映了周人在总结了殷亡的教训之后,特别重视保民,要求上下谐和,并把反对国君对私欲(即声色之美)的追求提到了突出地位的一种愿望。

伍举否定了楚灵王为代表的"目观则美"审美观,即以视觉形式的一定属性为美,或以能引起视觉感官愉悦的文饰为美的说法,标志着古代美善同义的审美结构的瓦解,且预示着美善独立的审美认识的即将到来。

伍举强调以"德义"为美的观点,与孟子、荀子十分一致。孟子鞭挞失德暴君"坏宫室以为污池,民无所安息;弃田以为园囿,使民不得衣食。邪说暴行又作,园囿、污池、沛泽多而禽兽至"[1]。荀子提倡:"治之经,礼与刑,君子以修百姓宁。明德慎罚,国家既治,四海平",认为"世之灾,妒贤能,飞廉知政任恶来。卑其志意,大其园囿高其台"[2]。

伍举和孟子等都对周文王的"灵台"赞美有加。伍举说:"故《周诗》曰:'经始灵台,经之营之。庶民攻之,不日成之。经始勿亟,庶民子来。王在灵囿,麀鹿攸伏。'夫为台榭,将以教民利也,不知其以匮之也。"[3]强调了建造台榭,是为了要让百姓得到利益。伍举所说《周诗》即《诗·大雅·灵台》:

> 经始灵台,经之营之。庶民攻之,不日成之。经始勿亟,庶民子来。王在灵囿,
> 麀鹿攸伏。麀鹿濯濯,白鸟翯翯。王在灵沼,于牣鱼跃。……"[4]

文王开始规划筑灵台,百姓踊跃参加,灵台内有灵囿、灵沼,有鹿、白鹤、鱼儿等观赏动物。《诗序》曰:"《灵台》,民始附也。文王受命,而民乐其灵德,以及鸟兽昆虫焉。"上海豫园原"乐寿堂"上悬有"灵台经始"匾额即取其意(图2-8)。

《孟子·尽心章句下》:"民为贵,社稷次之,君为轻。是故得乎丘民而为天子,得乎天子为诸侯,得乎诸侯为大夫。诸侯危社稷,则变置,牺牲既成,粢盛既洁,祭祀以时,然而旱干水溢,则变置社稷。"

《孟子·梁惠王上》载:

---

① 《孟子·滕文公下》。
② 《荀子·成相篇》。
③ 《国语》卷十七楚语。
④ 《十三经注疏·孟子注疏》,上海古籍出版社,2007,第524~525页。

孟子见梁惠王。王立于沼上，顾鸿雁麋鹿，曰："贤者亦乐此乎?"孟子对曰："贤者而后乐此，不贤者虽有此，不乐也。《诗》云：'经始灵台，经之营之。庶民攻之，不日成之。经始勿亟，庶民子来。王在灵囿，麀鹿攸伏。麀鹿濯濯，白鸟鹤鹤。王在灵沼，於牣鱼跃。'文王以民力为台为沼，而民欢乐之，谓其台曰：'灵台'，谓其沼曰'灵沼'，乐其有麋鹿鱼鳖。古之人与民偕乐，故能乐也。《汤誓》曰：'时日害丧？予及女偕亡!'民欲与之偕亡，虽有台池鸟兽，岂能独乐哉?"

图 2-8　灵台经始(上海豫园)

孟子拜见梁惠王。梁惠王一边左顾右盼地观赏园林池台中的珍禽异兽，一边漫不经心地问："你们这些不言利的贤人先生们觉得这园林风光，这珍禽异兽怎么样啊？你们也会以此为乐吗?"孟子回答："贤者而后乐此，不贤者虽有此不乐也。"这一思想成为宋范仲淹"先天下之忧而忧，后天下之乐而乐"的最初源头。接着，孟子以周文王和夏桀的典型例证作为论据，提出了当政者应"古之人与民偕乐，故能乐也"的思想主张。

《孟子·梁惠王上》孟子提出"仁政"的具体目标：

曰："五亩之宅，树之以桑，五十者可以衣帛矣；鸡豚狗彘之畜，无失其时，七十者可以食肉矣；百亩之田，勿夺其时，八口之家可以无饥矣；谨庠序之教，申之以孝悌之义,颁白者不负戴于道路矣。"

……

　　齐宣王问曰:"文王之囿,方七十里,有诸?"

　　孟子对曰:"于传有之。"

　　曰:"若是其大乎!"

　　曰:"民犹以为小也。"

　　曰:"寡人之囿,方四十里,民犹以为大,何也?"

　　曰:"文王之囿,方七十里,刍荛者往焉,雉兔者往焉,与民同之。民以为小,不亦宜乎? 臣始至于境,问国之大禁,然后敢入。臣闻郊关之内有囿方四十里,杀其麋鹿者,如杀人之罪,则是方四十里为阱于国中。民以为大,不亦宜乎?

　　(孟子)说:"文王的捕猎场七十里见方,割草砍柴的人可以随便去,捕禽猎兽的人也可以随便去,是与百姓共享的公用猎物。百姓嫌它小,不是很合理吗? 我刚到达(齐国的)边境时,问清国家的重大禁令以后,才敢入境。我听说在国都的郊野有四十里见方的捕猎场,(如果有谁)杀死了场地里的麋鹿,就跟杀死了人同等判刑,那么,这四十里见方的捕猎场所,简直成了国家设置的陷阱。百姓觉得它太大,不也同样合乎情理吗?"

　　在《孟子·梁惠王章句下》进一步阐述了"与民同乐"的思想:

　　齐宣王见孟子于雪宫。王曰:"贤者亦有此乐乎?"

　　孟子对曰:"有。人不得,则非其上矣。不得而非其上者,非也;为民上而不与民同乐者,亦非也。乐民之乐者,民亦乐其乐;忧民之忧者,民亦忧其忧。乐以天下,忧以天下,然而不王者,未之有也。"

　　昔者齐景公问于晏子曰:"吾欲观于转附、朝舞,遵海而南,放于琅邪。吾何修而可以比于先王观也?"

　　晏子对曰:"善哉问也! 天子适诸侯曰巡狩,巡狩者巡所守也;诸侯朝于天子曰述职,述职者述所职也。无非事者。春省耕而补不足,秋省敛而助不给。"夏谚曰:"吾王不游,吾何以休? 吾王不豫,吾何以助? 一游一豫,为诸侯度。"

　　齐宣王在别墅雪宫里接见孟子。宣王说:"贤人也有在这样的别墅里居住游玩的快乐吗?"

　　孟子回答说:"有。人们要是得不到这种快乐,就会埋怨他们的国君。得不到这种快乐就埋怨国君是不对的;可是作为老百姓的领导人而不与民同乐也是不对的。国君以老百姓的忧愁为忧愁,老百姓也会以国君的忧愁为忧愁。以天下人的快乐为快乐,以天下人的忧愁为忧愁,这样还不能够使天下归服,是没有过的。

　　从前齐景公问晏子说:"我想到转附、朝舞两座山去观光游览,然后沿着海岸向南行,一直到琅邪。我该怎样做才能够和古代圣贤君王的巡游相比呢?"

　　晏子回答说:"问得好呀! 天子到诸侯国家去叫做巡狩。巡狩就是巡视各诸侯所守疆土的意思。诸侯去朝见天子叫述职。述职就是报告在他在他职责内的工作的意思。没有不和工作有关系的。春天里巡视耕种情况,对粮食不够吃的给予补助;秋天里巡视收获情况,对歉收的给予补助。"夏朝的谚语说:"我王不出来游历,我怎么能得到休息? 我王不出来巡视,我怎么能得到赏赐? 一游历一巡视,足以作为诸侯的法度。"

……

曰:"王如善之,则何为不行?"王曰:"寡人有疾,寡人好货。"

对曰:"昔者公刘好货;《诗》云:'乃积乃仓,乃裹糇粮,于橐于囊。思戢用光。弓矢斯张,干戈戚扬,爰方启行。'故居者有积仓,行者有裹粮也,然后可以爰方启行。王如好货,与百姓同之,于王何有?"

王曰:"寡人有疾,寡人好色。"

对曰:"昔者大王好色,爱厥妃。《诗》云:'古公亶父,来朝走马,率西水浒,至于岐下。爰及姜女,聿来胥宇。'当是时也,内无怨女,外无旷夫。王如好色,与百姓同之,于王何有?"

孟子说:"大王如果认为说得好,为什么不这样做呢?"

宣王说:"我有个毛病,我喜爱钱财。"

孟子说:"从前公刘也喜爱钱财。《诗经》说:'收割粮食装满仓,备好充足的干粮,装进小袋和大囊。紧密团结争荣光,张弓带箭齐武装。盾戈斧钺拿手上,开始动身向前方。'因此,留在家里的人有谷,行军的人有干粮,这才能够率领军队前进。大王如果喜爱钱财,能想到老百姓也喜爱钱财,这对施行王政有什么影响呢?"

宣王说:"我还有个毛病,我喜爱女色。"

孟子回答说:"从前周太王也喜爱女色,非常爱他的妃子。《诗经》说:'周太王古公亶父,一大早驱驰快马。沿着西边的河岸,一直走到岐山下。带着妻子姜氏女,勘察地址建新居。'那时,没有找不到丈夫的老处女,也没有找不到妻子的老光棍。大王如果喜爱女色,能想到老百姓也喜爱女色,这对施行王政有什么影响呢?"

周文王与民同乐的"灵台"是公共游豫园林的滥觞,梁思成称之为"中国史传中最古之公园"①。

春秋时期公侯也有带有共享性质的园囿,如《左传·襄公十九年》:"公享晋六卿于蒲圃。""都亭桥,寿梦于此置都驿,招四方贤客,基址见存。"②

城市里已经有公共游豫场所,如《诗经》中多次提到的"东门"和"宛丘",就是郑国和陈国人的歌舞聚乐之地。《诗经·郑风·出其东门》,据杨宽先生的《中国古代都城制度史研究》载,郑故城东南靠洧水,西北靠黄水,位于二水交接的三角地带,

---

① 梁思成:《中国建筑史》,百花文艺出版社,1998,第36页。

② 陆广微:《吴地记》,江苏古籍出版社,1986年,第88页。

呈不规则的方形。溱水和洧水都是水流很深的河流。所以,《诗经·郑风·溱洧》说"溱与洧,方涣涣兮";还说"溱与洧,浏其清矣",涣涣形容春水的旺盛,"浏其清"形容水深与清冽。"东门之外乃是码头所在地"①,成为郑国国都的市场之一,也是市井所在之地,该地风景秀丽,原先为宗教活动的场所,春秋时期演化为青年男女交往定情之地。郑之春月,"士女出游"、"出其东门,有女如云",

宛丘指四周略高,中央略低的一块隆起的高地,陈之宛丘在东门外,春秋时期也是宗教活动的场所。而且,据杨宽先生的《中国古代都城制度史研究》考证,城市布局为坐西向东,东门为正门,游人所集之地,也是热闹的市场。②

二、知者乐水　仁者乐山

《论语·雍也》曰:"知者乐水,仁者乐山。知者动,仁者静;知者乐,仁者寿。"是孔子重要的美学命题。

孔子将智者比之为水,因为水具有川流不息、委曲宛转,随形逐势的"动"的特点,与君子"天行健,君子以自强不息"的人格特征是相一致的。这种形态能启发、活跃人的智慧;"智者不惑"③,捷于应对,敏于事功,并成就一番功名事业;在哲人眼里,水的运动,也能从中悟出的是人生的哲理:"子在川上曰,逝者如斯夫,不舍昼夜",感叹的是人生之有限而宇宙之无穷。孔子曰:"夫水遍与诸生而无为也,似德。其流也埤下,裾拘必循其理,似义。其洸洸乎不淈尽,似道。若有决行之,其应佚若声响,其赴百仞之谷不惧,似勇。主量必平,似法。盈不求概,似正。淖约微达,似察。以出以入,以就鲜洁,似善化。其万折也必东,似志。是故君子见大水必观焉。"④孟子喻水为"民心所向":"民归之犹水之就下,沛然谁能御之"谁也无法抵挡。

荀子喻水为人民的力量,以水、舟喻君民关系,《传》曰:"君者,舟也;庶人者,水也。水则载舟,水则覆舟,此之谓也。""君者,盘也,盘圆而水圆。君者,盂也,盂方而水方"⑤。《孔子家语》曰:"舟非水不行,水入则舟没;君非民不治,民犯上则舟危。"成为后世皇家园林舟舫意境内涵。

如唐太宗教戒太子:"……'汝知舟乎?'对曰:'不知。'曰:'舟所以比人君,水所以比黎庶。水能载舟,亦能覆舟,尔方为人主,可不畏惧'。"⑥颐和园前身清漪园中乾隆建有"石舫",他在《御制石舫记》中说建此石舫之本意,"非徒欧米之兴慕也",并非单单为羡慕宋欧阳修之画舫斋和米芾之嗜石,主要在"凛载舟之戒,奠磐石之安"。如图2-9所示。

---

① 史念海:《郑韩故城溯源》,《中国古都研究(第十五辑)》中国古都学会第十五届年会。
② 曹林娣:《东方园林审美论》,中国建筑工业出版社,2012,第16～17页。
③ 《论语·子罕》。
④ 《荀子·宥坐》。
⑤ 《荀子》卷十二《君道》。
⑥ 《贞观政要·教戒太子诸王第十一》。

图 2-9　颐和园清晏舫

老子则谓"天下莫柔弱于水",又看到了水"莫能御之"的力量。

南宋朱熹《观书有感》写道:"半亩方塘一鉴开,天光云影共徘徊。问渠哪得清如许,为有源头活水来。"昼夜不匮、流动不息的活水,包含着深奥的哲学内容,更体现着包括哲学在内的中华文化的境界。

儒家经典《孟子》《荀子》《尚书大传》《说苑·杂言》以及董仲舒的《春秋繁露·山川颂》等,都以水性来比附儒家之道德,即所谓"夫水者,君子比德焉"。《孟子》对水的道德比附主要有以下观点:"原泉混混,不舍昼夜,盈科而后进,放乎四海。有本如是,是之取尔。苟为无本,七八月之间雨集,沟浍皆盈;其涸也,可立而待也。"[①]"故观于海者难为水,游于圣人之门者难为言。观水有术,必观其澜……流水之为物也,不盈科不行;君子之致于道也,不成章不达。"[②]孟子以有源之水具有"取之不尽"、"用之不竭"的特点,比喻君子立于儒家之道的根本;以流水之"不舍昼夜"、"盈科而后进"的状态,比喻君子修炼锻造自己道德学问的过程。完美的人格借水性充分表达出来。

董仲舒《山川颂》:"水则源泉混混沄沄,昼夜不竭,既似力者;盈科而后进,既似持平者;循微赴下,不遗小间,既似察者;循溪谷不迷,或奏万里而必至,既似知者;鄣防山而能清静,既似知命者;不清以入,洁清以出,既似善化者;赴千仞之壑,入而不疑,既似勇者;物皆困于火,而水独胜之,既似武者;咸得之而生,失之而死,既似有德者。孔子在川上曰:'逝者如斯夫,不舍昼夜。'此之谓也。"董氏把水的自然特点与儒家抽象的道德概念——"力"、"平"、"察"、"知"(智)、"知命"、"善化"、"勇"、"武"、"德"进行比附,对儒家水的道德观做出了集大成式的阐发,把儒家的"社会道

---

①　《孟子·离娄下》。

②　《孟子·尽心上》。

德之水”推向了新的高度。

孟子持性善论:“人性之善也,犹水之就下也。人无有不善,水无有不下。今夫水,搏而跃之,可使过颡;激而行之,可使在山,是岂水之性哉? 其势则然也。人之可使为善,其性亦犹是也。”①人性之向善如水之就下,是自然本性。但如果用手拍水,可使水越过额角;激水倒流,可以使水上山。这不是水的本性,而是外力的作用。这里,孟子实际承认了客观环境对人的影响。

“仁者乐山”,山是静的,它常育万物,阔大宽厚,坚实稳定,清新爽快,容易使人养成朴素忠诚、凝重敦厚的情操;“仁者不忧”,宽厚得众,稳健沉着,有“静”的特点。孔子用山作譬喻,说的是为人与为官之道,仁厚的人安于义理,做官者心胸要如大山般宽厚仁慈而不易冲动,性情好静就像山一样稳重、永恒,不可喜怒无常、朝令夕改;“仁者,己所不欲,勿施于人”。仁者在山的稳定、博大和丰富中,积蓄和锤炼自己的仁爱之心。

子张曰:“仁者何乐于山也?”孔子曰:“夫山者,岹然高,岹然高则何乐焉? 夫山,草木生焉,鸟兽蕃焉,财用殖焉,生财用而无私为,四方皆伐焉,每无私予焉,出云风以通乎天地之间;阴阳和合,雨露之泽,万物以成,百姓以飨,此仁者之所以乐于山者也。”②

宋朱熹《论语集注》总结道:“知者达于事理而周流无滞,有似于水,故乐水;仁者安于义理而厚重不迁,有似于山,故乐山。动静以体言,乐寿以效言也。动而不括故乐,静而有常故寿。程子曰:‘非体仁知之深者,不能如此形容之。’”

三、儒家人格美

儒道都尊重个体人格,孔子认为:“三军可夺帅也,匹夫不可夺志也。”③军队的首领可以被改变,但是男子汉(有志气的人)的志气是不能被改变的。

孔子为实现自己的仁政理想,“发愤忘食,乐以忘忧,不知老之将至云尔”④,他奔波于诸侯间,被“斥乎齐,逐乎宋卫,困于陈蔡之间”⑤,却“知其不可而为之”⑥,吃了不少苦头,但即使身处逆境而依然心忧天下,是儒家精神的精髓。

《论语·微子》记载了楚狂“接舆”、“长沮”、“桀溺”、“荷蓧丈人”都是孔子时代的“隐者”,他们对孔子的行为颇有微词:

楚狂接舆歌而过孔子曰:“凤兮凤兮! 何德之衰? 往者不可谏,来者犹可追。已而已而! 今之从政者殆而!”孔子下,欲与之言。趋而辟之,不得与之言。

---

① 《孟子·告子上》。
② 《尚书大传·略说》。
③ 《论语·子罕》。
④ 《论语·述而》。
⑤ 《史记·孔子世家》。
⑥ 《论语·宪问》。

楚国的狂人接舆唱着歌从孔子的车旁走过,他唱道:"凤凰啊,凤凰啊,你的德运怎么这么衰弱呢? 过去的已经无可挽回,未来的还来得及改正。算了吧,算了吧。今天的执政者危乎其危!"孔子下车,想同他谈谈,他却赶快避开,孔子没能和他交谈。

长沮、桀溺耦而耕。孔子过之,使子路问津焉。长沮曰:"夫执舆者为谁?"子路曰:"为孔丘。"曰:"是鲁孔丘与?"曰:"是也。"曰:"是知津矣!"问于桀溺。桀溺曰:"子为谁?"曰:"为仲由。"曰:"是鲁孔丘之徒与?"对曰:"然。"曰:"滔滔者,天下皆是也,而谁以易之? 且而与其从辟人之士也,岂若从辟世之士哉?"耰而不辍。子路行以告,夫子怃然曰:"鸟兽不可与同群,吾非斯人之徒与而谁与? 天下有道,丘不与易也。"

"问津"实际上含有自然意义上的渡口和现实生活中人生道路的选择两种含义。孔子四处碰壁而志向不改,走投无路却毫不懈怠,这种坚贞不移、锲而不舍的入世精神已经融入中国士大夫的人格。

长沮、桀溺是隐逸之士的代表人物,他们不满于当时的黑暗现实,不与统治者合作,选择了避世隐居,以求洁身自好的人生道路。后来"耦耕身"成为隐逸代名词。苏州的耦园(图 2-10)象征的就是夫妻耦耕。

子路从而后,遇丈人,以杖荷蓧。子路问曰:"子见夫子乎?"丈人曰:"四体不勤,五谷不分,孰为夫子?"植其杖而芸。子路拱而立。止子路宿,杀鸡为黍而食。见其二子焉。明日,子路行以告。子曰:"隐者也。"使子路反见之。至,则行矣。子路曰:"不仕无义。长幼之节,不可废也;君臣之义,如之何其废之? 欲洁其身,而乱大伦。君子之仕也,行其义也。道之不行,已知之矣。"

子路跟随孔子出行,掉了队,遇到用拐杖挑着除草工具的老丈。子路问道:"你看到我的老师吗?"老丈说:"我手脚不停地劳作,五谷还来不及播种,哪里顾得上你的老师是谁?"说完,

图 2-10 耦园(苏州)

便扶着拐杖去除草。子路拱着手恭敬地站在一旁。老丈留子路到他家住宿,杀了鸡,做了小米饭给他吃,又叫两个儿子出来与子路见面。第二天,子路赶上孔子,把这件事向他作了报告。孔子说:"这是个隐士啊。"叫子路回去再看看他。子路到了那里,老丈已经走了。子路说:"不做官是不对的。长幼间的关系是不可能废弃的;君臣间的关系怎么能废弃呢? 想要自身清白,却破坏了根本的君臣伦理关系。君子做官,只是为了实行君臣之义的。至于道的行不通,早就知道了。"

尽管孔子汲汲于事功,但始终信守"不义而富且贵,于我如浮云。"《论语·述而》:"子曰:'饭疏食,饮水,曲肱而枕之,乐亦在其中矣。不义而富且贵,于我如浮云。'"《论语·雍也》:"子曰:'贤哉,回也! 一箪食,一瓢饮,在陋巷,人不堪其忧,回也不改其乐,贤哉,回也!'"孔子对颜回安贫乐道自在心境的赞赏。以上就是后世园林津津乐道的"孔颜"乐处。

孟子则明确提出"大丈夫"的人格理想是:"富贵不能淫,贫贱不能移,威武不能屈,此之谓大丈夫。"①金钱和地位不能使之扰乱心意。贫穷卑贱不能使之改变。不屈从于威势的震慑之下。

在关于仕或隐这个问题上,孔子也信守自己的原则。《论语·宪问》:"宪问耻。子曰:'邦有道,穀;邦无道,穀,耻也。'"

原宪问孔子什么是可耻。孔子说:"国家有道,做官拿俸禄;国家无道,还做官拿俸禄,这就是可耻。"古代以穀量计算俸禄,称"穀禄"。"有穀"象征世道清明出仕。图 2-11 为环秀山庄的有穀堂。

图 2-11　有穀堂(苏州环秀山庄)

《论语·微子》篇又载:

---

①　《孟子·滕文公下》。

子曰："笃信好学，守死善道，危邦不入，乱邦不居。天下有道则见，无道则隐。邦有道，贫且贱焉，耻也；邦无道，富且贵焉，耻也。"

孔子说："君子立身处世，应该好学不倦，诚信紧守仁道，对于善道要能坚守至死。危国不可入，乱国不可居。天下有道，政治上轨道之时，应该为国家服务，有所表现；天下无道，政治大乱，不能表现时，就退出隐居。国家政治清明时，仍然贫穷卑贱不能有所作为，是可耻的；国家政治混乱时，不肯退隐，仍然居高位又富有，更是可耻的。"

"隐"是等待机会，犹如姜子牙垂钓渭水不设鱼饵以求"愿者上钩"，后人视之为大贤。孔子的"知其不可而为之"指的是对政治理想的追求。孔子的"贫"、"富"是与天下相连的。政治清明，就应该"富"，政治昏庸就应该"贫"，否则就是为了一己私利而谋"富"。

孔子终其一生，政治上不曾得遂大志，只好广收门徒从事教育。对着他的弟子曾感叹道："道不行，乘桴浮于海。从我者，其由与？"子路闻之喜。子曰："由也好勇过我，无所取材。"①孔子说："大道如果不能推行于天下，乘坐着竹筏子到东海去游荡，大概仲由能跟随我吧？"子路听说这件事，很喜悦。孔子说："仲由在勇气的方面超过我，可是没有地方取得做竹筏的材料。"②宋吴兴牟存斋的南漪小隐园中象征隐逸的舫舟名"桴舫斋"即源于此。

《孟子·尽心章句上》："穷则独善其身，达则兼善天下。"意思是不得志的时候就要管好自己的道德修养，得志的时候就要努力让天下人就是指百姓都能得到好处。

孔孟为后世文人"穷达"时守拙保真的两种人生选择开了法门。

儒家虽然积极入世，但对于三代出现的"隐士"、"逸士"等的高尚人格十分尊重。《易经》称誉隐士们"不事王侯，高尚其事"，注疏曰："不复以世事为心，不系累于职位，故不承事王侯，但自尊高慕，尚其清虚之事，故云高尚其事也。"《荀子》则称美隐士是"德盛者也"。

许由和巢父是历史上有文献记载的最早隐士，并称"巢由"。早期避世隐居主要选择"岩居而水饮，不与民共利"（《庄子·达生》），是真正的身隐。晋皇甫谧《高士传·许由》载："尧让天下于许由……由于是遁耕于中岳颍水之阳，箕山之下，终身无经天下色。尧又召为九州岛长，由不欲闻之，洗耳于颍水滨。"认为尧的话污了他的耳朵，便到颍水边去，掬水洗耳。《高士传·巢父》载："巢父者，尧时隐人也，山居不营世利，年老以树为巢而寝其上，故时人号曰巢父。"初，许由以尧让天下之事告其友巢父。巢父曰："汝何不隐汝形，藏汝光，若非吾友也。"由怅然不自得，曰："向闻贪言，负吾友矣。"于是去颍水边洗耳，此时，正值巢父牵着一条小牛来给它饮水，怕

① 《论语·公冶长》。
② 采用钱穆先生的说法，是说无法得到造竹筏子的材料。

洗过耳的水玷污了小牛的嘴,便牵起小牛,径自走向水流的上游去了。如图 2-12 所示。

"巢由"结志养性、优游山林、甘守清贫、不慕荣利等高风亮节,成为中国传统知识分子精神品格的一部分。

《诗经》对退处深藏山水间的贤人歌之颂之:"考槃在涧,硕人之宽。"[1]毛传曰:"考,成;槃,乐也。山夹水曰涧。"赞美隐居之得其所,"读之觉山月窥人,涧芳袭袂"。宋朱熹《诗集传》曰:"诗人美贤者隐处涧谷之间,而硕大宽广,无戚戚之意。"清钮琇《觚賸·杜曲精舍》盛赞"《缁衣》之好,'槃涧'之安,两得之也"。"槃涧"(图 2-13)也就成为山林隐居之地的文化符号。

图 2-12　许由洗耳于颍水滨木雕(同里镇陈御史花园)

图 2-13　槃涧(苏州网师园)

清初苏州有槃隐草堂,清沈德潜作有《槃隐草堂记》云:"盘桓自得,觉草木泉

---

① 《诗经》卷一《卫风·考槃》。

石,无非乐意,斯殆无心高隐而适符于隐者欤。"①

　　陈仲子,亦称陈仲、田仲、于陵中子等。本名陈定,字子终,是战国时期齐国著名的思想家、隐士。其先祖为陈国公族,先祖陈公子完避战乱逃到齐国,改为田氏,所以陈仲子又叫田仲。《高士传》卷中《陈仲子》载:

　　陈仲子者,齐人也。其兄戴为齐卿,食禄万钟,仲子以为不义,将妻子适楚,居于陵,自谓于陵仲子。穷不苟求,不义之食不食。遭岁饥,乏粮三日,乃匍匐而食井上李实之虫者,三咽而能视。身自织履,妻擘纑以易衣食。楚王闻其贤,欲以为相,遣使持金百镒,至于陵聘仲子。仲子入谓妻曰:"楚王欲以我为相,今日为相,明日结驷连骑,食方丈于前,意可乎?"妻曰:"夫子左琴右书,乐在其中矣。结驷连骑,所安不过容膝;食方丈于前,所甘不过一肉。今以容膝之安,一肉之味,而怀楚国之忧,乱世多害,恐生不保命也。"于是出谢使者,遂相与逃去,为人灌园。

　　《史记·鲁仲连邹阳列传》载:

　　於陵子仲辞三公为人灌园。裴骃集解:"《列士传》曰:楚於陵子仲,楚王欲以为相,而不许,为人灌园。"司马贞索隐:"《孟子》云陈仲子,齐陈氏之族,兄为齐卿,仲子以为不义,乃适楚,居于於陵,自谓於陵子仲。楚王聘以为相,子仲遂夫妻相与逃,为人灌园。《列士传》云字子终。"

　　孔子要求"举逸民",推荐选拔被遗落了的人才,他认为,这样做了,"天下之民归心焉"②,天下的老百姓就会诚心归服了。何谓"逸民",《论语·微子》道:

　　逸民:伯夷、叔齐、虞仲、夷逸、朱张、柳下惠、少连。子曰:"不降其志,不辱其身,伯夷、叔齐与?"谓:"柳下惠、少连,降志辱身矣。言中伦,行中虑,其斯而已矣。"谓:"虞仲、夷逸,隐居放言,身中清,废中权。我则异于是,无可无不可。"

　　"逸民"是指隐退不仕的民间贤人,他们是失去了政治、经济地位的贵族,有:伯夷,叔齐,虞仲,夷逸,朱张,柳下惠,少连。孔子说:"不贬抑自己的意志,不辱没自己的身份,就是伯夷、叔齐吧!"又说:"柳下惠、少连,(被迫)贬抑自己的意志,辱没自己的身份,但说话合乎伦理,行为深思熟虑,他们只能这样做而已啊。"又说:"虞仲、夷逸,过隐居生活,说话放纵无忌,能保持自身清白,废弃官位而合乎权宜变通。

　　孔子高度赞扬了孤竹君的两个儿子伯夷、叔齐,称他们"不降其志,不辱其身"。在《论语·季氏》篇中也赞美道:"伯夷叔齐饿于首阳之下,民到于今称之。"《史记·伯夷列传》详细地记载了伯夷、叔齐的故事:

　　伯夷、叔齐,孤竹君之二子也。父欲立叔齐,及父卒,叔齐让伯夷。伯夷曰:"父命也。"遂逃去。叔齐亦不肯立而逃之。国人立其中子。于是伯夷、叔齐闻西伯昌

　　① 沈德潜:《槃隐草堂记》,《苏州园林历代文钞》,生活·读书·新知三联书店,2008,第150~151页。
　　② 《论语·尧曰》。

善养老，曰："盍往归焉。"及至，西伯卒，武王载木主，号为文王，东伐纣。伯夷、叔齐叩马而谏曰："父死不葬，爰及干戈，可谓孝乎？以臣弑君，可谓仁乎？"左右欲兵之。太公曰："此义人也。"扶而去之。武王已平殷乱，天下宗周，而伯夷、叔齐耻之，义不食周粟。隐于首阳山，采薇而食之。及饿且死，作歌。其辞曰："登彼西山兮，采其薇矣。以暴易暴兮，不知其非矣。神农、虞、夏忽焉没兮，我安适归矣？于嗟徂兮，命之衰矣！"遂饿死于首阳山。

父亲想立叔齐为君，等到父亲死后，叔齐又让位给长兄伯夷。伯夷说："这是父亲的意愿。"于是就逃开了。叔齐也不肯继承君位而逃避了。国中的人就只好立他们的另一个兄弟。正当这个时候，伯夷、叔齐听说西伯姬昌敬养老人，便商量着说：我们何不去投奔他呢？等到他们到达的时候，西伯已经死了，他的儿子武王用车载着灵牌，尊他为文王，正向东进发，讨伐纣王。伯夷、叔齐拉住武王战马而劝阻说："父亲死了尚未安葬，就动起干戈来，能说得上是孝吗？以臣子的身份而杀害君王，能说得上是仁吗？"武王身边的人想杀死他们，太公姜尚说："这是两位义士啊！"扶起他们，送走了。武王平定殷乱以后，天下都归顺于周朝，而伯夷、叔齐以此为耻，坚持大义不吃周朝的粮食，并隐居于首阳山，采集薇蕨来充饥(图2-14)。待到饿到快要死了的时候，作了一首歌，歌辞说："登上首阳山，采薇来就餐，残暴代残暴，不知错无边？神农虞夏死，我欲归附难！可叹死期近，生命已衰残！"就这样饿死在首阳山。南齐萧晔因借伯夷、叔齐饿于首阳之下的典故，名后堂山为"首阳"。

图2-14　伯夷、叔齐采薇木雕(苏州忠王府)

孔子自己则与这些人不同，没有什么可以，也没有什么不可以的，根据客观实际情况的发展变化而考虑怎样做适宜。得时则驾，随遇而安。《孟子·万章下》说："孔子是'圣之时者也'，'可以速而速，可以久而久，可以处而处，可以仕而仕'。"随机应变，见机行事。不一定这样做，也不一定不这样做。

愚公居于驹阜，涓子隐于宕山，庚桑楚居喂眷之山，楚狂接舆游诸名山，徐无鬼岩栖等。

战国时的孟子高扬个体人格，他公然宣称："我善养吾浩然之气！"并解释曰："浩然之气乃至大至刚，以直养而无害，则塞于天地之间。其为气也，配义与道；无是,馁也。是集义所生者,非义袭而取之也。行有不慊于心,则馁矣。"称这浩然之气,最宏大最刚强,用正义去培养它而不用邪恶去伤害它,就可以使它充满天地之间无所不在。那浩然之气,与仁义和道德相配合辅助,不这样做,那么浩然之气就会像人得不到食物一样疲软衰竭。浩然之气是由正义在内心长期积累而形成的,不是通过偶然的正义行为来获取它的。自己的所作所为有不能心安理得的地方,则浩然之气就会衰竭。

孟子认为美的人必须具有仁义道德的内在品质,并表现充盈于外在形式,称之谓"充实之谓美"①。"充实",指的是把其固有的善良之本性"扩而充之",使之贯注满盈于人体之中。孟子的人格美中包含着善,又超过了善,从而深刻地发展了孔子的关于美与善的内在一致性的思想。

持"性恶论"的大儒荀子,强调变化先天的本性,兴起后天的人为。《荀子·性恶》曰:"故圣人化性而起伪,伪起而生礼义,礼义生而制法度。"杨倞注:"言圣人能变化本性,而兴起矫伪也。"改造先天的人性之"恶",通过后天文明的熏陶、感化,于是产生了礼仪、法度和艺术等。诗、书、礼、乐等化性,对人进行塑造,使人具有崇高的精神境界,这就是"伪"。故荀子说:"化性起伪","无伪则性不能自美。"

《荀子·解蔽》提出"虚壹而静"的审美心理虚静说,"虚",指不以已有的认识妨碍再去接受新的认识;"壹",指思想专一;"静",指思想宁静。荀子认为"心"要知"道",就必须做到虚心、专心、静心。他说:"人生而有知,知而有志,志也者,藏也,然而有所谓虚,不以所已藏害所将受谓之虚。"

所谓"藏",指已获得的认识。荀子认为,不能因为已有的认识而妨碍接受新的认识,所以"虚"是针对"藏"而言的。他又说:"心生而有知,知而有异,异也者,同时兼知之;同时兼知之,两也;然而有所谓一,不以夫一害此一谓之壹。"

荀子强调:"心枝则无知,侧则不精,贰则疑惑。壹于道以赞稽之,万物可兼知也。身尽其故则美。美不可两也,故知者择一而壹焉。"

荀子认为,正确处理好"藏"与"虚"、"两"与"壹"、"动"与"静"三对矛盾的关系,做到"虚壹而静",就能达到"大清明"的境界,做到"坐于室而见四海,处于今而论久远,疏观万物而知其情,参稽治乱而通其度,经纬天地而材官万物,制割大理而宇宙理矣"。

四、成于乐游于艺

以孔子为代表的儒家一向主张以德治国,"道之以德,齐之以礼"②,在用礼规范人们行动的时候,需要凭借"乐",礼乐教化,如春风化雨,滋润人心,所以是"成于乐"(《论语·泰伯》),"乐"就是各类艺术活动。所以,在《论语·述而》中,子曰:"志

---

① 《孟子·尽心下》。
② 《论语·为政》。

于道,据于德,依于仁,游于艺。"

志在于道,根据在于德,从道德的行为开始,依傍于仁,活动在艺。"艺"的内容就是周礼所说的"六艺",《周礼·保氏》曰:"养国子以道,乃教之六艺:一曰五礼,二曰六乐,三曰五射,四曰五驭,五曰六书,六曰九数。"通过"游于艺"来净化心灵,潜移默化,使风清俗美。他十分得意的是弟子言偃治武城。子至武城闻弦歌之声。夫子莞尔而笑,曰:"割鸡焉用牛刀?"子游对曰:"昔者偃也闻诸夫子曰:'君子学道则爱人,小人学道则易使也。'"子曰:"二三子!偃之言是也。前言戏之耳。"①孔子到武城,听见弹琴唱歌的声音。孔子微笑着说:"杀鸡何必用宰牛的刀呢?"子游回答说:"以前我听先生说过,'君子学习了礼乐就能爱人,小人学习了礼乐就容易指使。'"孔子说:"学生们,言偃的话是对的。我刚才说的话,只是开个玩笑而已。"高兴得与弟子开起了玩笑。朱熹集注:"时子游为武城宰,以礼乐为教,故邑人皆弦歌也。"后以"弦歌宰"称以礼乐施教化的县令。

在孔子看来,治国之道在礼乐教化,他在与弟子子路、曾晳、冉有、公西华侍坐,子路、冉有、公西华各言其志后,孔子问曾晳:

"点,尔何如?"

鼓瑟希,铿尔,舍瑟而作,对曰:"异乎三子者之撰。"

子曰:"何伤乎? 亦各言其志也。"

曰:"莫春者,春服既成,冠者五六人,童子六七人,浴乎沂,风乎舞雩,咏而归。"

夫子喟然叹曰:"吾与点也。"

懂礼爱乐,洒脱高雅,卓尔不群的曾点弹瑟的声音逐渐慢了,接着"铿"地一声,放下瑟直起身子回答说:"我和他们三位的才能不一样呀!"孔子说:"那有什么关系呢? 不过是各自谈谈自己的志向罢了。"曾点说:"暮春时节,春天的衣服已经上身了。和五六位成年人,六七个青少年,到沂河里洗洗澡,在舞雩台上吹吹风,一路唱着歌儿回来。"孔子长叹一声说:"我是赞成曾点的想法呀!"

曾点描绘的是一幅在大自然里沐浴临风,一路酣歌的美丽动人的景象,抒写了一种投身于自然怀抱、恬然自适的乐趣,流露出一种高雅的性情,一种对大自然的无比热爱之情。曾晳表示了礼乐治理的理想之国。夫子喟然叹曰:"吾与点也。"

孔子仁学的最高境界就是在"游于艺"中达到的自由境界,后世称为"曾点气象",成为宋代理学中的重要话题。

明初苏州俞贞木在石涧书隐增筑"咏春斋",自作《咏春斋记》,以效仿曾点"泳而于川,何物何我,陶然一春。卝而五六士,丱而六七人,浴沂以嬉,风雩以归,而音飒飒而乐怡怡"。显然,"咏春"之命意,实即曾晳之志。

---

① 《论语·阳货》篇。

五、植物比德

基于中华先民的厚生意识,凡是有利于人们健康、繁衍的植物,先民们都认为是美好、圣洁之物。

《尚书·洪范》曰:"五福:一曰寿,二曰富,三曰康宁,四曰攸好德,五曰考终命。"①把寿放在"五福"之首,把健康安宁放在第三位,反映了健康长寿是人生追求的美好幸福之事。

神农尝百草,能祛病延寿或利于繁衍后代的"五药"即指草、木、虫、石、谷,草木受到崇拜,《周礼·天官·冢宰》中记有周代已设立掌管万民疾病的疾医,"以五味、五谷、五药养其病"②。采集药用植物表现了对个体生命的珍惜和对生命延续的渴望。

《诗经》中就有许多描写了人们采集具有药用功能的植物,如"参差荇菜",荇菜解热利尿,叶及根皆可入药;"采采卷耳",卷耳散风止痛、祛湿杀虫;"采采芣苢",芣苢利尿、镇咳、止泻;"言采其蝱",蝱可以止渴祛痰;"言采其杞",杞能滋阴补血、益精明目、补肾养肝;等等。

用于神圣的祭祀场合的植物多用柔顺的水中植物:"苟有明信,涧溪沼沚之毛,**蘋**蘩蕰藻之菜,筐筥锜釜之器,潢汙行潦之水,可荐于鬼神,可羞于王公。"③如荇菜、蘩(白蒿)、萍、水芹、莼菜等是多年生水草,既清洁柔软,又有旺盛的生命力,这些水草,周代女子用以祭祀宗庙,象征女德。

《诗经·召南·采**蘋**》云:"于以采**蘋**,南涧之滨,于以采藻,于彼行潦。"

《诗经·召南·采**蘩**》云:"于以采**蘩**,于沼于沚,于以用之,公侯之事。"

《礼记·郊特牲》云:"殷人尚声,……周人尚臭。"《周礼·天官·冢宰》云:"祭祀,共萧茅,共野果蓏之荐。"周人在祭祀时多用萧、艾、薰、茞兰、韭等有香气植物。如萧,香蒿,祭祀时用以烧取香气,常合黍稷加以焚烧,使香气上达,吸引神灵,《诗经·大雅·生民》云:"取萧祭脂"、"其香始升,上帝居歆。"拿来萧染之脂后,黍稷合烧祭神。香气开始往上升,天神安然来享用。

白茅,初生的茅根,洁净白嫩,象征柔顺、纯洁。茅在古代祭祀中既为祭品的衬垫物,又"缩酒用茅,明酌也"④,用茅过滤醴,使之清澄,贵在新洁。还用茅向四方招请所祭之神。《周礼·春官·宗伯》云:"男巫掌望祀,望衍授号,旁招以茅。"

《易经·说卦传》云:"昔者,圣人之作《易》也,幽赞神明而生蓍。"⑤故占卜用蓍称蓍筮。蓍草,茎直立,被柔毛,被称为"神物"。《易经·系辞传上》云:"蓍之德,圆

① 李民、王健:《尚书译注》,上海古籍出版社,2004,第229页。
② 杨天宇:《周礼译注》,上海古籍出版社,2004,第70页。
③ 李梦生:《左传译注》,上海古籍出版社,2004,第12页。
④ 杨天宇:《礼记译注》,上海古籍出版社,2004,第325页。
⑤ 李安纲:《儒教三经》,中国社会出版社,1999,第363页。

而神……以定天下之吉凶,成天下之亹亹者,莫大乎蓍龟"。①

　　根据植物的生态习性作人格比附,康熙《御制避暑山庄记》所说:"玩芝兰则爱德行,睹松竹则思贞操,临清流则贵廉洁,览蔓草则贱贪秽。此亦古人因物而笔心比兴,不可不知。"

　　如翠竹,竹子丛生,竹根盘结,郁郁葱葱茂盛的景象含有家族兴旺发达之意。

《诗经》中《小雅·斯干》云:"秩秩斯干,幽幽南山。如竹苞矣,如松茂矣。兄及弟矣,式相好矣,无相犹矣。"如图 2-15 所示的竹苞松茂门楼。

　　《礼记·祀器》曰:"其在人也,如竹箭之有筠也,如松柏之有心也。二者居天下之大端矣,故贯四时而不改柯易叶。"郑玄注:"筠,竹之青皮也。"《说文解字·竹部》称"竹,冬生草也",竹

图 2-15　竹苞松茂门楼(南浔张石铭故居)

在寒冬依然保持翠翠青青的潇洒。《易经》曰:"震为苍琅竹。"震为八卦之一,象征雷霆。释震为竹,在古代人们心中竹已具有坚强秉性。《孔子家语》曰:"山南之竹,不搏自直;斩而为箭,射而达。"赞美竹子挺直、坚韧、通达,赋予竹以高洁的品性。

　　《诗经·卫风·淇奥》中以绿竹起兴:"瞻彼淇奥,绿竹猗猗。有匪君子,如切如磋,如琢如磨。瑟兮僩兮!赫兮咺兮!有匪君子,终不可谖兮!瞻彼淇奥,绿竹青青。有匪君子,充耳琇莹,会弁如星。瑟兮僩兮!赫兮咺兮!有匪君子,终不可谖兮!瞻彼淇奥,绿竹如箦。有匪君子,如金如锡,如圭如璧。宽兮绰兮!猗重较兮!善戏谑兮,不为虐兮。"《毛诗序》:"淇奥,美武公之德也。有文章,又能听其规谏,以礼自防。故能入相于周,美而作是诗也。"陈奂《传疏》:"诗以绿竹之美盛,喻武公之质美德盛。"上海古猗园即用其意(图 2-16)。

　　再如松柏,《诗经·小雅·天保》云:"神之吊矣,诒尔多福,民之质矣,日用饮食,群黎百姓,徧为尔德。如月之恒,如日之升,如南山之寿,不骞不崩,如松柏之茂,无不尔或承。"意思是上天保佑你安定,没有事业不振兴。上天恩情如山岭,上天恩情如丘陵,恩情如潮忽然至,一切增多真幸运。……你像上弦月渐满,又像太阳正东升,你像南山寿无穷,江山万年不亏崩。你像松柏长茂盛,子子孙孙相传承。"九如"成为后世的祝颂语和园林雕刻的重要内容。

――――――――――

① 李安纲:《儒教三经》,中国社会出版社,1999,第 354 页。

图 2-16 古猗园(上海)

《诗经·鲁颂·閟宫》云:"徂徕之松,新甫之柏,是断是度,是寻是尺。松桷有舄,路寝孔硕,新庙奕奕。奚斯所作,孔曼且硕,万民是若。"歌颂鲁僖公建成的宫室高敞气派,宫室是用徂徕山的苍松和新甫山的翠柏建造的。

《诗经·商颂·殷武》云:"陟彼景山,松柏丸丸,是断是迁,方斫是虔,松桷有梴,旅楹有闲,寝成孔安。"用景山挺拔的松柏建成寝庙,居住清静安康。

根据木材的优劣来作为区分身份贵贱尊卑的标志:"君松椁,大夫柏椁,士杂木椁。"[①]

"其桐其椅,其实离离。"[②]以累累果实来比喻位尊者德泽众人。梧桐又被称为柔木,木质紧密,纹理细致,可作琴,"神农使削桐为琴,绣丝为弦以通神明之德","树之榛栗,椅桐梓漆,爰伐琴瑟"[③]。《诗经·定之方中》诗中赞卫文公徙迁复国,兴建楚邱宫时强调种植榛栗、椅桐、梓漆等嘉树,长成来作琴瑟,以教之以礼乐。

梧桐招凤凰(图 2-17)。《诗经·大雅·卷阿》云:"凤凰鸣

图 2-17　凤栖梧桐木雕(苏州留园)

---

①　杨天宇:《礼记译注》,上海古籍出版社,2004,第 597 页。

②　《诗经·小雅·湛露》。

③　《诗经·鄘风·定之方中》。

矣,于彼高冈。梧桐生矣,于彼朝阳。萋萋萋萋,雝雝喈喈。"凤鸣朝阳,象征明君任用贤臣,政治清明,天下太平。

草木茂盛以显国家兴盛,草木枯败以示国家衰亡。《诗经·大雅·召旻》刺周幽王政败国亡景象的句子,"如彼岁旱,草不溃茂。如彼栖苴,我相此邦,无不溃止"。

《诗经·大雅·旱麓》云:"瞻彼旱麓,榛楛济济,岂弟君子,干禄岂弟",以茂盛的树木来喻周文王重视人才而人才济济的蓬勃气象。

《诗经·大雅·棫朴》云:"芃芃棫朴,薪之槱之,济济辟王,左右趣之。"毛传:"槱,积也。山木茂盛,万民得而薪之;贤人众多,国家得用蕃兴。"

《周颂·载芟》云:"有椒其馨。"花椒结子很多,又是芳香之物,花椒常喻女子之多子,有贤德。《诗经·唐风·椒聊》云:"椒聊之实,蕃衍盈升。彼其之子,硕大无朋,椒聊且,远条且。"赞美高挑有风度的翩翩佳人能多子多孙,德馨远播。又如用赠椒表示结恩情,《诗经·陈风·东门之枌》云:"视尔如荍,贻我握椒。"

《诗经·大雅·緜》云:"緜緜瓜瓞,民之初生"(图2-18)。《集传》云:"大曰瓜小曰瓞。瓜之近本初生者常小,其蔓不绝,至末而后大也。"象征代代相续、子孙昌盛、不断壮大。苏州忠王府葫芦飞罩,带着藤蔓,就取此意(图2-18)。

图2-18 瓜瓞緜緜(苏州忠王府)

《诗经·小雅》载:"维桑与梓,必恭敬止。"意谓家乡的桑树与梓树乃父母所栽,对它要表示尊敬。后人常以桑梓指代故乡。

《诗经·卫风·伯兮》载:"焉得谖草,言树之背。"毛传:"谖草令人忘忧;背,北堂也。"《诗经疏》称:"北堂幽暗,可以种萱"。"北堂"(又做"萱堂")是古代士大夫家主妇常居住之处,后来指母亲居室,并借以指母亲。

《诗经·齐风·东方未明》中"折柳樊圃",用那柔韧的柳条编排成篱笆围出一个种植瓜果的园地,《谷梁·宣公十五年》云:"古者公田为居,井、灶、葱、韭尽取焉。"范宁《集解》云:"八家共居,损其庐舍,家作一园以种五菜,外种楸桑,以备养生送死。"柳条积淀了家园之思。而"杨柳依依",柳与留谐音,象征对家乡的依依难舍之情。

《诗经》中也出现令人讨厌的"恶草",以比恶人恶事,故除恶务净,如《诗经·大雅·生民》中"茀厥丰草,种之黄茂"。

《周颂·良耜》云:"其镈斯赵,以薅荼蓼,荼蓼朽止,黍稷茂止。"

《诗经·小雅·大田》云:"不稂(狼尾草)不莠(狗尾草)"。

《困·六三》云:"困于石,据于蒺藜,入于其宫,不见其妻。凶。"①

《韩诗外传》云:"夫春树桃李,夏得阴其下,秋得食其实;春树蒺藜,夏不可采其叶,秋得其刺焉。"②

《鄘风·墙有茨》中:"墙有茨,不可扫也,中冓之言,不可道也,所可道也,言之丑也。"

用墙上所长的蒺藜比喻龌龊之言,污秽之言不可宣扬出去,因为讲出去就如扫墙上蒺藜被扎一样受到伤害。

丰草、荼蓼、稂(狼尾草)、莠(狗尾草)、蒺藜、茨都为恶草的象征,比喻社会上的丑恶现象。

当然,《诗经》中的"鸟兽虫鱼"同样有"比德"意义。如《周南·关雎》中的"雎鸠"是贞鸟,成为是爱情专一的象征。

器物也有"比德"意义,如《荀子·法行》以玉比德:

> 温润而泽,仁也;栗而理,知也;坚刚而不屈,义也;廉而不刿,行也;折而不挠,勇也;瑕适并见,情也;扣之,其声清扬而远闻,其止辍然,辞也。故虽有珉之雕雕,不若玉之章章。'言念君子,温其如玉。'此之谓也。

荀子列举了玉的种种形态特征,以此说明君子之贵玉是用以"比德"。玉之所以受到士大夫的贵重,在于能从中获得很高的审美价值。朱熹说:"且如冰与水晶,非不光,比之玉,自是有温润含蓄气象,无许多光耀也。"虽有光泽,但又有"温润含蓄气象,无许多光耀",正符合仁的品德,故为君子所重。

荣格曾说:"每一个原始意象中都有着人类精神和人类命运的一块碎片,都有着在我们祖先的历史中重复了无数次的欢乐与悲哀的一点残余,并且总的说来始终遵循着同样的路线。"③荣格认为许多文艺作品所表达的深层内涵源于祖先普遍的心灵情感。

第四节　老庄园林美学思想

先秦以老庄为代表的道家适己无为的人格理想,与儒家君子理想,构成了中国

---

① 李安纲:《佛教三经》,中国社会出版社,1999,第255页。

② 许维遹:《韩诗外传集释》,中华书局,2005,第263~264页。

③ 荣格:《荣格文集》,冯川译,改革出版社,1997,第226页。

传统文人的内在精神世界,中国文人正是拥抱着老庄人格理想,走向山水田园的。

道家把追求自然万物的本真状态作为基本人生态度,进而将求真与求美相融通而创造一种自由的精神天地,展现了该学派的人生境界论及其审美精神。道家学派的代表人物是老子和庄子,代表作是老子的《道德经》[①]和庄周派的《庄子》。《老子》:认为"道法自然",庄子继承了老子的观点,把自然视为审美的最高境界。

"在道家看来,真正的美不是世俗的人们劳心竭力地去追求的那种经常同名利富贵、纵欲享受分不开的美,而是一种自然无为,摆脱了外物的奴役,在精神上获得了绝对自由的状态。"[②]

郭沫若在其著作《十批判书》之《庄子的批判》一文中说:"自有庄子的出现,道家与儒墨虽成为鼎立的形势,但在思想本质上,道与儒是比较接近的。道家特别尊重个性,强调个人的自由到了狂放的地步,这和儒家个性发展的主张没有什么了不起的冲突。"郭沫若还指出:"从大体上说来,在尊重个人的自由,否认神鬼的权威,主张君主的无为,服从性命的拴束,这些基本的思想立场上接近于儒家而把儒家超过了。在蔑视文化的价值,强调生活的质朴,反对民智的开发,采取复古的步骤,这些基本的行动在立场上接近于墨家而也把墨家超过了。"

一、以自然为美

"道"作为宇宙论的终极依据,是道家哲学文化的最高范畴,道家认为世间万物都是对"道"的模拟和反映,其本性就是自然。"天地之始"、"万物之母","神鬼神帝,生天生地","自本自根,未有天地,自古以固存"[③],是独一无二的世界本源。

《老子》:"人法地,地法天,天法道,道法自然。"王弼《〈老子〉注》曰:"道不违自然,乃得其性。法自然者,在方而法方,在圆而法圆,于自然无所违也。"于自然无所违,一切任着自然的本性运行,乃是道的最高境界。

当然,要进入这一境界,既要尊重"物性",让万物各顺其天然本性展露自己,又要尊重人的"性命之情",不能让外在的规范成为生命自由发展的障碍:"彼至正者,不失性命之情。故合者不为骈,而枝者不为歧。长者不为有余,短者不为不足。是故凫颈虽短,续之则忧。鹤颈虽长,断之则悲。……天下有常然。"[④]万物都因体现了"道"而为"常然";万物也只有在体现出"道"的自然无为特征时,才具有了美的

---

① 《道德经》又称《老子》、《道德真经》、《老子五千文》及《五千言》,是老子(名李耳,字伯阳)的著作,在秦时《吕氏春秋·注》称为《上至经》,在汉初则直呼《老子》。自汉景帝起此书被尊为《道德经》,至唐代唐太宗自认是老子李耳之后,曾令人将《道德经》翻译为梵文。唐高宗尊称《道德经》为《上经》,唐玄宗时更尊称此经为《道德真经》。原文上篇《德经》和下篇《道经》不分章,后改为《道经》在前,《德经》在后,并分为81章,是中国历史上最伟大的名著。

② 李泽厚、刘纲纪主编:《中国美学史》(第一卷),中国社会科学出版社,1987,第35页。

③ 陈鼓应:《庄子今注今译》,中华书局,1999,第181页。

④ 《庄子·骈拇》。

品性。

道无意志、无目的，它生养万物而不私有，成就万事而不持功，自然无为而无不为。"天地有大美而不言，四时有明法而不议，万物有成理而不说。圣人者，原天地之美，达万物之理。"①天地大美是一种无是非、无差异的齐一醇和之美，天地万物的生息消长相嬗替，开始和终结宛若一环，不见其规律，却达一种真正的大和之境。最完美的文艺作品都必须进入道的境界，进入自然朴素而没有任何人为痕迹的本真境界，即道的无为境界。

"道法自然"这种无为而无不为、回归天真本性的境界，是我国美学史上最早、最概括的以自然为美的审美理念。

朴素，作为一种美的形态，就是在这样一种前提下提出来的。老子《道德经》，第十九章："见素抱朴，少私寡欲。"见，呈现；素为染色的生丝；朴：没雕琢加工的原木；私：自利；欲：欲望。全句大意为：外表单纯，内心朴素，减少私心，降低欲望。这就是"朴素"两字的来源。《道德经·德经第十二章》："五色令人目盲；五音令人耳聋。"老子认为，缤纷的色彩让人两眼昏花，五音喧哗不已，使人耳聋失聪。他又说："信言不美，美言不信。"②真实可信的言词不美丽，而美丽的言词就不可信，既然如此，艺术创作就只能对客观存在的现实作简单的描摹与再现，而无需作艺术的修饰，这正是老子的"无为"的政治理想和"大巧若拙"的社会理想在艺术创作领域的推广与贯彻，也正是朴素为美的美学观念的源头。

庄子的美学理想从整体上看是追求宏大之美，其中的《逍遥游》《秋水》等篇都表现出壮美的气势，但在对美的形态作论述的时候，他却更多地强调朴素、自然、平淡的美，这使他与老子的美学思想有着明显的一致性。

庄子在"道法自然"的基础上进一步提出"法天贵真"的思想，认为"牛马四足，是谓天。落马首，牵牛鼻，是谓人"，"法天"就是顺应物性，不事人为，"贵真"就是崇尚朴素自然真实之美，而这种美，是一种不可比拟之美，一种理想之美："朴素而天下莫能与之争美！"③战国河上公注《老子》"见素抱朴"曰："见素者当抱朴守真，不尚文饰。""真者，精诚之至也。不精不诚，不能动人。故强哭者虽悲不哀，强怒者虽严不威，强亲者虽笑不和。真悲无声而哀，真怒未发而威，真亲未笑而和。真在内者，神动于外，所以贵真也。"④他以天籁、地籁、人籁三者比较来说明这种自然美："地籁则众窍是己，人籁则比竹是己"，"夫天籁者，吹万不同，而使其自己也，咸其自取，怒者其谁邪！"⑤人籁是指人们用丝竹管弦演奏出来的，是人为的东西，属于等而下之的声音；地籁是风吹自然界大大小小的孔窍而发出的声音，它要借助于风力的大小

① 《庄子·知北游》。
② 《老子·八十一章》。
③ 《庄子·天道》。
④ 《庄子·渔父》。
⑤ 《庄子·齐物论》。

和孔窍的不同形状才能形成,也不是最美的;只有天籁是众窍自鸣而成、不依赖以任何外力作用天然之音。

"西施病心而矉其里,其里之丑人见之而美之,归亦捧心而矉其里,其里之富人见之,坚闭门而不出;贫人见之,挈妻子而去走。彼知矉美而不知矉之所以美。"[1]西施"之所以美",是因为她"貌极妍丽",既病心痛,矉眉苦之,出自自然,出自真情,益增其美;而邻里丑人,见而学之,不病强矉,故作媚态,倍增其丑。

庄子赞美抱璞守真。《庄子·天地》篇记了一则"抱瓮灌园"的故事:孔子弟子子贡游楚返晋过汉阴时,见一位老人一次又一次地抱瓮浇菜,"搰搰然用力甚多而见功寡",就建议他用机械汲水。老人不愿意,"忿然作色而笑曰:'吾闻之吾师,有机械者必有机事,有机事者必有机心。机心存于胸中,则纯白不备;纯白不备,则神生不定;神生不定者,道之所不载也。吾非不知,羞而不为也'"。抱瓮老人认为,用了机械必定会出现机变之类的心思,纯洁空明的心境就不完整齐备;纯洁空明的心境不完备,精神就不会专一安定;精神不能专一安定的人,大道也就不会充实他的心田。庄子赞美拙朴的生活,抨击机巧。明代大元村尚书府吴百朋、吴大缵父子的抱瓮园、苏州拥翠山庄的抱瓮轩(图2-19)都据此立意。

图2-19　抱瓮轩(苏州拥翠山庄)

应该指出的是,庄子"顺物自然"并不是完全否定事物外形的雕饰之美,只是反对违反事物自然本性的人为摧残。他指出:"纯朴不残,孰为牺尊!白玉不毁,孰为珪璋!"天然的木料不被剖开,谁能作成牺尊之类酒器!白玉不被毁坏,谁能作成珪璋之类玉器![2] 主张"既雕既琢,复归于朴"[3],"雕"与"琢",精雕细刻,它是对外在的

---

① 《庄子·天运》。

② 《庄子·马蹄》。

③ 《庄子·山木》。

一种修饰,是一种日积月累的追求和磨合;复归于素朴:强调一种内在美,一种本质的东西,朴实无华。成玄英解释说:"雕琢华饰之务,悉皆弃除,直置任真,复于朴素之道者也。"这是一种超越技巧炫示的更高境界,平中见奇,常中见鲜,于简洁中见率真,于质朴中尽现完美。这与明计成所称的园林美最高境界的"虽由人作,宛自天开"如出一辙。

庄子继承发展了老子"无为而无不为"的思想,认为"天道自然无为",不是人为的力量可以改变的。《庄子·天道》云:"夫虚静恬淡,寂寞无为者,万物之本也。……静而圣,动而王,无为也而尊。"因此,"无以人灭天,无以故灭命"①,主张"顺物之性",尊重个性的发展,反对人为的束缚:"天下有常然。常然者,曲者不以钩,直者不以绳,圆者不以规,方者不以矩,附离不以胶漆,约束不以墨索。"《庄子·马蹄》篇说:"马,蹄可以践霜雪,毛可以御风寒,龁草饮水,翘足而陆,此马之真性也。虽有义台路寝,无所用之。"马,处于真性情,放旷不羁,俯仰天地之间,逍遥乎自得职场,不求"义台路寝",真有怡然自得之乐。尊重客观事物本身的规律,而不应该以人的主观愿望去改变它。庄子强调了美真统一论,表现了对未被语言、概念所污染、所遮蔽的本来如此的对象世界的追索。

山水审美是人类的高级审美活动,是文明社会的产物,庄子善于体察自然山水的各种形态美,而且从人与自然一体、在自然中获得精神解脱的角度观赏山水并获得审美快感,如对百围大树"窍穴"的描绘:"似鼻,似口,似耳,似枅,似圈,似臼,似洼者,似污者",细致真切,风吹树孔发出的声音,"激者、謞者、叱者、吸者、叫者、嚎者、宎者、咬者,前者唱于而随者唱喁,冷风则小和,飘风则大和,厉风济则众窍为虚,而独不见之调调,之刀刀乎?"②声形毕肖。写秋水百川灌河时,两涘渚崖之间,不辨牛马,浩荡无垠的空阔景象写得也形象生动、气势磅礴。③ 面对自然,庄子感到了:"山林与! 皋壤与! 使我欣欣然而乐与!"④庄子业已摆脱了对自然的"比德",进行了人类的高级审美活动,是魏晋山水审美的先导。

二、虚实之美

《老子》第十一章《三十辐共一毂》:

三十辐共一毂,当其无,有车之用也。埏埴以为器,当其无,有器之用也。凿户牖以为室,当其无,有室之用也。故有之以为利,无之以为用。

三十根辐条凑到一个车毂上,正因为中间是空的,所以才有车的作用。糅合黏土做成器具,正因为中间是空的,所以才有器具的作用。凿了门窗盖成一座房子,

---

① 《庄子》外篇《秋水》。

② 《庄子》内篇《齐物论》。

③ 《庄子》外篇《秋水》。

④ 《庄子》外篇《知北游》。

正因为中间是空的,才有房子的作用。因此"有"带给人们便利,"无"才是最大的作用。

这就是"有生于无"的道理。也是包括园林美学在内的书画中虚白之美的理论来源:"天下之妙,莫妙于无;无之妙,莫妙于有。有于无中,用无而妙。"①"画在有笔墨处,画之妙在无笔墨处。"②

虚实之美,揭示了一些十分重要的审美规律。园林所追求的审美境界就是"无言之美",郑绩《梦幻居画学简明》所说的艺术"生变之诀,虚虚实实,实实虚虚,八字尽矣",朱光潜在《无言之美》中说:"无穷之意达之以有穷之言,所以有许多意尽在不言中。文学之所以美,不仅在有尽之言,而尤在无穷之意。推广地说,美术作品之所以美,不是只美在已表现的一部分,尤其是美在未表现而含蓄无穷的一大部分,这就是本文所谓无言之美。③"

赖特曾说:"据我所知,正是老子,在耶稣之前五百年,首先声称房屋的实在不是四片墙和屋顶,而是在于内部空间……"④

"有无相生"所追求的审美境界就是"无言之美",这种审美境界是要使人通过"言意之表"进入到一种"无言无意之域"⑤。"无穷之意达之以有尽之言,所以许多意,尽在不言中。"⑥

三、德充之美

在外形美和精神美之间,庄子喜爱"德充之美",即精神美。

《庄子·逍遥游》中固然出现了藐姑射山"神人"这样的形神兼美之人:"肌肤若冰雪,绰约如处子,不食五谷,吸风饮露;乘云气,御飞龙,而游乎四海之外。其神凝,使物不疵疠而年谷熟。……之人也,之德也,将磅礴万物以为一,世蕲乎乱,孰弊弊焉以天下为事!之物也,物莫之伤,大浸稽天而不溺,大旱金石流、土山焦而不热。是其尘垢火比糠,犹将陶铸尧舜者也,孰肯分分然以物为事。"

她纯洁、自由、永恒,"其尘垢火比糠,犹将陶铸尧舜者也"十分伟大。这种理想人格,摆脱了世俗的"物",超越了肮脏的人世,和光明同在,与宇宙共存,吻合万物为一体,放弃纷乱而不顾,在"役役"的众人中保持浑朴精纯。对一切的一切抱超然态度。他们无忧无虑,无拘无束,忘掉生死复返自然,与"天"、"道"合一。但《庄子》一书中出现了更多四体不全、形貌丑陋的人物,如《德充符》中的王骀,哀骀他等人,

① 王夫之:《庄子通刻意》。
② 戴熙:《习苦斋画絮》。
③ 朱光潜:《朱光潜美学文学论文选集》,湖南人民出版社,1980,第354~355页。
④ 项秉仁:《国外著名建筑师丛书·赖特》,中国建筑工业出版社,1992,第40页。
⑤ 郭象:《庄子注》。
⑥ 朱光潜:《无言之美》,江苏文艺出版社,2010。

庄子学派强调"德有所长而形有所忘",通过黜肢体,忘形骸,突出精神的完美,美的仍是心中的"道",而不是残缺丑陋的外在形体。

一个人不完美的外表往往会被他高尚的道德情操所掩盖:"闉跂支离无脤说卫灵公,灵公说之,而视全人,其脰肩肩。瓮㼜大瘿说齐桓公,桓公说之,而视全人,其脰肩肩。""闉跂"和"支离"都是外号。"闉跂"是指人长得很小很矮,两脚踮起来脚跟不着地的,用脚趾头走路;"支离"是身体或者左手长右手短,或右手长左手短,反正腰不像腰,胸口不像胸口,怪里怪气的样子;"无脤",嘴巴看不见嘴唇的。但卫灵公一见就非常喜欢他,因为见了这么一个人喜欢,再看见正常人,就觉得没有一个可爱的。"瓮㼜大瘿"也是一个外号,是一个怪人,脖子甲状腺很大,像水缸一样,肚子非常大,但齐桓公喜欢他,看一般人好难看,怎么有一个肩膀有个脖子?越看越难看。郭象注解:"偏情一往,则丑者更好,而好者更丑也。"人只要感情有了偏见,主观就形成了。虽然人很丑,还是觉得很好,越看越漂亮;长得最漂亮,越看越讨厌。《庄子·知北游》所称"德将为汝美,道将为汝居。""非爱其形也,爱使其形者也。"只要有超人的德性,其形体上的缺陷、丑陋就会被忘掉,精神美克服了形体丑。

《庄子·德充符》载"豚子食于死母"。仲尼曰:"丘也尝游于楚矣,适见豚子食于其死母者,少焉眴若,皆弃之而走。不见己焉尔,不得类焉尔。所爱其母者,非爱其形也,爱使其形者也。"孔子说:"我曾在去楚国的时候,在路上正巧遇见一群小猪在一头死母猪身上吃奶,一会儿便都惊慌失措地逃跑了。因为它们看到母猪不再用眼睛看它们了,不像一头活猪的样子了。小猪们爱它们的母亲,不仅是爱母猪的形体,更主要的是爱充实于形体的精神。"

庄子采取了丑中见美的艺术手段,以表现人物精神之美、人格之美。开了我国文学、绘画中塑造形体奇怪而内心完美的艺术形象的先例。如达摩、钟馗、八仙中的铁拐李等,这一理论,为园林对千奇百怪的古木欣赏和瘦皱漏透、清奇雄丑的选石标准开了法门。

四、精神逍遥游

庄子愤世嫉俗,虽生活贫困,但鄙弃富贵,粪土王侯,力图在乱世保持独立人格,追求逍遥无待的精神自由。

《逍遥游》是《庄子》中的第一篇文章,文中阐述庄子追求超越一切的绝对自由的人生哲学,这种绝对自由,庄子称之为"逍遥游"。庄子认为要达到逍遥游的境界就要完全摆脱来自各方面的限制,也就是说做到"无所待",达到无己、无功、无名的境界,才是绝对自由,就能在无穷的宇宙中任意遨游了。庄子的这种思想只是一种自我超脱的幻想。但这种思想是基于庄子对当时的社会极端不满而产生的一种精神寄托,因而其中包含着庄子对社会的批判态度。庄子这种要求冲破束缚、摆脱羁绊的精神有一定积极意义。另外,庄子揭示了事物之间客观存在的相对性和相互依存的关系,具有朴素的辩证因素。

庄周派更强调人格的自由之美,对园林美学影响最突出的是《庄子·秋水》篇中"庄子与惠子游于濠梁"和"庄子钓于濮水"两则:

> 庄子与惠子游于濠梁之上。庄子曰:"儵鱼出游从容,是鱼之乐也。"惠子曰:"子非鱼,安知鱼之乐?"庄子曰:"子非我,安知我不知鱼之乐?"惠子曰:"我非子,固不知子矣;子固非鱼也,子之不知鱼之乐全矣!"庄子曰:"请循其本。子曰'汝安知鱼乐'云者,既已知吾知之而问我。我知之濠上也。"

庄子和惠子一起在濠水的桥上游玩。庄子说:"儵鱼在河水中游得多么悠闲自得,这是鱼的快乐啊。"惠子说:"你又不是鱼,你哪里知道鱼是快乐的呢?"庄子说:"你又不是我,你哪里知道我不知道鱼是快乐的呢?"惠子说:"我不是你,固然不知道你;你本来就不是鱼,你不知道鱼的快乐,这是可以完全确定的!"庄子说:"请从我们最初的话题说起。你说'你哪里知道鱼快乐'的话,你已经知道我知道鱼快乐而问我。我是在濠水的桥上知道的。"

这个"游"是心灵"无所系缚",自适、自得、自娱、自乐之"游",审美之游,而"乘物"在某种意义上则是"游心"的前提。

> 庄子钓于濮水,楚王使大夫二人往先焉,曰:"愿以境内累矣!"庄子持竿不顾,曰:"吾闻楚有神龟,死已三千岁矣,王巾笥而藏之庙堂之上。此龟者,宁其死为留骨而贵,宁其生而曳尾涂中乎?"
>
> 二大夫余曰:"宁生而曳尾涂中。"
>
> 庄子曰:"往矣!吾将曳尾于涂中。"

庄子在濮河钓鱼,楚国国王派两位大夫前去请他(做官),(他们对庄子)说:"想将国内的事务劳累您啊!"庄子拿着鱼竿没有回头看(他们),说:"我听说楚国有(一只)神龟,死了已有三千年了,国王用锦缎包好放在竹匣中珍藏在宗庙的堂上。这只(神)龟,(它是)宁愿死去留下骨头让人们珍藏呢,还是情愿活着在烂泥里摇尾巴呢?"

两个大夫说:"情愿活着在烂泥里摇尾巴。"

庄子说:"请回吧!我要在烂泥里摇尾巴。"

庄子认为,"道之真以治身",道真正有价值的地方是用来养身的。所以,庄子拒绝到楚国做高官,宁可像一只乌龟拖着尾巴在泥浆中活着,也不愿让高官厚禄来束缚自己,让凡俗政务使自己身心疲惫,这种处世行为与庄子顺乎自然修身养性的思想是格格不入的。安时处顺,穷通自乐,可以窥见文人对庄子远避尘嚣、追求身心自由、悠然自怡的人生理想的渴慕。成为后世园林中钓鱼台、观鱼处、濠梁观、濠濮涧想(图2-20)等永恒的境景依据。

图 2-20　濠濮涧想(北海)

五、知足长乐

《老子》第四十四章曰:"名与身孰亲?身与货孰多?得与亡孰病?甚爱必大费,多藏必厚亡。故知足不辱,知止不殆,可以长久。"

《老子》的第四十四章中说:"名望与生命相比哪一样比较重要?财物与生命相比哪一样比较重要?得到名利与失去生命相比哪一样的结果比较坏呢?愈是让人喜爱的东西,想获得它就必须付出很多;珍贵的东西收藏得越多,在失去的时候也会感到愈难过。所以,知足的人比较不会受到屈辱,凡事适可而止的人比较不会招致危险,生活得更长久。"知足的人就常能感到满足,就不会受到羞辱;适可而止,就不会受到危险。知道满足,就总是快乐。

《老子》第四十六章曰:"天下有道,却走马以粪;天下无道,戎马生于郊。罪莫大于可欲,咎莫大于欲得,祸莫大于不知足。故知足之足,恒足矣。"又曰:"天下有道,退马还田以耕种。天下无道,兵马驰骋于郊。祸患没有比不懂用兵之道更大的了,过失没有比中敌人利诱之计更大的了。所以知识充足之足,才是恒常之足"。孙子曰:"故善动敌者,形之敌必从之;予之,敌必取之。以利动之,以卒待之"。

《申鉴·杂言下》说:"德比于上,故知耻;欲比于下,故知足",道德向上看齐,所以知耻;利欲向下看齐,所以知足。

"知足常乐"是老庄的人生智慧与智慧人生,"知足"是"常乐"的前提,"常乐"是"知足"的结果。知足,就能使人安神理气,降火明目。总之,知足常乐使无穷的欲望和有限的资源之间达到平衡,知足是一种智慧,常乐是一种境界。这与《易·系辞上》"乐天知命,故不忧"的思想相通。孔颖达疏:"顺天道之常数,知性命之始终,任自然之理,故不忧也。"图2-21为苏州凤池园的知足常乐门楼。

《庄子·逍遥游》曰:"鼹鼠
饮河,不过满腹;鹪鹩巢于深林,
不过一枝。"鹪鹩鸟在深林中筑
巢,不过占用一枝之地足矣,何
必要拥有整个森林? 鼹鼠在河
边饮水,不过以喝饱肚子为限,
何必要占有整个河流?

又曰:"覆杯水于坳堂之上,
则芥为之舟。"芥即小草。后之
文人常比喻为栖身之地不必求
大,也不求奢华,所以"一枝园"、
"半枝园"、"芥舟园"等频频
出现。

图2-21　知足常乐门楼(苏州凤池园)

知足戒贪、安贫乐道,向来为儒家倡导和赞美的。《论语·子路》篇载:"子谓卫
公子荆:'善居室,始有,曰苟合矣。少有,曰:苟完矣。富有,曰:苟美矣。'"

孟子讲:"养心莫善于寡欲。"[1]欲望少了,人就不会为外物所纠缠,身体就会轻
松愉快,心灵才能得到滋养。

六、虚静之美

"心斋"、"坐忘"是庄子思想的基本范畴,是庄周派的修行方式,也是一种审美
心态。

《庄子·人间世》,借由孔子回答颜回的问话而阐发了自己的修行方法:

颜回曰:"吾无以进矣,敢问其方。"仲尼曰:"斋,吾将语若! 有心而为之,其易
邪? 易之者,暤天不宜。"颜回曰:"回之家贫,唯不饮酒不茹荤者数月矣。如此,则可
以为斋乎?"曰:"是祭祀之斋,非心斋也。"回曰:"敢问心斋。"仲尼曰:"若一志,无听
之以耳而听之以心,无听之以心而听之以气! 听止于耳,心止于符。气也者,虚而
待物者也。唯道集虚。虚者,心斋也。"

颜回感到自己已经没有更好的办法了,只好求教于孔子,孔子首先要求颜回必
须斋戒清心,接着说,如果怀着积极用世之心去做,难道是容易的吗? 如果这样做
也很容易的话,苍天也会认为是不适宜的。颜回又问:"我颜回家境贫穷,不饮酒
浆、不吃荤食已经好几个月了,像这样,可以说是斋了吧?"孔子说:"这是祭祀前
的所谓斋戒,并不是'心斋'"。接着才正面回答何谓"心斋",孔子说:"必须摒除杂

---

① 《孟子·尽心下》。

念,专一心思,不用耳去听而用心去领悟,不用心去领悟而用凝寂虚无的意境去感应!耳的功用仅只在于聆听,心的功用仅只在于跟外界事物交合。凝寂虚无的心境才是虚弱柔顺而能应待宇宙万物的,只有大道才能汇集于凝寂虚无的心境。虚无空明的心境就叫做'心斋'"。心斋就是抛弃了感官,用虚无之心去对待万物。

"斋"在中国古已有之,其形式有沐浴、不饮酒、不茹荤、不闻舞乐、不近女色等,但这只是外在形式上的斋,属"祭祀之斋",庄子在此提出的"心斋",是内在深层意义上的"斋"。从庄子的整个哲学思想来看,"心斋"是一个很重要的范畴,亦是体"道"的方法之一。庄子继承和发展了老子的思想,认为"道"的本性是"虚"和"通"。"心斋"的终极目标就是与道合一,即"道通为一"。

"心斋"的修养历程,是一个由外而内、层层递进的内省过程,是一个"为道日损"的过程。心志专一("若一志")是"心斋"的重要基础。于外,要放下耳目听闻对外物的执着。耳朵、眼睛是人认识外部世界的主要器官,但当人过于依赖及使用这些器官时,往往就会被外物所蒙蔽,离本性越来越远,故曰"耳止于听",《徐无鬼》篇中又写道:"目之于明也殆,耳之于聪也殆。"所以应"无听之以耳而听之以心",即循耳目而内通。于内,要洗去个人心中的知、欲,使心不被贪欲所蒙蔽,不被智巧所歪导,诚如《天地》篇所写:"机心存于胸中,则纯白不备;纯白不备,则神生不定;神生不定者,道之所不载也。故曰"心止于符","无听之以心而听之以气"。"气"的本性为虚,听之以气,就是听之以虚,当心渐渐沉静下来,进入纯一的本然状态时,即到达了虚的境界。虚是心灵的空纳,能包容万事万物的各种不同变化与差异而不生分别之心,故曰"虚而待物"。"道"的本性也是虚,冲虚自然。人能虚而待物,便可与"道"相通了。所谓"唯道集虚",并不是说外在的"道"集于心中,而是以心灵之"虚"来体悟道的属性和功能。如此,便到达了与道合一的境界。集虚斋(图2-22)便反映了这种境界。

"坐忘"同样是庄子借由颜回回答孔子的问题而阐发出来的,出现在《庄子·大宗师》:"堕肢体,黜聪明,离形去知,同于大通,此谓坐忘"。郭象注:"夫坐忘者,奚所不忘哉?即忘其迹,又忘其所以迹者,内不觉其一身,外不识有天地,然后旷然与变化

图2-22　集虚斋(苏州网师园)

为体而无不通也。"通过废除肢体,停止思想,开窍而去真正感知宇宙,与道大通。是一个由外而内的自我纯化过程。"堕肢体""离形",就是忘身。当然,这并不是简单地忘记身体的存在,而是要消除由眼、耳、鼻、舌、身向外驰求所产生的无止境的欲望,摆脱为满足欲望而带来的种种牵累,凝神聚气,反观内照,实现对形体的超越。"黜聪明""去知",就是要摒弃人世间使人心力交瘁的勾心斗角、尔虞我诈的种种"智慧",去除由知识累积而形成的种种成见和障碍。概而言之,"坐忘"就是经由自我纯化的过程,超越形体和心知的限制,做到万虑皆遗,使心怀虚静空明,进入与"大通"(即"道")同一的境界。在此境界中,人便可"同则无好","化则无常","无为而无不为"。

"心斋"、"坐忘"是庄子思想的基本范畴,其修养历程是由外而内、层层递进的内省过程,由"心斋"、"坐忘"而臻于大道,达于化境的思想,对中国传统思想文化的发展产生了深远的影响。

涤除杂念而深入观照,是达到"心斋"、"坐忘"的审美状态的关键。《老子》云:"涤除玄览,能无疵乎!"高亨正诂:"览鉴古通用。玄者形而上也,鉴者镜也。玄鉴者,内心之光明,为形而上之镜,能照察事物,故谓之玄鉴。""玄览"一词,又写为"玄鉴",其意相似,都是要以直觉的心智作深入的观照。其实就是老子主张的无知、无欲、无为。无知就是不要有分别之心,无欲就是不要有利害之心,无为就是不要有成心。而分别之心、利害之心和成心,都是审美活动中的杂念,是与美感无关的。因为分别之心相关于认识,审美不是认识;利害之心相关于世俗经验或道德活动,审美不是世俗生存也不是道德活动;成心相关于刻意造作,而审美和艺术活动要顺应美的规律、艺术的规律。"涤除",就是洗除垢尘,也就是洗去人们的各种主观欲念、成见迷信,使头脑变得像镜子一样纯净清明。"鉴"是观照,"玄"是"道","玄鉴"就是对于道的观照。"涤除玄览"是老子认识论哲学的集中体现。老子认为,认识最高本体的道,必须从复杂、多样的耳闻目见的感觉经验中挣脱出来,要站在更高处去认识。

庖丁解牛,目无全牛,刀刃运转于骨节空隙中,游刃有余,得心应手,于是庖丁乃"踌躇满志",得到极大的心理满足。

第五节　墨子、韩非子等园林美学思想

崇尚自然、平淡、朴素、简约,本来是老庄美学思想的精髓,墨家①和法家也从各

---

① 墨子(生卒年不详),本名翟,鲁国人,有的说是宋国人。春秋末战国初时的思想家,墨家学派的创始人。他出身低微,了解并同情下层民众的生活疾苦。墨子的思想共有十项主张:兼爱、非攻、尚贤、尚同、节用、节葬、非乐、天志、明鬼、非命。尤以兼爱、非攻为核心主张。《墨子》一书由墨子及其弟子和再传弟子等写成。阐述了先秦"显学"之一墨家的思想主张。

自的立场反对纹饰,提倡素朴。美学思想在朴素、自然、平淡、简约、实用这诸多方面形成了合流,更强化了朴素为美在中国美学传统中的地位。

一、俭约、足用为美

首先要明确的是墨子并不完全排斥美,《墨子》多次提到"美",如:"美章而恶不生"、"誉,明美也;诽,明恶也"。这里的"美"显然是作为"善"的概念与"恶"对举的,属于道德、实用、功利的范畴;"西施之沉,其美也"、"君子服美则益敬,小人服美则益骄"、"面目美好者,此非可学(而)能者也"、"衣服不美,身体从容丑赢,不足观也"等,这个"美"显然指的是事物外在形貌的美观,与"饰"相关联的"美"属于美学范畴的概念。

西汉刘向《说苑·文质篇》中记载了墨子之语:"故食必常饱,然后求美;衣必常暖,然后求丽;居必常安,然后求乐。为可长,行可久,先质而后文,此圣人之务。"唯其如此,这种形式美的追求才可以"为可长,行可久",可见,墨子只是认为铺张浪费的审美是丑陋的,他也并不否定音乐的审美价值和意义,他之所以"非乐",是因为要"先质而后文",要先解决"温饱",再解决审美需要。日本学者三浦藤作在他所写的《中国伦理学史》一书中指出:"墨子倡极端之非乐论,在促醒当时之社会,其真意并非排斥音乐,盖憎音乐之滥用耳。"

墨子作为出身于手工业者的思想家,墨子主张"俭约为美"、"足用为美"的思想。《墨子·辞过》曰:"室高足以辟润湿,边足以圉风寒,上足以待雪霜雨露,宫墙之高,足以别男女之礼,谨此则止。凡费财劳力,不加利者,不为也。……是故圣王作为宫室,便于生,不以为观乐也。"在墨子《非乐》开篇中提出"仁人之事者,必务求兴天下之利,除天下之害,将以为法乎天下,利人乎即为,不利人乎即止"。他以劳动者的利为标准,"足用"就是墨子对美的最好诠释,因而他反对"宫室台榭曲直之望,青黄刻镂之饰"。

墨子和墨家子弟也是一直在践行着节制的主张,墨家子弟"多以裘褐为衣"、"面目黎黑"、"以自苦为极"。

二、"文为质饰者也"

属于法家的韩非子吸取了老子尚朴、尚真和墨子尚质、尚用观点,反对文饰。韩非子认为,文饰的目的就是为了掩盖丑的本质:"礼为情貌者也,文为质饰者也。夫君子取情而去貌,好质而恶饰。夫恃貌而论情者,其情恶也;须饰而论质者,其质衰也。何以论之?和氏之璧,不饰以五彩;隋侯之珠,不饰以银黄。其质至美,物不足以饰之。夫物之待饰而后行者,其质不美也。"①

韩非子认为,礼是情感的描绘,文采是本质的修饰。君子采纳情感而舍弃描

---

① 《韩非子·解老》。

绘,喜欢本质而厌恶修饰。依靠描绘来阐明情感的,这种情感就是恶的;依靠修饰来阐明本质的,这种本质就是糟的。和氏璧,不用五彩修饰;隋侯珠,不用金银修饰。它们的本质极美,别的东西不足以修饰它们。事物等待修饰然后流行的,它的本质不美。

无论是墨子的"节用"为美的思想,还是韩非子的"文为质饰"的美学观点,对园林美学思想都有很重要的影响。尚用戒奢是明至清前期构园理论的重要内容。那时的"暴富儿自夸其富,非所宜设而陈设之,置椷盦于大门,设尊罍于卧寝"①者有之;明窗净几,焚香其中餐云饮露,一扫人间诟病者亦有之。

第六节　楚辞的园林美学思想

奇谲瑰丽的楚文化的精华是汉刘向辑录的《楚辞》,宋黄伯思《翼骚序》云:"屈宋诸骚,皆书楚语,作楚声,纪楚地,名楚物,故可谓之'楚辞'。"②"楚辞"是战国后期产生在中国南部楚国地方的一种具有浓郁的地方色彩的新诗体。"信巫鬼,重淫祀"③的楚俗,使楚地艺术充满了怪诞而又瑰奇的浪漫色彩。

被称为"东方诗魂"的屈原,是楚辞的代表,《汉书·艺文志》著录《屈原赋》二十五篇,其书久佚。王逸《楚辞章句》目录中,除去《远游》、《卜居》、《渔父》、《大招》,屈原的作品共计二十三篇。"屈原以他的奔放的感情,像夏云似的舒卷自如,奇峰突起的丰富想象力,以及像烂漫的春光似的辞华,恣意地编织了这些古代人民想象的花朵,使之成为一个百花齐放大园圃。"④屈原把文学创作当作生命寄托以实现人生价值,奠定了他在文学史上的崇高地位。

屈原弟子宋玉、唐勒和景差"皆好辞而以赋见称",《汉书·艺文志》著录宋玉赋十六篇,颇多亡佚,所作《风赋》、《登徒子好色赋》、《九辩》、《招魂》等汪洋恣肆,寓意极深,脍炙人口;《高唐赋》、《神女赋》对楚园林的描写甚富;《九辩》为其在"楚辞"中的代表作。

以屈原为代表的楚辞美学思想,基本属于儒家系统,如宋玉《登徒子好色赋》赞美修短合宜之美:"东家之子,增之一分则太长,减之一分则太短。著粉则太白,施朱则太赤。"身材,若增加一分则太高,减掉一分则太短;论其肤色,若涂上脂粉则嫌太白,施加朱红又嫌太赤,恰到好处,这与儒家"中和"美学思想吻合。但楚辞又吸收了道家思想,如《楚辞·渔父》展示了一幅淳朴率真的水乡风情画:

①　袁枚:《随园诗话》卷六。
②　陈振孙:《直斋书录解题》卷十五《楚辞类》引。
③　《汉书·地理志下》。
④　郑振铎:《楚辞图序》赞《九歌》。

渔父莞尔而笑,鼓枻而去。乃歌曰:"沧浪之水清兮,可以濯吾缨。沧浪之水浊兮,可以濯吾足。"遂去,不复与言。

朴衣褰裳,无礼仪之繁琐;终日打鱼,去俗务之劳心。掘泥扬波,与世人同浊;酒后酣睡,与世人偕醉。静观落日,体自然之妙;鼓枻放歌,声震于凌霄。沧水若清,可濯我缨;沧水若浊,聊濯我足。笑天下之熙熙,皆为利来;讥世人之攘攘,皆为名往。其反映出的人生哲理又与道家思想十分接近,"沧浪"、江海都成为隐逸的象征符号。如图2-23中的沧浪亭外沧浪水。

图2-23　沧浪亭外沧浪水(苏州)

总之,楚辞具有不同于儒道两家的新特色;楚辞中香草美人的"意象"之美、人居环境之美与建筑装饰之美等,构成浪漫多彩的园林美学思想。

一、善鸟香草　灵脩美人

汉王逸《离骚》序:"《离骚》之文,依《诗》取兴,引类譬喻,故善鸟香草,以配忠贞;恶禽臭物,以比谗佞;灵脩美人,以媲於君。"

楚辞引类譬喻充满着瑰丽奇特之美,山川焕绮,动植皆文:"龙凤以藻绘呈瑞,虎豹以炳蔚凝姿;云霞雕色,有逾画工之妙;草木贲华,无待锦匠之奇。夫岂外饰,盖自然耳。至于林籁结响,调如竽瑟;泉石激韵,和若球鍠:故形立则章成矣,声发则文生矣。"[1]构筑了一个花团锦簇的意境世界:"视之则锦绘,听之则丝簧,味之则甘腴,佩之则芬芳。"[2]给人以视觉、听觉、味觉、嗅觉和心觉全美的美感享受。这些

---

①　刘勰:《文心雕龙·原道》。

②　《文心雕龙·总术》。

自然意象特别是香草美人经过历史积淀,成为负载中国人审美情感的载体和符号。

楚辞以香草比美德,以臭草比恶德,以恶禽臭物象征奸佞。其中植物大致可以分为香草(木)、恶草(木)两大类别。香草香木共有三十四种。其中香草有二十二种,包括江离、白芷、泽兰、蕙、茹、留夷(芍药)、揭车、杜衡、菊、杜若、胡、绳、荪、苹、襄荷、石兰、枲、三秀、藁本、芭、射干及捻支等,香木有木兰、椒、桂、薜荔、食茱萸、橘、柚、桂花、桢、甘棠、竹及柏等十二种。

长达 300 多句的长诗《离骚》提及花草者多达四十处,诸如木兰、宿莽、江离、蕙芷、留夷、揭车、杜蘅、方芷、薜荔、菌桂……也在二十种以上。

以香草香木比喻美德的,如《离骚》中的:"不吾知其亦已兮,苟余情其信芳","芳与泽其杂糅兮,唯昭质其犹未亏","芳菲菲而难亏兮,芳至今犹未沫"。

诗人反复申诉,自己质性香润,历尽坎坷磨难,芳香之德久而弥盛。以芳草香花比喻德行美好的贤人:"昔三后之纯粹兮,固众芳之所在。"

王逸注:"众芳为谕群贤。"屈原此下虚笔设喻:"杂申椒与菌桂兮,岂维纫夫蕙茝?"王逸《章句》说明取义:"蕙茝皆香草,以喻贤者。言禹、汤、文王,虽有圣德,犹杂用众贤,以致于治,非独索蕙茝,任一人也。"

用香草为饰,象征人品的脱俗、人格高尚峻洁,并汲汲于修养。《离骚》、《九歌》中人和神的服饰和佩饰都以自然物为材料。《离骚》抒怀主人公最初的服饰是"扈江离与僻芷兮,纫秋兰以为佩。"把江离和芷草披在身上,把秋兰佩带在腰间。

"制芰荷以为衣兮,集芙蓉以为裳;不吾知其亦已兮,苟余情其信芳。"用菱叶制成上衣,用荷花编织下裳。江离、菱叶为绿色,兰草绿叶紫茎,芷草白,荷花红。这是屈原用来自喻品德。朱熹《集注》谓"此与下章即所谓修吾初服也",以荷喻自己本初职志用心,一再表明不改正道直行之道。

《山鬼》"被薜荔兮带女罗"、"被石兰兮带杜衡",她的衣服和腰带都是香草制成的。

《惜诵》:"檮木兰以矫蕙兮,凿申椒以为粮。播江离与滋菊兮,愿春日以为糗芳。"

《离骚》:"朝饮木兰之坠露兮,夕餐秋菊之落英。"

《离骚》:"汩余若将不及兮,恐年岁之不吾与,朝搴阰之木兰兮,夕揽洲之宿莽。"

以兰蕙、江离、滋菊、木兰之坠露、秋菊之落英等为粮,以示屈原自己的高标独立、不与小人同流合污的"善""美"人格。蒋骥说:"木兰去皮不死,宿莽拔心不死",故诗人"朝搴""夕揽"以示自己的坚贞不渝。再如《离骚》云:"揽木根以结芷兮,贯薜荔之落蕊;矫菌桂以纫蕙兮"、"步余马于兰皋兮,驰椒丘且焉止息"、"揽茹蕙以掩涕兮,沾余襟之浪浪"、"时暧暧其将罢兮,结幽兰而延伫"……

"兰"、"椒"、"芷"、"蕙"皆为名贵香草,故诗人行于兰皋,止于椒丘,茹蕙掩涕,幽兰结佩,甚至在因"蕙纕"被替之后还要继续采摘芷草。这象征诗人在任何情况下都要以美好的理想和情操来陶冶自己,表现诗人高洁的人格。《楚辞》中采摘"香草"则是文人"重之以修能"的一种外化和象征,采花草相赠则是文人之间以人格为基点的勖勉、相思之情的流露。

如《离骚》云："溘吾游此春宫兮，折琼枝以继佩。及其荣华之未落兮，相下女之可诒。"

《湘君》云："采芳洲兮杜若，将以遗兮下女。"

《湘夫人》云："采芳洲兮杜若，将以遗兮远者。"

《大司命》云："折疏麻兮瑶华，将以遗兮离居。"

再如用栽种香草香木比喻培养具有美德的人才。

《离骚》云："余既滋兰九畹兮，又树蕙之百亩；畦留夷与揭车兮，杂杜衡与芳芷。冀枝叶之峻茂兮，愿俟时乎吾将刈。"

所及的兰、蕙、留夷、揭车、杜衡、芳芷，王逸注皆谓"香草"，比喻各怀才具的诸色人才，是"众贤志士"。

屈原痛心"虽萎绝其亦何伤兮，哀众芳之荒秽"，屈原绝望："兰芷变而芳草兮，荃蕙化而为茅；何昔日之芳草兮，今直为此萧艾也！"

宋洪兴祖《补注》云："萧艾贱草，比喻不肖。""既干进而务入兮，又何芳之能祗，固时知之流从兮，又孰能无变化！"这是"香草"质变的根源，向来坚持"初服"不改素质的屈原，没有可能以这些随时质变的香草自喻。

楚辞中的"美人"意象或是比喻君王，或为自喻。如"惟草木之零落兮，恐美人之迟暮"，"美人"意象喻君王；"众女嫉余之蛾眉兮，谣诼谓余以善淫"，"余"显然是自喻。屈原的"美政"理想，只有靠君臣遇合、知人善任才能实现，故以婚约比喻君臣遇合，香草美人乃政治关系的借喻。

《离骚》出现三次"求女"，这些被求"美女"当然为"君王"之借喻。

第一次求"宓妃"。吾令丰隆乘云兮，求宓妃之所在……，"不吾知其亦已兮，苟余情其信芳"，但宓妃虽然外貌美丽，却用情不专："夕归次于穷石兮，朝濯发乎洧盘"，既为帝之妻，又与后羿染，"保厥美而骄傲兮，日康娱以淫游"，"虽信美而无礼兮，来违弃而改求"！

第二次求"有娀之佚女"简狄。"吾令鸩为媒兮，鸩告余以不好。雄鸠之鸣逝兮，余犹恶其佻巧。心犹豫而狐疑兮，欲自适而不可。凤皇既受诒兮，恐高辛之先我。欲远集而无所止兮，聊浮游以逍遥。"我让鸩鸟去做媒啊，鸩欺骗我说她不好。雄鸠边飞边叫能说会道啊，我又嫌它巧而不实太轻佻。我心犹豫拿不准主意，想亲自登门又不合礼仪。凤凰既然送去了聘礼啊，又怕帝喾捷足先登把她娶。想远走高飞可又无处去啊，只好暂且四处闲逛自乐自娱。

第三次求"有虞氏二姚"。"及少康之未家兮，留有虞之二姚。理弱而媒拙兮，恐导言之不固。世溷浊而嫉贤兮，好蔽美而称恶。闺中既以邃远兮，哲王又不寤。怀朕情而不发兮，余焉能忍而与此终古？"趁着少康还没有娶妻成家，有虞氏还留着两位待嫁娇女。送信人无能媒人也太笨，恐怕不能把话传达清楚。这世道太混浊嫉恨贤能啊，总喜欢隐人长处揭人短处。闺房是那样深远啊，明智的君王又不醒悟。我满怀真情不得倾诉啊,我怎么能永远忍受下去!

三次求女而不得,正是屈原不被君主赏识重用的现实折射,"路漫漫其修远兮",他上下求索的过程艰辛而痛苦。

诗人将内在之"情"藉"香草美人"外化为审美对象,后世以"香草居"以明志之高洁(图2-24)。正如朱彝尊《天愚山人诗集序》所说的:"顾有幽忧隐痛,不能自明,漫托之风云月露、美人花草,以遣其无聊。""盖神居胸臆之中,苟无外物以资之,则喜怒哀乐之情,无由见焉。"[1]需"要用感性材料去表现心灵性的东西。"[2]

图2-24 香草居(苏州艺圃)

吴衡照《莲子居词话》云:"言情之词,必藉景色映托,乃具深宛流美之致。"方可使胸中磊块唾出殆尽。

反之,"凡物之美者,盈天地间皆是也,然必待人之神明才慧而见。"离开了审美主体情感的照耀,景物之美如被置于漆黑之夜,就显示不出来。

楚辞中的香草美人意象,带有浓郁的原始巫风文化色彩。爱德华·泰勒在《原始文化》中提到早期人类用熏香供奉神灵:"这些供品以蒸汽的形式升到了灵物那里,这种思想是十分合理的。"

《楚辞》中气味芬芳馥郁的"香草香木",也都有取悦神灵的用意。巫觋在祭祀神灵中运用大量的香草来刻意修饰自己的服饰、器具、陈设,如:《九歌·东皇太一》:

瑶席兮玉瑱,盍将把兮琼芳。蕙肴蒸兮兰藉,奠桂酒兮椒浆。扬枹兮拊鼓,疏缓节兮安歌,陈竽瑟兮浩倡。灵偃蹇兮姣服,芳菲菲兮满堂。五音纷兮繁会,君欣欣兮乐康。

迎祀皇天上帝,待坐的瑶席用玉瑱压着,神座前摆着美丽芳香的楚地灵茅。祭

①　刘永济:《词论》,上海古籍出版社,1981,第71页。

②　黑格尔:《美学》(第一卷),商务印书馆,1979,第361页。

肉用蕙草包裹放在兰草垫上。还有桂酒椒浆。巫女蹁跹起舞,满堂散发出芳香。

送神时是:"成礼兮会鼓,传芭兮代舞,娉女倡兮容与。春兰兮秋菊,长无绝兮终古。"

二、荪壁紫坛　芳椒成堂

《楚辞》中用大量香草香木来装点住所,自然本色,纯朴而浪漫。如将陆地的花草香木纷纷植入水下幻境,构成了光怪陆离的浪漫境界。

湘夫人的住所:"筑室兮水中,葺之兮荷盖。荪壁兮紫坛,播芳椒兮成堂。桂栋兮兰橑,辛夷楣兮药房。罔薜荔兮为帷,擗蕙櫋兮既张。白玉兮为镇,疏石兰兮为芳。芷葺兮荷屋,缭之兮杜衡。合百草兮实庭,建芳馨兮庑门。"[①]

把房屋建在水中央,还要把荷叶啊盖在屋顶上。荷叶编织成屋脊,荪草装点墙壁啊紫贝铺砌庭坛。四壁撒满香椒啊用来装饰厅堂。桂木作栋梁啊木兰为桁橡,辛夷装门楣啊白芷饰卧房。编织薜荔啊做成帷幕,析开蕙草做的幔帐也已支张。用白玉啊做成镇席,各处陈设石兰啊一片芳香。在荷屋上覆盖芷草,用杜衡缠绕四方。汇集各种花草啊布满庭院,建造芬芳馥郁的门廊。加盖芷草,四周用杜衡环绕,荪草饰墙,紫贝砌院,桂树作梁,木兰作橡,辛夷为门,薜荔为帐,白玉镇席,花椒满堂,荷叶绿色,芷草白色,花椒深红,五彩缤纷。

少司命所住庭院"秋兰兮麋芜,罗生兮堂下。绿叶兮素华,芳菲菲兮袭予",秋天来了,堂下的兰草开着淡紫色的小花,中间夹生着一种很香很香的麋芜草,也正盛开着小小的白花。凉风拂面,它们散发出的香气也一阵阵地向着我的鼻孔袭来。令人赏心悦目。

《九歌·湘君》云:"鸟次兮屋上,水周兮堂下。"

《九歌·东皇太一》云:"筑室兮水中,葺之兮荷盖。"

《九歌·东君》云:"暾将出兮东方!照吾槛兮扶桑。"

《九歌·河伯》云:"鱼鳞兮龙堂,紫贝阙兮朱宫。"

房舍周围,有"川谷径复,流潺湲些。光风转蕙,氾崇兰些。"《招魂》川谷的流水曲折萦回于庭舍,能听到潺潺的流水声。阳光中微风摇动蕙草,丛丛香兰播散芳馨。拙政园的"香洲"旱船深得个中深韵。

清王庚在文徵明旧书"香洲"额下跋云:"昔唐徐元固诗云:'香飘杜若洲'。盖香草所以况君子也。乃为之铭曰:'撷彼芳草,生洲之汀;采而为佩,爱人骚经;偕芝与兰,移植中庭;取以名室,惟德之馨。'"(图2-25)

《大招》云:"孔雀盈园,畜鸾皇只!鹍鸿群晨,杂鹙鸽只。鸿鹄代游,曼鹔鹴只",孔雀满园,蓄养鸾凤之。鹍鸟大雁群聚清晨,夹杂着秃鹙黄鹂。鸿雁与天鹅代代游戏,雁鹅曼妙之。

---

① 《九歌·湘夫人》。

图 2-25　拙政园"香洲"(苏州)

　　楚国深宫内宅更是花香鸟语,微风吹拂,《风赋》描写:"邸华叶而振气,徘徊于桂椒之间,翱翔于激水之上,将击芙蓉之精,猎蕙草,离秦衡,概新夷,被荑杨,回穴冲陵,萧条众芳,然后倘佯中庭,北上玉堂,跻于罗帷,经于洞房,乃得为大王之风也。"

　　花木传散着郁郁的清香,它徘徊在桂树椒树之间,回旋在湍流急水之上。它拨动荷花,掠过蕙草,吹开秦衡,拂平新夷,分开初生的垂杨。它回旋冲腾,使各种花草凋落,然后又悠闲自在地在庭院中漫游,进入宫中正殿,飘进丝织的帐幔,经过深邃的内室。

三、翡围翠帐　饰高堂些

　　楚建筑中大量采用四周设有隔扇的宫室、楼阁,敞开明亮的轩榭以及空亭、廊等。《楚辞·招魂》云:"高堂邃宇,槛层轩些,层台累榭,临高山些。"楚宫建筑与自然山水密切结合。

　　楚国的城邑和建筑大多建在岗地或丘陵的一侧,有"依山"的特点。有"高勿近旱而水用足,下勿近水而沟防省"①的实用性和"因天材,就地利"的生态性。《寿州志·古迹》描述"寿郢":"依紫金山以为固,引流入城,交络城中,体现了依山抱水的特点。"层台累榭,被公认为荆楚建筑的特色,《释名》云:"榭者,藉也。"

　　《大招》云:"夏屋广大,沙堂秀只。南房小坛,观绝溜只。"炎热的夏天,堂屋高大雄伟,秀美华丽,周围辅以一些附属建筑,有观景、对景的小品建筑,有造型优美、绵延回绕的周阁长廊。《招魂》云:"冬有宓厦,夏室寒些。"冬居暖室,夏卧寒宫。"经堂

---

　　①　《管子·乘马》。

入奥,朱尘筵些。砥室翠翘,挂曲琼些。"通过大堂进入内屋,上有红砖承尘,下有竹席铺陈。光滑的石室装饰翠羽,墙头挂着玉钩屈曲晶莹。

"蒻阿拂壁,罗帱张些。纂组绮缟,结琦璜些。室中之观,多珍怪些。"细软的丝绸悬垂壁间,罗纱帐子张设在中庭。四种不同的丝带色彩缤纷,系结着块块美玉多么纯净。仿照你原先布置的居室,舒适恬静十分安宁。宫室中那些陈设景观,丰富的珍宝奇形怪状。

"离榭修幕"、"悲帷翠帐"、"红壁沙版,玄玉梁些",描写的是厅堂、榭台华丽的陈设,如殿堂中悬挂着饰有翡翠色的帷帐,红漆糅墙壁丹砂涂护板,还有黑玉一般的大屋梁。

这里说的"修幕"、"翠帐"都非床帐,而是指室内顶上的遮盖和四周的围屏装饰。例如"罗帷"、"余帷"、"翠翘"、"罗帱"等词,都是指软遮盖、软隔断等艺术装饰。

楚国多高台重檐,尚超拔之美。有史可查的春战时期楚国高台有:强台、匏居台、五仞台、层台、钓台、小曲台、五乐台、九重台、荆台、章华台、乾溪台、渐台、阳云台、兰台宫等,多达二十座。楚都宫殿多有高台,装饰华丽,《渚宫旧事》载:"初,(成)王登台临后宫,宫人皆仰视。"楚灵王章华台因过于侈丽,列国诸侯恐沾恶名,不敢来参加落成典礼。

建筑色彩绚丽、热烈。《国语·楚语上》记伍举说,灵王所筑章华台有"彤镂"之美。韦昭注云:"彤,谓丹楹。"可见,著名的章华台就是以红色为主。楚地崇火崇凤拜日尚赤好巫。楚之祖先祝融为火神兼雷神,凤凰为火之所生,楚地的图腾是凤,建筑的装饰亦喜欢以凤为主题。楚地民风信巫鬼,重祭祀,建筑用色丰富,色彩艳丽。《楚辞·招魂》有"网户朱缀、刻方连些"、"仰光刻桷,画龙蛇些"、"翡围翠帐,饰高堂些"、"红壁沙版,玄玉梁些"等描写,讲的便是室内装饰:首先是朱红色的大门,上面镂着精致的方形网格,进门以后是红红绿绿的帷帐装饰着厅堂,最后见四壁涂着赤红的颜色,顶上是漆黑如玉的房梁。短短的一段流程,其色彩何其丰富。尤其是红色,是楚人一贯之所爱,闪为红色是火的颜色,此外还有黑色和黄色,红黑黄三色的搭配是在楚地出土的漆器的主要颜色。

楚地崇尚飞动之美:楚人以凤为灵物,建筑屋顶立凤为饰,也有"龙蛇","仰观刻桷,画龙蛇些",抬头看那雕刻的方椽,画的是龙与蛇的形象。多含动势,蕴含着一种生命的活力。

青铜神兽由纠结的龙蛇、游动的云霓及其他无以名之的图形符号复合而成一怪兽,充满神秘色彩,风神飞廉的化身是青铜鹿角立鹤,一只鸟的长颈为身高的两倍,鸟咀形如象鼻上翘,鸟头的两侧长出了秀而尖锐的弧形大鹿角(有的鸟身上也长出了一对鹿角)。

战国早期的青铜磬怪兽由兽首、鹤颈、龙身、鸟翼、鳌足组合而成。到处可见的S形弯曲形态,表现此兽充满弹性的躯体各部的微妙起伏,传达出生命的动感和力度。

曲线有动态感，楚国建筑多曲线，《楚辞·大招》"曲屋步壛"，曲折的屋室和步廊。王逸注："曲屋，周阁也。""坐堂伏槛，临曲池些"，俯伏在厅堂的栏杆上，可以凝神观望脚下那纡曲的水池。

楚人好壁画装饰，早期的贵族府第中即已流行。刘向在《新序》中提到："叶公子高好龙，门、亭、轩、牖，皆画龙形。"《九歌·河伯》云："鱼鳞屋兮龙堂。"王逸说："言河伯所居的鱼鳞盖屋，堂画蛟龙之文。"王逸所记载的楚地庙堂壁画、楚"凤夔人物帛画"以及出土的编钟等，都富有飘逸、艳丽、深邃等美学特点。

《天问》创作缘起于楚国庙宇的壁画。王逸《天问》序中说："《天问》者，屈原之所作也。何不言问天？天尊不可问，故曰天问也。屈原放逐，忧心愁悴，彷徨山泽，经历陵陆，嗟号昊旻，仰天叹息；见楚有先王之庙及公卿祠堂，图画天地山川神灵，琦玮僪佹及古贤圣怪物行事。周流罢倦，休息其下，仰见图画，因书其壁。何而问之，以泄愤懑，舒泻愁思。"

屈原在"先王之庙及公卿祠堂"所见的壁画，题材有"天地山川神灵，琦玮僪佹及古贤圣怪物行事"，诗人对天地万物、阴阳四时、神话故事、历史传说、人生道德等各种事物提出一百七十二个疑问，如《天问》云："天命反侧，何罚何佑？……皇天集命，惟何戒之？受礼天下，又使至代之。"对殷朝的兴亡史发出了自己的感慨，认为天命反复无常，朝代的兴亡不在天命而在人事。蒋骥说："其意念所结，每于国运兴废、贤才去留、谗臣女戎之构祸，感激徘徊，太息而不能自已。"①

楚别都庙(此庙系楚昭王十二年即公元前504年徙时所建，距屈原生164年)中的壁画，据今人孙作云对壁画中的主要题材、内容场景和人物图象的探究，不同的人、神像出现了至少70躯，怪物至少15种，不同的宏壮自然景物至少18景，大型群像场景至少15幅，犹如大型的历史连环组画，可视为我国连环画之祖。著名建筑史家肯尼思·弗普顿认为："与纯艺术不同，建筑不仅是时代价值的表现而是我们现实生活的体验，建筑物是真实存在而不是符号。"

① 《山带阁注楚辞·馀论》卷上。

第三章　秦汉园林美学思想

秦汉时期出现了中国造园史上的第一个高潮。

春秋战国之际,居于西陲的秦国,经屡世之奋争,由弱而强,"自缪公以来,至于秦王二十余君,常为诸侯雄"①。秦王嬴政即位后,席卷天下,包举宇内,"吞二周而亡诸侯",并一海内,以为郡县,自以为"德兼三皇,功高五帝",便将"皇"、"帝"两个人间最高的称呼结合起来,自称"皇帝"。于是,"六合之内,皇帝之土。西涉流沙,南尽北户。东有东海,北过大夏。人迹所至,无不臣者。功盖五帝,泽及牛马。"②在政治文化方面,虽然确定了不师古,不崇经,以法为治,以吏为师的原则,但却兼容六国文化:"悉内六国礼仪,采择其善,虽不合圣制,其尊君抑臣,朝廷济济,依古以来。"③以一统天下的磅礴之气,"车同轨,书同文,行同伦",器械一量、统一货币,并留下了震撼世界的阿房宫、渠道(灵渠 都江堰 郑国渠)、驰道、万里长城和秦皇陵等不世之工程。

还颁布了《田律》、《厩苑律》、《仓律》、《工律》、《金布律》等一系列保护生态的法规。如出土于湖北云梦城关睡虎地 11 号墓地的《田律》规定,在春天的二月不准上山砍伐林木,不准堵塞水道;不到夏季,不许烧草肥田;不准取鸟卵;还规定了对其他动物的保护措施。

虽然,秦始皇至秦王子婴,仅传三帝,享国十五年便如纸炮轰然而灭,但郡县制的行政模式遥领于世界中古之世,开我中华之大业,奠定了大一统国家形态和大一统国家观念的基础,"自秦以后,朝野上下,所行者,皆秦之制也"④。

继秦末陈胜、吴广揭竿起义之后,项羽和刘邦之间为争夺封建统治权力又经过为期五年刀光剑影、血雨腥风的楚汉之争,公元前 202 年以项羽败亡,刘邦建立西汉王朝而告终。"至于高祖,光有四海,叔孙通颇有所增益损减,大抵皆袭秦故。自天子称号,下至佐僚及宫室官名,少有变更"⑤。

两汉美学是秦及先秦美学的延续和发展。纵观汉文化,它是在全方位吸纳、扬弃秦楚文化的基础上的再创造,更具开拓精神和恢弘气魄。

汉代学士多称游侠于世,儒生辕固生能挺身举刀,立毙猛兽于刃下,一介平民布衣东方朔自荐"为天子大臣",称自己文武兼备:"勇若孟贲,捷若庆忌,廉若鲍叔,信若尾生",自信若此!

汉初萧何的"且夫天子以四海为宜,非壮丽无以重威"这一文化心理奠定了汉文化崇高美的基本格调。

经过"文景之治"的休养生息,"至武帝之初七十年间,国家亡事,非遇水旱,则民人给家足,都鄙廪庾尽满,而府库余财。京师之钱累百巨万,贯朽而不可校。太

---

① 《史记·秦始皇本纪》。
② 《史记·秦始皇本纪》载《琅邪刻石》。
③ 《史记·礼书》。
④ 恽敬:《三代因革论》,《大云山房文稿》,卷一。
⑤ 《史记·礼书》。

仓之粟陈陈相因，充溢露积于外，腐败不可食。"①

汉武帝便大治宫室苑囿，其美感追求，于秦始皇有过之而无不及。诸侯畋猎犹"王车驾千乘，选徒万骑，畋于海滨。列卒满泽，罘网弥山"②；皇帝更是"大奢侈"："离宫别馆，弥山跨谷。高廊四注，重坐曲阁"③！虽亦有"不称楚王之德厚，而盛推云梦以为高，奢言淫乐而显侈靡，窃为足下不取也。必若所言，固非楚国之美也。无而言之，是害足下之信也。彰君恶，伤私义，二者无一可，而先生行之，必且轻于齐而累于楚矣……然在诸侯之位，不敢言游戏之乐，苑囿之大"④及"桀作瑶台，纣为璇室，人力不堪，而帝业不卒……秦筑骊阿，嬴姓以颠"⑤的批评警戒之声，但实在太过微弱。

武帝为他所宠爱的年轻将领霍去病所修的"像祁连山"的坟墓，墓前巨大而粗犷浑厚的石刻群雕，气势宏大，尤其是墓前的"马踏匈奴"的石像，用一匹气宇轩昂、傲然屹立的战马来象征霍去病的绝世风采。它高大、雄健，以胜利者的姿态伫立着，有一种神圣不可侵犯的气势；四足下踏着一名手持弓箭象征匈奴的首领，他仰面朝天，显得那样渺小、丑陋，蜷缩着身体进行垂死绝望的挣扎，是汉代质朴、深沉、雄大艺术风格的典范。

"包括宇宙，总揽人物"的"赋家之心"以及"合綦组以成文，列锦绣而为质"的大赋形式美；《史记》"究天人之际，通古今之变，成一家之言"抱负；"体象乎天地，经纬乎阴阳"营建思想；粗犷稚拙的汉画像石、画像砖、瓦当上造型威猛的动物等；"汉家二百所之都郭，宫殿平看；秦树四十郡之封畿，山河坐见。班孟坚骋两京雄笔，以为天地之奥区，张平子奋一代宏才，以为帝王之神丽。"⑥反映出的强大帝国豪迈气概给艺术注入的勃勃生机和经纬天地宇宙的磅礴气势、自豪自信的精神面貌，都是后代艺术难以企及的。

汉代思想特别活跃，西汉前期继秦代升仙梦想宗教般狂热；汉武帝独尊儒术，群儒之首的董仲舒重申了儒家以"仁"为美的思想，提出"人副天数"说。士大夫"内圣外王"人格理想也在此时确立；历史家、文学家和思想家司马迁(约前145—前90年)，极大地发展了以屈原为代表的楚骚思想。

东汉儒学成为"国宪"，艺术出现了"成教化，助人伦"的题材。东汉时期出现的《毛诗序》把《乐记》的基本思想应用于诗歌，对儒家诗论作了系统的总结，以经典的形式陈述了儒家对于诗的看法。

"逮桓、灵之间，主荒政缪，国命委于阉寺，士子羞于为伍。故匹夫抗愤，处士横

---

① 《汉书》卷二十四上食货志第四上。
② 司马相如：《子虚赋》。
③ 司马相如：《上林赋》。
④ 司马相如：《子虚赋》。
⑤ 扬雄：《扬雄集·百官箴》，见《扬雄集校注》，张震泽校注，上海古籍出版社，1993，第102页。
⑥ 王勃：《山亭兴序》。

议,遂乃激扬名声,互相题拂,品核公卿,裁量执政,婞直之风,于斯行矣。"①

　　道教的兴起和佛教的传入,并没有使东汉文人走向虚幻,却唤起了生命的觉悟,由西汉昌盛期的重视外在情势、机遇,转到对自身命运的关注。文人们则由功名未立而嗟叹生命的短促。另一方面,汉文人积极的入世精神,好高尚义、轻死重气的品格及向慕人格独立的精神,再一次放出异彩;谨于去就的思潮有所抬头,从隐于金马门到隐于田园、江湖,出现一批隐遁之士。表现在园林美学思想上,从象天法地到模山范水"宛若自然"之美;规模从宇宙天地到五亩之园。

第一节　席卷宇内之心与体天象地

　　秦皇汉武时代,帝王及士大夫们都汲汲于事功,充满胜利的喜悦和豪迈的情怀,汉初《淮南子》以融洽百家天人之学的博大审美情怀,吸收了诸子百家天人合一的美学思想,构筑了一个有活力、有生命、有道德、有秩序的美学世界,展现了汉朝以"大"为美的审美理想和社会风尚。

　　《淮南子·原道》高诱注曰:"四方上下曰宇,往古来今曰宙。"《淮南子》所谓:"大丈夫恬然无思,澹然无虑,以天为盖,以地为舆,四时为马,阴阳为御,乘云陵霄,与造化者俱。纵志舒节,以驰大区。可以步而步,可以骤而骤。令雨师洒道,使风伯扫尘;电以为鞭策,雷以为车轮。上游于霄霏之野,下出于无垠之门,刘览偏照,复守以全。经营四隅,还反于枢。"②以天为车盖,以地为车厢,以四季为良马,以阴阳为御手;乘白云上九霄,与自然造化同往。放开思绪,随心舒性,骋天宇。可缓行则缓行,可疾驰则疾驰。令雨师清洒道路,唤风伯扫除尘埃;用电来鞭策,以雷做车轮;向上游于虚廓高渺区域,往下出入无所边际门户;虽然观览照视高渺之境,却始终保守着纯真;虽然周游经历四面八方,却仍然返还这"道"之根本。他们目视苍穹,视野开阔,把对美的追求,从儒道两家所强调的内在人格精神的完善引向了广大的外部世界,追求天地之大美,对征服支配外部世界充满了强大的信心、气势和力量,何等豪迈! 显示了秦汉时代美学的新特色。

　　在如此浩瀚博大的审美情怀下,秦汉宫苑都以"六合"为审美对象,布局上"体天象地"、"经纬阴阳",规模巨大,含蕴万物,既是象征着天帝所住的"天宫",又是人间帝王居住享乐的"人间天堂"。

一、众星拱卫　地上天宫

　　集三皇五帝于一身的"皇帝"秦王嬴政,物质占有欲空前膨胀,"秦每破诸侯,写

---

　　① 《后汉书·党锢列传》。
　　② 《淮南子·原道训》。

放其宫室,作之咸阳北阪上,南临渭,自雍门以东至泾、渭,殿屋复道周阁相属。所得诸侯美人钟鼓,以充入之"①。"燕赵之收藏,韩魏之经营,齐楚之精英,几世几年,剽掠其人,倚叠如山。"②"致昆山之玉、有随和之宝,垂明月之珠,服太阿之剑,乘纤离之马,建翠凤之旗,树灵鼍之鼓",广集天下奇珍异宝。③ 在京城咸阳附近仿造,南朝范晔《后汉书·皇后纪》:"秦并天下,多自骄大,宫备七国,爵列八品。"物质占有的同时是对自然的狂热占有。"关中计宫三百,关外四百馀。于是立石东海上朐界中,以为秦东门。"④《汉书·贾山传》云:"秦起咸阳而西至雍,离宫三百,钟鼓帷帐,不移而具。"《历代宅京记》:"咸阳北至九嵕、甘泉,南至鄠、杜,东至河,西至汧、渭之交。东西八百里,南北四百里,离宫别馆,弥山跨谷,辇道相属,木衣绨绣,土被朱紫。宫人不移,乐不政悬,穷年忘归,犹不能遍。"各具特色的"六国宫殿"以及"冀阙"、"甘泉宫"、"咸阳宫"、"上林苑"等宫室145处,宫殿270座。唐李商隐在《咸阳》中曰:咸阳宫阙郁嵯峨,六国楼台艳绮罗。自是当时天帝醉,不关秦地有山河。"秦都咸阳附近就有了诸多的宏伟建筑。同时兴建的重大工程达十多项,阿房宫、万里长城(用于军事防御的城墙,其连续不断绵延达数千公里。长城是古代中国在不同时期为抵御塞北游牧部落联盟侵袭而修筑的规模浩大的军事工程的统称。长城东西绵延上万华里,因此又称作万里长城)、秦始皇陵与秦直道被并称为"秦始皇的四大工程"。于是出现"咸阳之旁二百里内宫观二百七十,复道甬道相连"⑤的宏伟壮观场面。《汉书·贾山传》记载:"秦为驰道于天下,东穷燕齐,南极吴楚,江湖之上,滨海之观毕至,道广五十步,三丈而树,厚筑其外,隐以金椎,树以青松。"

　　秦始皇大造宫馆的目的,一"为子孙业"。《史记》载,王翦将兵六十万人伐楚,始皇自送至灞上。"王翦行,请美田宅园池甚众,始皇曰:'将军行矣,何忧贫乎?'王翦曰:'为大王将,有功终不得封侯,故及大王之乡臣,臣亦及时以请园池为子孙业耳。'始皇大笑。"秦王嬴政称帝后,设想秦朝的江山传至二世、三世以至千万世,所以称自己为"始皇";二则为当天宫之王。

　　秦代宫廷建筑布局取自天象。秦始皇出于"六合"营造的皇极意识,以天界的秩序为艺术模仿的对象,将天堂建于尘世。企图如想象中的天帝一样,生活在众星拱卫的人间"天宫"。

　　天上有以"三垣"⑥、"四象"⑦、"二十八宿"⑧为主干的空中社会。

① 《史记·秦始皇本纪》,第239页。
② 杜牧:《阿房宫赋》,见《樊川文集》卷十六。
③ 李斯:《谏逐客书》。
④ 《史记·秦始皇本纪》。
⑤ 《史记·秦始皇本纪》。
⑥ 即太微垣、天市垣和紫微垣。
⑦ 古人把每一方的七宿星联系起来想象成四种动物形象。
⑧ 想象中的太阳周年运行的轨道黄道赤道附近的二十八个星宿。

"帝星"所居住的是三垣中的紫微垣,周秦时代的天帝星,指小熊座之 β 星为极星;隋唐及宋,以天枢星为极星,即小熊座之 α 星。此星处在临制四方的位置,它连同近旁的二十几颗星一起,构成天宫紫微。

　　宫殿的中心为天帝——太一所居①。在太一的"下榻处",有"四辅星"佐政,"太子"、"三公"在近身。"后钩"诸星是后妃的宫室。左、右两班文武组成一条坚固的防卫屏障,同时又是天界三垣中的紫微垣城垣的象征(后改称紫禁)。外围由二十八宿组成的"四象"镇守四方,即东方苍龙、西方白虎、南方朱雀、北方玄武。

　　公元前 212 年,秦始皇下令在渭河之南的上林苑中营建阿房宫。70 万刑徒历经 5 年日夜劳作,基本修建完成了阿房宫的前殿建筑。

　　"阿房宫亦曰阿城。惠文王造宫未成而亡,始皇广其宫,规恢三百余里,离宫别馆,弥山跨谷,辇道相属,阁道通骊山八百余里。表南山之颠以为阙,络樊川以为池","周驰为复道,度渭属之咸阳,以象太极阁道抵营室也"。"覆压三百余里,隔离天日"。②

　　《三辅黄图·阿房宫》曰:"周驰为复道,度渭属之咸阳,以象太极阁道抵营室也"。同书记载:"筑咸阳宫(信宫亦称咸阳宫),因北陵营殿,端门四达,以则紫宫,象帝居。引渭水灌都,以象天汉;横桥南渡,以法牵牛"③。

　　《史记·秦始皇本纪》曰:"更命信宫为极庙,象天极,自极庙道通骊山,作甘泉前殿……(阿房宫)表南山之颠以为阙。为复道,自阿房渡渭,属之咸阳,以象天极阁道绝汉抵营室也。"

　　秦始皇追求宫馆结构宏大、场面雄伟壮观范围的"大"。秦时有上林苑,《三辅黄图》卷之四:"汉上林苑,即秦之旧苑也。"《史记·李斯传》云:"于是乃入上林斋戒,日游弋猎。"此上林为秦旧苑之证。《史记·滑稽列传》云:"始皇尝议欲大苑囿,东至函谷关,西至雍、陈仓。优旃曰:'善。多纵禽兽于其中,寇从东方来,令麋鹿触之足矣!'始皇以故辍止。"

　　阿房宫壮美宏丽。"六王毕,四海一;蜀山兀,阿房出。(始皇)乃营作朝宫渭南上林苑中。先作前殿阿房,东西五百步,南北五十丈,上可以坐万人,下可以建五丈旗。周驰为阁道,自殿下直抵南山。"④司马贞索隐:"此以其形名宫也,言其宫四阿旁广也。"

　　阿房宫是秦朝统一后修建的天下朝宫,既要具帝王威严,又得容纳更多的朝见者。⑤

---

　　① 《史记·天官书》中称"中宫天极星,其一明者,太一常居也","环之匡卫十二星,藩臣,皆曰紫宫"。

　　② 杜牧:《阿房宫赋》,见《樊川文集》卷十六。

　　③ 《三辅皇图》卷2《咸阳故城》,陕西人民出版社,1980,第 5 页。

　　④ 司马迁:《史记·秦始皇本纪》。

　　⑤ 后经考古发掘,发现阿房宫遗址并没有被焚烧的痕迹,说明历史上项羽焚烧的是咸阳宫,而阿房宫根本没有建成,后人误传项羽焚烧阿房宫。

咸阳宫西路直至阿房宫,再至终南山修建门阙,东路直至极庙(信宫)途中架起阁道,犹如空中走廊整体连接,并且整体是按照星象规划的。

目前考古探明,阿房宫前殿遗址东西长1 270米,南北宽426米,高7～9米,面积约54.4万平方米(880亩)。1992年经联合国教科文组织实地勘察,确认阿房宫遗址在宫殿类建筑中名列世界第一,属世界奇迹。

秦宫宫馆不仅壮伟,而且"木衣绨绣,土被朱紫"①,瑰丽多姿;地面涂墁,出土的一号宫殿地面经夯后垫一层砂土,再置粗草拌泥和碎草末拌泥,表面施朱红色,《礼》:"春,天子赤犀";以砖墁铺,卧室、卫生室、淋浴室地面用花砖铺砌,回廊也以砖墁铺。纹饰有太阳纹、菱形方格和回纹等,用于宫殿建筑的台阶踏步的空心砖,纹饰有几何纹、龙纹、凤纹等。屋顶装饰瓦,筒瓦、板瓦据《石索》所载,秦瓦(图3-1)有16种之多,咸阳宫殿建筑遗址出土的瓦当,以圆当为主,种类丰富多彩,有云纹、变形云纹、动物纹、植物纹、鹿马虫蛙蝴蝶蝉等纹饰,云纹成为瓦当的主要图案。云纹在一号宫殿出土的瓦当中就占90%以上,宫殿屋顶装饰这些瓦当,远远望去,似有祥云环绕,美如天宫。

图 3-1　秦瓦

阿房宫遗址范围内曾出土铜建筑构件,有方形圆孔、方形浅圆窝和圆筒形三种,还有铜铺首、铜环以及带铁片的铜提环,具有连接加固和美化木质构件的双重作用。

墙壁装饰,多采用涂饰和彩绘的方法,秦咸阳宫墙壁上绘有绚丽精美的壁画,一号宫殿出土许多壁画残块。由龟甲板、玉璧、菱花、云纹等组成。题材丰富,有人物、动物、植物、车马、游猎、建筑、神像等,色彩有红、黑、白、朱膘、紫红、石黄、石青、石绿等,可谓绚丽多彩,车马云游图、百戏图、建筑人物图;室内外的屋身的装饰手段主要是涂饰、彩饰、雕刻和壁画,另外也采用珍贵材料如金玉珠翠和软材料如锦绣等为饰。雕梁画栋,金碧辉煌,处处充溢着富丽堂皇之气。

陆贾在《新语·无为》中曾说:"夫王者之都,南面之君,百姓之所取法则者也……秦始皇骄奢靡丽,好作高台榭广宫室,则天下豪富制屋宅者,莫不仿之,高房闼,备厩库,缮雕琢刻画之好,博玄黄琦玮之色,以乱制度。"

北宋艺术史家董逌《广川画跋》面对唐人《阿房宫图》(图3-2)叹道:"夫秦以再世事此宫,极天下之力成之,其制作恢崇嚣庶,宜后世之侈靡未有及之者,此图虽极

---

① 　张衡:《西京赋》,见梁萧统编《昭明文选》卷二。

工力,终不能备写其制。"①

图 3-2　阿房宫图(清代大画家顾见龙作品)

二、非壮丽无以重威

汉人继承了秦代的侈大宏丽的美学思想,以星象的位置来认定宇宙模式、宇宙秩序。与此相应,城市和园林建筑包括墓葬都具"象天"模式。

汉都城长安 36 平方公里,相当于同时期欧洲最大都城罗马的 4 倍,"飞甍夹驰道,垂杨荫御沟"。据说汉高祖刘邦在汉元年十月兵临咸阳时有过"五星相聚"的"受命之符",十月时长安城西北为北斗极,南面自然为南斗极,因奠都长安时,未遵古礼对称均齐之法,亦未若后代之有皇城宫城区分内外,都城作于南北斗之间,呈迂回曲折之状,《长安志》以为像天空南北斗之状,人们称之为"斗城"。《三辅黄图》记载,汉长安"城南为南斗形,城北为北斗形,至今人呼京城为斗城是也"。

在象征"紫微帝宫"的中心筑长乐、未央、北宫、桂宫,呈现出以南北二斗拱卫着北极星的平面构图。"徇以离宫别寝,承以崇台闲馆,焕若列宿,紫宫是环"。②

据《史记·高祖本纪》载:"当时天下未定,汉兴,接秦之敝,诸侯并起,民失作业而大饥馑。凡米石五千,人相食,死者过半。……天下既定,民亡盖臧,自天子不能具醇驷,而将相或乘牛车。"③西汉初年,经济凋敝,天下刚刚统一平定,百姓与贵族都很窘迫,皇帝出行都不能乘坐毛色相同的四匹马拉的马车,而高级将领与文官只

---

① 北宋董逌编纂:《广川画跋》卷四。

② 班固:《西都赋》,见《文选》卷一。

③ 《汉书》卷二十四上食货志第四上。

能坐牛车出行,刘邦本人还在为平定四方而奔走,但留守关中的相国萧何,就已经在长安建了宏丽的未央宫。据《西京杂记》卷一载:"汉高帝七年。萧相国营未央宫。因龙首山制前殿。建北阙未央宫。周回二十二里九十五步五尺。街道周回七十里,台殿四十三,其三十二在外,其十一在后宫。池十三,山六。池一,山一,亦在后宫。门闼凡九十五。"

《长安志》引《关中记》称:未央宫"街道十七里。有台三十二,池十二,土山四,宫殿门八十一,掖门十四"。

未央宫是一个巨大的宫殿建筑组群,一座座宫观、台榭、楼阁,围绕着静穆宏伟的前殿,犹如众星环绕北极星。关于未央宫的各种建筑及园林布置,诸文献所载不一。据《雍录》统计,约有 70 多个,但仍不完全。

《三辅黄图》称:"未央宫周回二十八里,前殿东西五十丈(合今 117.5 米),深十五丈(合今 35.25 米),高三十五丈(合今 82.35 米)。营未央宫,因龙首山以制前殿。至孝武(汉武帝),以木兰为棼橑,文杏为梁柱,金铺玉户,华榱璧珰,雕楹玉碣,重轩镂槛,青琐丹墀,左城,右平。黄金为壁带,间以和氏珍玉,风至其声玲珑也!"

建设之宏大,郊畿之富饶,坚城深池之固,士女游侠之众,品物之盛,华阙崇殿之巨丽,掖庭椒房之尊贵,离宫苑囿之壮观,皆冠于天下。

其中昭阳殿富丽堂皇达到空前绝后:"屋不呈材,墙不露形。裹以藻绣,络以纶连。隋侯明月,错落其间。金缸衔壁,是为列钱。悲翠火齐,流燿含英。悬黎垂棘,夜光在焉。于是玄墀釦砌,玉阶彤庭。硡碱彩致,琳珉青荧。珊瑚碧树,周阿而生。红罗飒纚,绮组缤纷。精曜华烛,俯仰如神。"[①]镶金嵌壁,奇珍异宝,到处流光溢彩、馥郁芬芳。真是:长安形胜天人合应,宫殿巨丽冠于古今。

未央宫又称紫宫或紫微宫,位于西城南隅,高踞龙首山,瞰临长安城。

据勘测,未央宫东西长 2 150 米,南北长 2 250 米,略为方形。周长合汉里 21 里,面积约 5 平方公里,占汉长安城总面积的 1/7。

"萧何治未央宫,立东阙、北阙、前殿、武库、大仓。上见其壮丽,甚怒,谓何曰:'天下匈匈,劳苦数岁,成败未可知,是何治宫室过度也!'何曰:'天下方未定,故可因以就宫室。且夫天子以四海为家,非令壮丽亡以重威,且亡令后世有以加也。'上说。自栎阳徙都长安。置宗正官以序九族。"[②]

汉哀帝刘欣为长相俊美的宠臣董贤在皇帝宫殿的旁边大造宫室园林,《西京杂记》卷四载:"哀帝为董贤起大第于北阙下。重五殿,洞六门。柱壁皆画云气、萼花、山灵、水怪,或衣以绨锦,或饰以金玉。南门三重,署曰南中门、南上门、南便门。东西各三门。随方面题署亦如之。楼阁台榭,转相连注;山池玩好,穷尽雕丽。"

① 班固:《西都赋》,见《昭明文选》卷一。
② 《汉书·高帝纪》,上海书店、上海古籍出版社影印《二十五史》,第 374 页。

三、体象天地　经纬阴阳

汉武帝刘彻继承了汉建国七十年以来的财产,将"壮丽"美的审美基调发挥到极致,形成了以大为美、铺张扬厉的审美风尚。汉武帝刘彻甚至亲自组织吹牛比赛,《类说》十四引据传隋代侯白所撰的《启颜录》记载:

汉武帝置酒,命群臣为大言,小者饮酒。公孙丞相曰:"臣弘骄而猛,又刚毅,交牙出吻,声又大,号呼万里嗷一代。"余四公不能对。东方朔请代大对。

一曰:"臣坐不得起,仰迫于天地之间,愁不得长。"

二曰:"臣跋越九州,间不容趾,并吞天下,欲枯四海。"

三、四曰:"天下不足以受臣坐,四海不足以受臣吐。""臣噎不缘食,出居天外卧。"

上曰:"大哉! 弘言最小,当饮。"①

东方朔以天地为参照,在他看来,天地实在太小了,他仰迫于天地之间,居然坐着不能站起来,九州之大,容不下他的脚趾,一喝水就要把四海喝干,打噎不是因为吃东西,而是自己出居天外卧,这个仰首天地外的巨人,超于宇宙。汉武帝才叹曰"大哉!"

作为大汉天声的辞赋,以建筑为描写对象的达 20 余篇,《子虚上林赋》、《两都赋》、《二京赋》、《甘泉赋》、《灵光殿赋》等中,建筑成了文学家尽情歌颂的对象,成了主导艺术之母。

汉代"四大赋家"之一的西汉司马相如"为上林子虚赋。意思萧散不复与外事相关控引天地错综古今忽然如睡焕然而兴几百日而后成。其友人盛览字长通。牂牁名士。尝问以作赋。相如曰合綦组以成文。列锦绣而为质。一经一纬。一宫一商。此赋之迹也。赋家之心。苞括宇宙总览人物。斯乃得之于内。不可得而传览。乃作合组歌列锦赋而退。终身不复敢言作赋之心矣"。②图案化、多视角、多中心,铺排堆砌,是大汉审美风尚的艺术体现。

晋人皇甫谧曾评论汉代宫殿苑猎赋曰:"不率典言,并务恢张,其文博诞空类,大者罩天地之表,细者入毫纤之内,虽充车联驷,不足以载;广厦接榱,不容以居也……至如相如《上林》、杨雄《甘泉》、班固《两都》、张衡《二京》……皆近代辞赋之伟也。"③

汉武帝就秦之旧苑上林苑广大之,"东南至蓝田宜春、鼎湖、御宿、昆吾,旁南山而西,至长杨,五柞,北绕黄山,濒渭水而东。周衰三百里。"④

---

① 曹林娣、李泉辑注:《启颜录》,上海古籍出版社,1990,第 84 页。

② 《西京杂记》卷二。

③ 左思:《三都赋序》。

④ 《汉书·扬雄传·羽猎赋序》。

苑址跨占长安、咸宁周至、户县、蓝田等五县耕地，霸、产、泾、渭、丰、镐、牢、橘八水出入其中。司马相如《上林赋》"左苍梧，右西极，丹水更其南紫渊径其北。终始灞浐，出入泾渭；酆镐潦潏，纡馀委蛇，经营乎其内。荡荡乎八川分流，相背而异态。"

汉武帝刘彻大兴宫殿，广辟苑囿，"武帝广开上林……穿昆明池象滇河，营建章、凤阙、神明……"①

《关中记》载，上林苑中有三十六苑、十二宫、三十五观。三十六苑中有供游憩的宜春苑，供御人止宿的御宿苑，为太子设置招宾客的思贤苑、博望苑等。

上林苑中将昆明池象征为"天汉"，池的规模很大，池中有龙首船，常令宫女泛舟池中，张凤盖，建华旗，作棹歌，杂以鼓吹，帝御豫章观临观焉。"②池中"有二石人，立牵牛、织女于池之东西，以象天河"。③班固《西都赋》称昆明池"左牵牛而右织女，似云汉之无涯"。张衡《西京赋》称昆明池"牵牛立其右，织女居其左"。牛女双星"盈盈一水间，脉脉不得语"。④

上林苑中有大型宫城建章宫，《三辅黄图》载：建章宫建筑组群"周二十余里，千门万户，在未央宫西、长安城外。"

初修上林苑。群臣远方各献名果异树。《西京杂记》载：

二八、上林名果异木

（帝）初修上林苑，群臣远方，各献名果异树，亦有制为美名，以摽奇丽：梨十：紫梨、青梨、芳梨、大谷梨、细叶梨、缥叶梨、金叶梨、瀚海梨、东王梨、紫条梨。枣七：弱枝枣、玉门枣、棠枣、青华枣、梬枣、赤心枣、西王母枣。栗西：侯栗、榛栗、瑰栗、峄阳栗。桃十：秦桃、榹桃、缃核桃、金城桃、绮叶桃、紫文桃、霜桃、胡桃、樱桃、含桃。李十：紫李、绿李、朱李、黄李、青绮李、青房李、同心李、车下李、含枝李、金枝李、颜渊李、羌李、燕李、蛮李、侯李。柰三：白柰、紫柰、绿柰。查三：蛮查、羌查、猴查。椑三：青椑、赤叶椑、乌椑。棠四：赤棠、白棠、青棠、沙棠。梅七：朱梅、紫叶梅、紫花梅、同心梅、丽枝梅、燕梅、猴梅。杏二：文杏、蓬莱杏。桐三：椅桐、梧桐、荆梧。林檎十株、枇杷十株、橙十株、安石榴十株、楟十株、白银树十株、黄银树十株、槐六百四十株、千年长生树十株、万年长生树十株、扶老木十株、守宫槐十株、金明树二十株、摇风树十株、鸣风树十株、琉璃树七株、池离树十株、离娄树十株、白俞、梄杜、桂梄、蜀漆树十株、桮十株、枞七株、楠四株、楔四株、枫四株。

一三、太液池

太液池边皆是彫胡、紫箨、绿节之类。菰之有米者，长安人谓为彫胡；葭芦之未解叶者，谓之紫箨；菰之有首者，谓之绿节

① 《汉书》卷八十七《扬雄传》。
② 《西京杂记》卷六，中华书局，1985，第43页。
③ 《三辅黄图·池沼》引《关辅古语》，第95页。
④ 《古诗·迢迢牵牛星》，据胡刻《文选》本。

二六、珊瑚高丈二

积草池中,有珊瑚树,高一丈二尺,一本三柯,上有四百六十二条。是南越王赵佗所献,号为烽火树,至夜,光景常欲燃。

一百二十七　孤树池

太液池西有一池名孤树池,池中有洲,洲上(杉)树一株,六十余围,望之重重有如彩盖,故取为名。

远近群臣所献各种奇树异果有三千多种。

《长安志》引《汉旧仪》云:"上林苑中,……养百兽,天子遇秋冬射猎,取禽兽无数实其中,离宫观七十所,皆容千乘万骑。""其宫室也,体象乎天地,经纬乎阴阳。据坤灵之正位,仿太紫之圆方",①"循以离宫别寝,承以崇台闲馆,焕若列宿,紫宫是环"②。

汉上林苑的空间艺术构架,正是以赋家无限广阔自由之心来结构的,"上可苞笼宇宙,下可总览人物",将宇宙间万事万物纳入上林苑的总体艺术架构之中,组成宏大的、气势磅礴的审美整体,通过突出视觉效果来增强空间感或以空间感来引起、强化视觉意象,给人产生强烈的直观审美效果,带来新颖而强烈的审美冲击力。

总之,上林苑中建筑是"离宫别馆,弥山跨谷";山水"视之无端,察之无涯";植物"视之无端,究之亡穷"③;充盈之美是汉代艺术最突出的风格。

王侯私园同样遵循太空秩序,如汉景帝程姬之子恭王馀之所筑灵光殿,绵延二百多年未见隳坏,"然其规矩制度,上应星宿,亦所以永安也"④:

配紫微而为辅。承明堂于少阳,昭列显于奎之分野。……崇墉冈连以岭属,朱阙岩岩而双立。高门拟于闾阖,方二轨而并入。……于是详察其栋宇,观其结构,规矩应天,上宪觜陬。偓促云起,钦离搂,三间四表,八维九隅,万楹丛倚,磊砢相扶,浮柱岹嵽以星悬,漂嶤而枝拄。

……云楶藻棁,龙桷雕镂。飞禽走兽,因木生姿。……神仙岳岳于栋间。玉女窥窗而下视。……中坐垂景,颊视流星。千门相似,万户如一。岩突洞出,逶迤诘屈。周行数里,仰不见日。何宏丽之靡靡,咨用力之妙勤。⑤

灵光殿"其规矩制度,上应星宿",是"配紫微而为辅","高门拟于闾阖,方二轨而并入",建筑美,装饰美,如飞禽走兽,神仙玉女的木雕造型及壁画等,包罗万象,

---

① 汉班固:《西都赋》,《文选》卷一。
② 同上。
③ 司马相如:《上林赋》。
④ 王延寿:《鲁灵光殿赋》序,见《文选》卷十一。
⑤ 《文选》卷十一。

浓重的神话色彩与自觉的政教精神之兼容,"何宏丽之靡靡"!①

汉景帝之弟梁孝王刘武特别喜欢营建宫室和苑囿,《西京杂记》卷二:"梁孝王好营宫室苑囿之乐,作曜华之宫,筑兔园。"兔园,一名梁园,又名东园、修竹园、睢园,原址在京城洛阳城东二十里。

《西京杂记》卷二记载:"园中有百灵山,山有肤寸石、落猿岩、栖龙岫;又有雁池,池间有鹤洲、凫渚。其宫观相连,延亘数十里。奇果异树,瑰禽怪兽毕备。王日与宫人宾客弋钓其中。"

《史记》卷五十八《梁孝王世家》记载:"孝王,窦太后少子也,爱之,赏赐不可胜道。于是孝王筑东苑,方三百余里。广睢阳城七十里。大治宫室,为复道,自宫连属于平台三十余里。得赐天子旌旗,出从千乘万骑。东西驰猎,拟于天子。出言趯,入言警。招延四方豪杰……"

枚乘《梁王兔园赋》云:"修竹檀栾,夹池水,旋菟园。"

吴地汉初为刘濞封地,吴王刘濞"有诸侯之位,而实富于天子;有隐匿之名,而居过于中国。……修治上林,杂以离宫,积聚玩好,圈守禽兽,不如长洲之苑。"②他在郊野继续修葺吴长洲苑,其豪华富丽,甚至超过汉景帝时的上林苑。

东汉宫苑也是"复庙重屋,八达九房,规天矩地,授时顺乡"。③

东汉末权倾朝野的外戚"跋扈将军"梁冀与妻孙寿"多拓林苑,禁同王家",《后汉书》卷三十四记载:

> 冀乃大起第舍,而寿亦对街为宅,殚极土木,互相夸竞。堂寝皆有阴阳奥室,连房洞户,柱壁雕镂,加以铜漆。窗牖皆有绮疏青琐,图以云气仙灵。台阁周通,更相临望;飞梁石蹬,陵跨水道。

> ……又多拓林苑,禁同王家,西至弘农,东界荥阳,南极鲁阳,北达河、淇,包含山薮,远带丘荒,周旋封域,殆将千里。又起菟苑于河南城西,经亘数十里,发属县卒徒,缮修楼观,数年乃成。

第二节 升仙信仰与蓬瀛仙境

仙论起于周末,活跃于东周时期的宋无忌、正伯侨、充尚等方士,鼓吹以养气、蓄精、炼丹等方式,以迎合统治者长生不老与飞升成仙的愿望。《庄子·天下篇》说:"天下之治方术者多矣。"唐成玄英疏说:"方,道也。"方士群体成分复杂,既有学识渊博的知识分子,也有不学无术的江湖骗子。《后汉书·方术列传》指出"苟非其

---

① 《鲁灵光殿赋》,见《文选》卷十一。

② 班固:《汉书·贾邹枚路传》。

③ 汉张衡:《东京赋》,《文选》卷三。

人,道不虚行"。意为如果是一个真正的术士,那一定是有真本领的。燕齐方士最多,燕昭王时,礼贤下士,各国人才争相为用,"乐毅自魏往,邹衍自齐往,剧辛自赵往,士争趋燕"①,齐稷下学士且数百千人②。

"始皇恶言死,群臣莫敢言死事"③,《史记·始皇本纪》云:"吾悉召文学、方术士甚众。"汉武帝也宠信燕齐方士,赐爵封侯,赏赍甚厚,方士"显於诸侯,而燕齐海上之方士传其术不能通,然则怪迂阿谀苟合之徒自此兴,不可胜数也"。④ 方士虽屡因骗术败露而获罪伏诛,"天子益怠厌方士之怪迂语矣,然终羁縻弗绝,冀遇其真",还是将信将疑,希望求得真仙灵药,终究不能摆脱方士怪迂之语的诱惑。

"自此之后,方士言祠神者弥众"⑤,汉武帝、东方朔、伏羲、女娲和西王母等历史及神话人物逐渐被"仙化"。

汉代的东方朔是随侍在汉武帝左右的诙谐博学的弄臣和著述颇丰的辞赋家,《史记》将其列入《滑稽列传》,《汉书》称其为"滑稽之雄",汉武帝"洞心于道教"、"穷神仙之事",常向东方朔求仙问道,东方朔也故作惊人之语,故《汉书》说:"朔之诙谐,逢占射覆,其事浮浅,行于众庶,童儿牧竖莫不炫耀。而后世好事者因取奇言怪语附着之朔。"东方朔之父"三千岁一返骨洗髓,二千岁一剥皮伐毛"的仙人,其母田氏"梦太白星临其上,因有娠"。凡人肉身的东方朔逐渐成为超凡脱俗的仙人。曾"骑虎而还","脱布挂于树,布化为龙"⑥。《论衡》即称其为道人,终于被封为神仙。在《汉武故事》⑦中东方朔成为"神人":

> 东郡送一短人,长五寸,衣冠具足。上疑其精,召东方宛朔至。朔呼短人曰:"巨灵阿母还来否?"短人不对。因指谓上:"王母种桃,三千年一结子。此儿不良,已三过偷之,失王母意,故被谪来此。"上大惊,始知朔非世中人也。短人谓上曰:"王母使人来告陛下,求道之法,惟有清静,不宜躁扰。"言终弗见,上愈恨,召朔问其道。朔曰:"陛下自当知。"上以其神人,不敢逼也。

依附汉武帝求仙故事中东方朔偷桃的滑稽点缀,后被纳入西王母蟠桃会故事系统,带有浓重宗教意味的仙桃也转变为吉祥祝寿的蟠桃。这不仅是道教神仙

① 《史记》卷六《武帝纪》,中华书局,1962,第207页。
② 《史记》卷四六《田敬仲世家》,中华书局,1982,第1895页。
③ 《史记·秦始皇本纪》。
④ 《史记·封禅书》。
⑤ 《史记》卷一二《孝武本纪》,中华书局,1982,第485页。
⑥ 《洞冥记》佚文。
⑦ 自唐代始,班固、王俭为《汉武故事》作者两说并行,然两说均难以成立。自宋以来,刘爰等据《故事》中"今上元延"之语断定其作者为西汉成帝时人,此说亦非;盖"今上元延"之谓乃《故事》抄引前人著作原文的遗迹。从《故事》中"汉有六七之厄"、"代汉者当涂高"的谶语和潘岳《西征赋》化引《故事》典故等情况综合分析,《故事》的成书时代应在东汉献帝时期,其作者是一位看到汉家气数已尽,对汉家江山仍有些许留恋的文人,而非亲曹派的文人。见王守亮《山东师范大学学报:人文社会科学版》2008年第5期第136~139页。

思想形成和发展以及后来逐渐走向世俗化的历程,更是不同历史时期社会文化氛围的直接体现。传说汉武帝寿辰之日,宫殿前一只黑鸟从天而降,武帝不知其名。东方朔回答说:"此为西王母的坐骑'青鸾',王母即将前来为帝祝寿。"果然,顷刻间,西王母携七枚仙桃飘然而至。西王母除自留两枚仙桃外,余五枚献与武帝。帝食后欲留核种植。西王母言:"此桃三千年一生实,中原地薄,种之不生。"又指东方朔道:"他曾三次偷食我的仙桃。"据此,始有东方朔偷桃之说。东方朔并以长命一万八千岁以上而被奉为寿星。东方朔偷桃(图3-3)象征长寿的图案,成为后世园林祈寿的装饰题材之一。

图3-3　东方朔偷桃木雕(苏州拙政园)

《汉武故事》中描写汉武帝病死后的神奇:

> 三月丙寅,上昼卧不觉,颜色不异,而身已无气。明日,色渐变。闭目。乃发丧,殡未央前殿。朝晡上祭,若有食之,常所幸御。葬毕,悉出茂陵园。自婕妤巳下,上幸之如平生,旁人弗见也。

2003年5月,毛乌素沙漠南端一座古墓的汉代壁画中的昆仑山,是由5座山峰组成的高入云天的山脉,通过蘑菇状的云柱与西王母相通,两个羽人侍奉左右,三足神鸟立于右边,太一神在侧,御鱼驾兔驰龙的神仙们向西王母方向飞奔,众多仙禽异兽对着西王母方向表演乐舞,给人以西王母高高在上的印象。

朝廷乐府系统或相当于乐府职能的音乐管理机关搜集、保存而流传下来的两汉乐府诗中,涵盖了从帝王到平民各阶层,有的作于庙堂,有的采自民间,像司马相如这样著名的文人也曾参与乐府歌诗的创作。虽然《汉书·艺文志》云:"自孝武立乐府而采歌谣,于是有代、赵之讴,秦、楚之风。皆感于哀乐,缘事而发。"但现在所能见到的、确认为西汉乐府诗,如《郊祀歌》、《铙歌》中,也不乏升仙幻想,如郊祀歌《日出入》由太阳的升降催发作者的大胆想象,期待着也能够驾驭六龙在天国遨游,盼望神马自天而降,驮载自己进入太阳运行的世界。郊祀歌《练时日》、《华烨烨》二诗的仙人都是来自天上,铙歌《上陵》中的仙人来自水中。《练时日》通过对灵之游、灵之车、灵之下、灵之来、灵之至、灵已坐、灵安留等多方面的依次铺陈,展示出神灵逐渐向自己趋近的过程及风采,以及自己得以和神灵交接的喜悦心情。《华烨烨》在写法上和《练时日》极其相似。《上陵》中的仙人则是桂树为船,青丝为笮,木兰为翼,黄金交错,显得超凡脱俗。

即使是收录在"杂曲歌辞"中的《艳歌》、相和歌辞中的《长歌行》《董逃行》等,也都描绘出一幅进入天国或仙山的理想画面。各类天神地祇都为诗人殷勤忙碌,天公河伯、青龙白虎、南斗北极、嫦娥织女都殷勤备至,甚至连流霞清风、垂露奔星也都载歌载舞,张帷扶轮,热情地为诗人服务。渲染出弥漫于汉社会狂热的升仙梦幻。

无论从方寸之地的肖形印,到亘延数百里的宫苑,都要容纳乘龙升天、神虎逐鬼等内容,可见,羽化升仙的狂热幻想成为从帝王到凡人普遍的社会思潮。

一、仙真人与大人

《史记·秦始皇本纪》云:"三十六年,荧惑守心。有坠星下东郡,至地为石,黔首或刻其石曰"始皇帝死而地分"。始皇闻之,遣御史逐问,莫服,尽取石旁居人诛之,因燔销其石。始皇不乐,使博士为《仙真人诗》,及行所游天下,传令乐人歌弦之。"

《仙真人诗》虽已不传,但从诗题可看出端倪。"真人"出自《庄子·大宗师》:

何谓真人?古之真人不逆寡,不雄成,不谟士。若然者,过而弗悔,当而不自得也。若然者,登高不慄,入水不濡,入火不热。是知之能登假于道者也若此。

什么叫做"真人"呢?古时候的"真人",不倚众凌寡,不自恃成功雄踞他人,也不图谋琐事。像这样的人,错过了时机不后悔,赶上了机遇不得意。像这样的人,登上高处不颤栗,下到水里不会沾湿,进入火中不觉灼热。这只有智慧能通达大道境界的人方才能像这样。

古之真人,不知说生,不知恶死;其出不䜣,其入不距;翛然而往,翛然而来而已矣。不忘其所始,不求其所终;受而喜之,忘而复之,是之谓不以心捐道,不以人助天。是之谓真人。

若然者,其心志,其容寂,其颡頯;凄然似秋,煖然似春,喜怒通四时,与物有宜而莫知其极。

"真人"不懂得喜悦生存,也不懂得厌恶死亡;出生不欣喜,入死不推辞;无拘无束地就走了,自由自在地又来了。不忘记自己从哪儿来,也不寻求自己往哪儿去,承受什么际遇都欢欢喜喜,忘掉死生像是回到了自己的本然,这就叫做不用心智去损害大道,也不用人为的因素去帮助自然。这就叫"真人"。

像这样的人,他的内心忘掉了周围的一切,他的容颜淡漠安闲,他的面额质朴端严;冷肃得像秋天,温暖得像春天,高兴或愤怒与四时更替一样自然无饰,和外界事物合宜相称而没有谁能探测到他精神世界的真谛。

一切都是那样逍遥自在，无拘无束，超越七情六欲和生老病死的喜怒哀乐。秦始皇遂以不死的自由之神"仙真人"自居，"仙真人"的行动要诡秘，生活起居在高低溟迷的山林云雾之间，外人不得而知。因此，秦始皇下令在咸阳四周二百里范围内的二百七十处宫、观之间，修起了"甬道"，互相联结，专供自己秘密通行。

古人神仙观念中最羡慕的就是飞升成仙。《史记·封禅书》记载了方士公孙卿对汉武帝描绘黄帝乘龙飞仙的故事：

公孙卿曰："……黄帝采首山铜铸鼎于荆山。鼎既成，有龙垂胡髯，下迎黄帝。黄帝上骑，群臣后宫从上者七十余人。龙乃上去，余小臣不得上，乃悉持龙髯，龙髯拔堕，堕黄帝之弓。百姓仰望黄帝既上天，乃抱其弓与胡髯号，故后世因名其处曰鼎湖，其弓曰乌号。"

於是天子曰："嗟乎！吾诚得如黄帝，吾视去妻子如脱躧耳。"乃拜卿为郎，东使候神於太室。①

汉武帝感叹黄帝飞升之事，十分欣羡，他觉得，要是自己真能像黄帝那样成仙飞升而去，放弃在人间的一切，离开妻儿子女就如是脱掉鞋子那样毫不留恋。

西汉盛世大赋作家司马相如拜为孝文园令，见武帝好神仙，但相如以为传闻列仙居山泽间，形容甚癯，不符合帝王好仙之意，遂撰成《大人赋》(一称《大人之颂》)。"大人"隐喻天子，本意要对武帝崇尚神仙之事予以针砭、讽喻，故更属意于"低佪阴山翔以纡曲兮，吾乃今日睹西王母，然白首戴胜而穴处兮，亦幸有三足乌为之使。必长生若此而不死兮，虽济万世不足以喜"，即在阴山上徘徊、婉曲飞翔之时，得以目睹满头白发的西王母，但见她头戴玉胜住在洞穴之中，十分寂寞，幸亏有三足乌供她驱使。如果一定要像西王母这样的长生不死，纵然能活万世也不值得高兴。本意如颜师古《注》释之曰："昔之谈者咸以西王母为仙灵之最，故相如言大人之仙，娱游之盛，顾视王母，鄙而之，不足羡慕也。"

但该赋虽以讽喻为宗旨，却因赋中铺张扬厉地铺叙了"大人""轻举而远游"过程，诸如："驾应龙象舆之蠖略委丽兮，骖赤螭青虬之蚴蟉宛蜒"，遨游天庭，与真人相周旋，以群仙为侍从；"使五帝先导兮，反大壹而从陵阳。左玄冥而右黔雷兮，前长离而后潏皇。厮征伯侨而役羡门兮，诏岐伯使尚方。祝融警而跸御兮，清气氛而后行。"让五帝做向导，使太一返回，让陵阳子明做侍从。左边是玄冥右边是含雷，前有陆离后有潏湟。让王子侨当小厮，令羡门高做差役，使歧伯掌管药方。火神祝融担任警戒，清道防卫啊，消除恶气，然后前进。那恢宏壮丽之美、汪洋恣肆的丰富想象，乘风凌虚，长生不死的尧舜和西王母等仙人，反而使"天子大说，飘飘有凌云气、游天地之间意"！这正是汉大赋"劝百而讽一"的体制造成的效果。

_____

① 《史记·封禅书》，中华书局，1959，第1394页。

二、蓬瀛仙境

原始神话被战国的方士们改造成为仙话的一个来源,燕齐一带的方士,大肆渲染蓬莱神话,宣传长生不老之说,"云涛烟浪最深处,人传中有三神山。山上多生不死药,服之羽化为天仙"①。

《史记·秦始皇本纪》记载:"齐人徐市等上书,言海中有三神山,名曰蓬莱、方丈、瀛洲,仙人居之。"《史记正义》引《汉书·郊祀志》进一步说明:"此三神山者,其传在渤海中,去人不远,盖曾有至者,诸仙人及不死之药皆在焉。"

齐威王、齐宣王、燕昭王都相继派人入海寻求神山蓬莱、方丈、瀛洲。《史记·封禅书》记载:

> 自威、宣、燕昭使人入海求蓬莱、方丈、瀛洲。此三神山者,其傅在勃海中,去人不远;患且至,则船风引而去。盖尝有至者,诸仙人及不死之药皆在焉。其物禽兽尽白,而黄金银为宫阙。未至,望之如云;及到,三神山反居水下。临之,风辄引去,终莫能至云。世主莫不甘心焉。

> 及至秦始皇并天下,至海上,则方士言之不可胜数。始皇自以为至海上而恐不及矣,使人乃赍童男女入海求之。船交海中,皆以风为解,曰未能至,望见之焉。其明年,始皇复游海上,至琅邪,过恒山,从上党归。后三年,游碣石,考入海方士,从上郡归。后五年,始皇南至湘山,遂登会稽,并海上,冀遇海中三神山之奇药。不得,还至沙丘崩。②

相信自己主宰宇宙的秦皇汉武,入海寻仙和体验神仙生活"必当褰裳濡足"。《水经注·濡水》引《三齐略记》:"始皇于海中作石桥。"

《史记》卷六《秦始皇本纪》引《括地志》云:"坛洲在东海中,秦始皇使徐福将童男妇女入海求仙人,止在此洲,共数万家,至今洲上人有至会稽市易者。吴人《外国图》去坛洲去琅邪万里。"

秦始皇热衷于探寻海上秘密,派遣山东滨海商人方士徐福等带领童男童女数千人到海上去探险寻找神山的同时,还发兵五十万去远征南海,亲去会稽等地望祭海神,并移民三万户于琅邪,留恋于之罘者三月。于公元前215年东巡碣石拜海求仙。他先后派卢生、侯公、韩终等两批方士携带童男童女入海求仙,寻求长生不老之药,碣石因名"秦皇岛"(图3-4)。

秦始皇在表现对海外神仙世界热烈向往之时,同时将神话中的"蓬莱"仙境引进了园林,那就是秦咸阳县东三十五里兰池宫。始皇都长安,"引渭水为池,筑为

---

① 白居易:《海漫漫——戒求仙也》,见朱金城笺校《白居易集笺校》,上海古籍出版社,1988,第149页。

② 《史记》卷二八《封禅书》,中华书局,1982,第1369~1370页。

图 3-4　秦始皇求仙处(秦皇岛)

蓬、瀛,刻石为鲸,长二百丈。"①"蓬莱山"和"蓬瀛"模拟的是神仙海岛,"筑",说明这些"蓬、瀛仙岛",都是夯土而成的假山。中国园林以人工堆山的造园手法即肇始于此时。兰池水面宽阔且长,宋人程大昌引《元和志》:"始皇引水为池,东西二百里,南北二十里,筑为蓬莱山。"②

汉武帝踵武秦始皇,曾多次东临大海,并大规模派遣船只入海寻找蓬莱仙岛、寻找不死灵药,并派专人守候在海边以望蓬莱之气。③"齐人之上疏言神怪奇方者以万数,然无验者,乃益发船,令言海中神山数千人求蓬莱神人"④。

《史记·封禅书》记载:

天子既已封泰山,无风雨灾,而方士更言蓬莱诸神若将可得,於是上欣然庶几遇之,乃复东至海上望,冀遇蓬莱焉……上乃遂去,并海上,北至碣石,巡自辽西,历北边至九原……

十一月乙酉,柏梁灾。十二月甲午朔,上亲禅高里,祠后土。临勃海,将以望祀蓬莱之属,冀至殊廷焉。

……建章宫,度为千门万户。前殿度高未央。其东则凤阙,高二十馀丈。其西则唐中,数十里虎圈。其北治大池,渐台高二十馀丈,命曰太液池,中有蓬莱、方丈、瀛洲、壶梁,象海中神山龟鱼之属。其南有玉堂、璧门、大鸟之属。乃立神明台、井

① 《史记》卷六《秦始皇本纪》三十一年十二月条正义引《秦记》。

② 《雍录》卷六《兰池宫》,中华书局,2002,第 127 页。

③ 《汉书》卷二五《郊祀志》,王先谦撰《汉书补注》,中华书局,1983。

④ 《史记》卷十二《孝武本纪》,中华书局,1982,第 474 页。

幹楼,度五十丈,辇道相属焉。

　　建章宫的前宫后苑具有明确中轴线的严整格局,为后世大内御苑规划的滥觞。汉未央宫、建章宫皆有"渐台","渐者,渍也","言台在水央,受其渐渍也","凡台之环浸于水者,皆可名为渐台"①。为后世钓鱼台之渐。如图3-5所示。

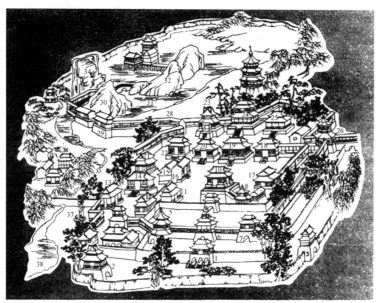

建章宫图(原载《关中胜迹图志》)

1 壁门　2 神明台　3 凤阙　4 九室　5 井幹楼　6 圆阙　　别凤阙　8 鼓簧宫　9 晓阙
10 玉堂　11 奇宝宫　12 铜柱殿　13 疏圆殿　14 神明堂　15 鸣銮殿　16 承化殿
17 承光宫　18 拇指宫　19 建章前殿　20 奇化殿　21 涵德殿　22 承华殿　23 驳娑宫
24 天梁宫　25 骀荡宫　26 飞阁相属　27 凉风台　28 复道　29 鼓簧台　30 蓬莱山
31 太液池　32 瀛洲山　33 渐台　34 方壹山　35 暴衣阁　36 唐中庭　37 承露盘
38 唐中池

图3-5　建章宫图(《关中胜迹图志》)

　　象征"天汉"的昆明池周长四十里,"三百二十五顷,池中有豫章台及石鲸,刻石为鲸鱼,长三丈",列观环之,"池中有龙首船,常令宫女泛舟池中,张凤盖,建华旗,作濯歌,杂以鼓吹"。

　　昆明池至今污废已近二千年,但其遗址面积仍有十多平方公里②,是颐和园全部水面面积的五倍以上。

　　武帝凿池以玩月,其旁起望鹄台以眺月,影入池中,使宫人乘舟弄月影,名影娥池,亦曰眺蟾台。

　　《三辅黄图》卷四载:"太液池,在长安故城西,建章宫北,未央宫西南。太液者,

　　① 程大昌:《雍录》卷九《渐台》,中华书局,2002,第192页。
　　② 王仲殊:《汉代考古学概说》,第13页。

言其津润所及广也。"太液池是一个相当宽广的人工湖,池广十顷,象征北海。"太液池中有鸣鹤舟、容与舟、清旷舟、采菱舟、越女舟。"①池畔有石雕装饰,水光山色,绿意盈盈,禽鸟成群,生意盎然,开后世自然山水宫苑的先河。

《西京赋》曰:"神山峨峨,列瀛洲与方丈,夹蓬莱而骈罗。"《拾遗记》曰:"此山上广中狭下方,皆如工制,犹华山之似削成。"

人们在神仙天国的召唤下迸发出的伟力到了宗教迷狂的程度。

自此,方士们池岛结合的理想境界,由秦始皇开其端、汉武帝集其成,虽然在对山水的处理上,力求其体量的庞大,还没有运用以少胜多的写意形式,但不失为园林布局的创造性构思,而且具有生态和文化意义。因此,"一池三岛"布局纳入了园林的整体布局,从而成为中国人造景境的滥觞,也成为皇家园囿中创作宫苑池山一种传统模式,称为"秦汉典范"。

三、升仙之梦与地下幽宫

秦汉时代的人们,大都信仰灵魂不死,把死亡看作是羽化升仙、生命转换的特殊场所。史书曾记载多人把死亡说成"升仙"、"尸解"。如《史记·封禅书》载:"自齐威、宣之时,驺子之徒论著终始五德之运,及秦帝而齐人奏之,故始皇采用之。而宋毋忌、正伯侨、充尚、羡门高,最后皆燕人,为方仙道,形解销化,依于鬼神之事。"所谓"形解销化",《集解》引服虔曰:"尸解也。"张晏曰:"人老而解去,故骨如变化也。今山中有龙骨,世人谓之龙解骨化去也。"方士临淄人李少君,病死,天子以为化去不死,而使黄锤、史宽舒受其方(封禅书);班固《汉书·孝武李夫人传》中写汉武帝相信他死去的那位倾国倾城的宠妃李夫人魂灵能重新出现,与他相见:

上思念李夫人不已,方士齐人少翁言能致其神。乃夜张灯烛,设帷帐,陈酒肉,而令上居他帐,遥望见好女如李夫人之貌,还幄坐而步。又不得就视,上愈益相思悲感,为作诗曰:"是邪,非邪? 立而望之,偏何姗姗其来迟!

《搜神记》卷一记载钩弋夫人之死:

初,钩弋夫人有罪,以谴死,既殡,尸不臭,而香闻十余里。因葬云陵,上哀悼之。又疑其非常人,乃发冢开视,棺空无尸,惟双履存。一云,昭帝即位,改葬之,棺空无尸,独丝履存焉。

明明被汉武帝杀死的子侯,也被说成得仙升天。《史记·孝武本纪》载:"奉车子侯暴病,一日死。"《索隐》引《新论》云:"武帝出玺印石,财有朕兆,子侯则没印,帝畏恶,故杀之。"《风俗通》亦云然。顾胤按:武帝集帝与子侯家语云"道士皆言子侯得仙,不足悲"。此说是也。

---

① 《西京杂记》卷六。

西汉末董贤的棺木上,有朱沙画的四时之色,左苍龙、右白虎,上著金银日月。①

洛阳市王城公园中发掘出的普通汉墓那狭小的墓室顶部仍以覆斗的形制象征着深远的天空,用十二块顶砖象征着黄道十二宫,并用彩绘画上了天象图。长沙马王堆西汉墓的主人要在他的三重棺椁上逐层画上天地间的各种灵异之物。同时出土的帛(壁)画"卜千秋夫妇升仙图"(图3-6),是希冀灵魂飞升的形象图解,长4.15米,宽0.32米,朱砂红等矿物颜料精细着笔,勾勒在20块空心砖上。

图3-6 卜千秋夫妇升仙图

汉画像石中,"升仙图"这类题材更是随处可见,如河南方城县城关镇汉画像石墓西门门楣上的"升仙图"②,屋内是醉宴的人们,屋顶上即是朱雀等神鸟守护。

汉代儒家经典倡导的"孝",其核心内容是:"敬其所尊,爱其所亲,事死如事生,事亡如事存,孝之至也。"③导致厚葬之风的盛行,从王公贵族到平民百姓无不如此。

"汉家即位之初便营陵墓,近者十余岁,远者五十年方始成就"④。汉武帝刘彻,"即位一年而为陵,天下贡赋三分之一,一供宗庙,一供宾客,一充山陵。"⑤武帝茂陵在公元前139年~前87年间建成,历时53年。茂陵封土为覆斗形,现高46.5米,顶端东西长39.25米,南北宽40.60米。其底边长为:东边243米,西边238米,南边239米,北边234米。至今东、西、北三面的土阙犹存,是汉代帝王陵墓中规模最大、修造时间最长、陪葬品最丰富的一座,被称为"中国的金字塔"。

《西京杂记》记载,"汉帝送死皆珠襦玉匣,匣形如铠甲,连以金缕。""匣上皆镂为蛟龙鸾凤龟麟之象,世谓之蛟龙玉匣。"

茂陵的地宫内充满了大量的稀世珍宝。《汉书·贡禹传》云:"武帝弃天下,霍光专事,妄多藏金钱财物,鸟兽鱼鳖牛马虎豹生禽,凡百九十物,尽瘗藏之。"

东汉思想家王符言:"今京师贵戚,郡县豪家,生不极养,死乃崇丧。或至刻金缕玉梓,良田造茔,黄壤致藏,多埋珍宝偶人车马,造起大冢,广种松柏,庐舍祠堂,

① 《汉书》卷九十三《佞幸传》。
② 见《文物》1984年3期第39页。
③ 《礼记·中庸》。
④ 《新唐书·虞世南传》。
⑤ 《晋书·索綝传》。

崇侈上僭。"①

汉明帝诏书中所言："今百姓送终之制，竞为奢靡。生者无担石之储，而财力尽于坟上。伏腊无糟糠，而牲牢兼于一奠。糜破积世之业以供终朝之费，子孙饥寒，绝命于此。"②今茂陵尚未挖掘，详情还不可得知。但秦始皇的骊山墓已经撩起神秘的面纱。

"秦王扫六合，虎视何雄哉，刑徒七十万，起土骊山隈。"《史记》曰："始皇初继位，穿治郦山，及并天下，天下徒送诣七十万人，穿三泉，下铜而致椁，宫观百官奇器珍怪徙臧满之。"皇陵占地约2.5平方公里，坟丘呈方形，边长350米，高43米，陵园两侧，有秦始皇诸公子、公主的殉葬墓，埋葬陶俑、活马的从葬坑，以及摹拟军阵的兵马俑坑等，更有上百座的刑徒墓陪葬。他选址骊山北麓建地下幽宫，就有以下两层意义：

一为求得掌管不死药的西王母的佑护。骊山本称丽山，因鹿得名。古语丽（麗）字与鹿相通，鹿在神话中充当西王母的使者、坐骑和牵车的神兽，甚至直接就是西王母的化身。《抱朴子·登涉篇》："称东王父者，麋也。称西王母者，鹿也。"《后汉书·天文志上》注引东汉张衡《灵宪》曰："羿请无死之药于西王母，姮娥窃之以奔月。将往，枚筮之于有黄。有黄占之曰：吉。翩翩归妹，独将西行，逢天晦芒，毋惊毋恐，后其大昌。姮娥遂托身于月，是为蟾蠩。"说明战国人已信西王母掌握不死药。汉代金器有"寿如金石西王母"的铭文。

二为求得"金玉不坏之身"。北魏郦道元《水经注·渭水》载："秦始皇大兴厚葬，营建冢圹于丽戎之山，一名蓝田，其阴多金，其阳多玉，始皇贪其美名而葬焉。"《文献通考》说："始皇得蓝田白玉为玺，螭虎钮，文曰：'受天之命，皇帝寿昌。'"《史记·封禅书》记载方士说："祀灶则致物，致物而丹沙可化为黄金，黄金成以为饮食器则益寿，益寿而海中蓬莱仙者乃可见。见之以封禅则不死。"明代李时珍《本草纲目》记载："食金，镇精神、坚骨髓、通利五脏邪气，服之神仙。"得"金玉不坏之身"，可以仙去。

经考古工作者对秦始皇的陵封土细夯土方城的发现、勘验，发现秦陵出土器物铭文上刻有"丽山"二字，与天然"骊山"完全不同，专指由人工夯筑而成的秦始皇帝陵封土。封土内九级台阶式四方锥形，自下而上，逐渐收分，自地表起至墙顶，高27～30米，三层台梯形建筑，状呈覆斗，底部近似方型。九级台阶式方城筑在地宫之上，墓圹四周，封土里头，跟地宫与封土，密为一体，里外相连，上下通透。历史学教授刘九生在《秦始皇帝陵总体营造与中国古代文明——天人合一整体观》文中提出，九级台阶式细夯土方城——古代神话里的"地天通"，旨在死后升天成仙。

---

① 王符：《潜夫论·浮侈篇》。
② 《汉书·明帝纪》。

刘九生认为，秦始皇陵封土"树草木以象山"，即刻意仿效古代神话传说里的昆仑山，传为西王母所居的仙山；自墓底直筑到封土顶部的九级台阶式"方城"，仿效昆仑的"增城九重"；秦陵封土内有"两个缓坡状台阶，形成三层阶梯"，整座坟像是三座小山重叠在一起，正合《尔雅·释丘》所说的"三成为昆仑丘"之说，《淮南子·地形训》也将昆仑分为登之"不死"、"灵"和"神"的三层结构。

根据昆仑山神话，昆仑山脚，山体外表里头，高耸别有洞天的一座方城：增城九重。昆仑疏圃，四方八面大门洞开，广纳四方八面来风，调节四时八节寒暑气温。大禹平治水土，发现了增城九重。昆仑山上有三山：凉风之山，悬圃之山，樊桐之山。若从昆仑山，登上了凉风之山，长生不死；若从凉风之山，登上了悬圃之山，能使唤风雨；若从悬圃之山，登上了樊桐之山，乃成神。樊桐之山是天帝居住的地方。

刘九生认为，秦始皇陵墓——丽山的封土"树草木以象山"，仿效昆仑山。封土的一级台阶，仿效"昆仑之山"，二级台阶仿效凉风之山，三级台阶仿效悬圃之山，三级台阶顶部的"平面"及其上，就是天帝之居樊桐之山了。而且，环绕秦陵的温泉水则象征发源"西海之山"的昆仑弱水。丽山陵区有一些还与四象五宫二十八宿对应，他认为，丽山园自修建之始就具有上应天象的意图，反映了秦始皇渴望不死升仙、沟通天人的意愿。

秦陵墓室四周有一圈精细夯筑的宫墙。把内城分为南、北两区。秦始皇陵墓位于内城的南区。四周有庞大的护卫部队——与真人一般大的陶塑兵士们使用的兵器与战车和陶塑的马匹——防卫着秦始皇的陵寝。在秦始皇陵的外城垣以外，还分布有众多陪葬坑和陪葬墓。据勘探，到目前为止已在秦始皇陵园以内发现陪葬坑、陪葬墓600多处，计有兵马俑坑、车马坑、珍禽异兽坑、马厩坑、陪葬墓、寝殿、便殿、饮官、武库、乐舞百戏俑坑、文官俑坑、青铜水禽坑等遗址。兵马俑坑(图3-7)是秦始皇陵的陪葬坑，已发掘3座，俑坑坐西向东，呈"品"字形排列，坑内有陶俑、陶马8 000多件，还有4万多件青铜兵器。坑内的陶塑艺术作品是仿制的秦宿卫军。近万个或手执弓、箭、弩，或手持青铜戈、矛、戟，或负弩前驱，或御车策马的陶质卫士，分别组成了步、弩、车、骑四个兵种。"所塑士兵好像是根据活人为模型仿制，没有两个一模一样。他们脸上的表情更是千百个各具特色。他们的头发好像根据统一的规定修剃，可是梳时之线型，须髭之剪饰，发髻之缠束仍有无限的变化。他们所穿戴的甲胄塑成时显示是由金属板片以皮条穿缀而成。所着之靴底上有铁钉。兵士所用之甲，骑兵与步兵不同。显而易见的骑兵不用防肩，以保持马上之运转自如。军官所用之盔也比一般士兵用的精细，其铁工较雅致，甲片较小，而用装饰性的设计构成。所有塑像的姿势也按战斗的需要而定：有些严肃地立正，有的下跪在操强弩，有的在挽战车，有的在准备肉搏。"①

---

① 王仁宇：《中国大历史》，生活·读书·新知三联书店，2007，第38页。

图 3-7 兵马俑坑

宫内用水银防腐防盗,据《史记·秦始皇本纪》记载,地宫内"以水银为百川江河大海",中国地质调查研究院研究员刘士毅介绍,通过物探证明,地宫内的确存在着明显的汞异常,而且汞分布为东南、西南强,东北、西北弱。如果以水银的分布代表江海的话,这正好与我国渤海、黄海的分布位置相符。

墓顶镶着夜明珠,象征日月星辰;墓里用鱼油燃灯,以求长明不灭。地宫有道"防水大坝",《史记》中记载的"穿三泉"中,"三"其实是个概数,应该是指在施工中遇到了水淹,所以才修建了阻排水渠。秦始皇陵园地势东南高西北低,落差达85米,而阻排水渠正好挡住了地下水由高向低渗透,有效保护了墓室不遭水浸。

四、崇楼伟阁以象仙居

神仙思想催生出楼、飞阁、观等样式和风格。两汉是形成中华民族独特的木构建筑风格的时期。

西汉所建的层楼,模仿的是仙居之"台",那是逐层叠堆横木的"井干式"楼,东汉时代开始以"梁架式"楼代替,大量使用成组的斗栱木构,成为后代楼房建造的基本样式。司马相如在《上林赋》中说的"重坐曲阁","重坐"犹言"重室",就是指两层的楼房,枚乘在《七发》中也写了"台城层构"。

据《汉书·郊祀志下》记载,因为仙人好楼居,于是,慕仙好道的汉武帝取方士少君栾大妄诞之语,多起楼观,令长安则作飞廉、桂馆,甘泉,则作益寿、延寿馆。

《三辅黄图》卷五载:

通天台,武帝元封二年作甘泉通天台。《汉旧仪》云:"通天者,言此台高,通于天也。"《汉武故事》:"筑通天台于甘泉,去地百余丈,望云雨悉在其下,望见长安城。武帝时祭泰乙,上通天台舞,八岁童女三百人,祠祀招仙人。祭泰乙,云令人升通天台,以候天神。天神既下祭所,若大流星,乃举烽火而就竹宫望拜。上有承露盘,仙人掌擎玉杯,以承云表之露。元凤间,自毁,橑桷皆化为龙凤,从风雨飞去。"《西京赋》云:"通天眇而竦峙,径百常而茎擢,上辩华以交纷,下刻峭其若削。"亦曰候神台,又曰望仙台,以候神明,望神仙也。

《三辅黄图》卷三载:

《汉书》曰:"建章有神明台。"《庙记》曰:"神明台,武帝造,祭仙人处。上有承露盘,有铜仙人,舒掌捧铜盘玉杯,以承云表之露。以露和玉屑服之,以求仙道。"《长安记》:"仙人掌大七围,以铜为之。魏文帝徙铜盘,折声闻数十里。"

台上建铜柱(金茎),高30丈,上有仙人,掌捧铜盘玉杯,以承云表之甘露,即承露盘也。盘大七围,去长安二百里可望见云。即《西都赋》所谓"抗仙掌以承露,擢双立之金茎"。

汉武帝以为喝了玉杯中的露水就是喝了天赐的"琼浆玉液",久服益寿成仙。神明台上除"承露盘"外,还设有九室,象征九天。常住道士、巫师百余人。巫师们说,在高入九天的神明台上可和神仙为邻通话。"立修基之仙掌,承云表之清露"。图3-8为北海的仙人承露台。

建章宫中昆明池中高二十余丈的渐台,台上有殿阁之属,天宫楼阁、飞阁浮道之属,"飞阁",又称阁道、复道,即天桥。古代宫殿楼阁间的跨通道。汉武帝跨城筑有飞阁辇道,《三辅黄图》曰:"乃于宫(指汉未央宫)西跨城池作飞阁通建章宫,构辇道以上下。"可从未央宫直至建章宫,若神仙出没,开辟了神仙思想的一种建筑形式,对后世园林都产生了深远的影响。

图3-8　仙人承露台(北海)

飞廉观,在上林,武帝元封二年作。飞廉,神禽,能致风气者。身似鹿,头如雀,有角而蛇尾,文如豹。武帝命以铜铸置观上,因以为名。

班固《汉武故事》曰:"公孙卿言神人见于东莱山,欲见天子。上于是幸缑氏,登东莱。留数日,无所见,惟见大人迹。上怒公孙卿之无应。卿惧诛,乃因卫青白上云:'仙人可见,而上往遽,以故不相值。今陛下可为观于缑氏,则神人可致。且仙人好楼居,不极高显,神终不降也。'于是上于长安作飞廉观,高四十丈;于甘泉作延寿观,亦如之。"①

台、观极其高显,《上林赋》载:

俯杳眇而无见,仰攀橑而扪天。奔星更于闺闼,宛虹于轩。青龙蚴于东箱,象舆婉于西清。灵圉燕于闲馆,偓佺之伦暴于南荣。醴泉涌于清室,通川过于中庭。盘石振崖,嵚岩倚倾,嵯峨,刻削峥嵘。玫瑰碧琳,珊瑚丛生。珉玉旁唐,玢豳文鳞。赤瑕驳荦,杂其间,晁采琬琰,和氏出焉。②

汉代的明器中有二三层的楼阁模型,多有斗拱以支承各层平坐或檐者。"观其斗拱栏楯门窗瓦式等部分,已可确考当时之建筑,已备具后世所有之各部,二层或三层之望楼,殆即望候神人之'台',其平面均正方形,各层有檐有平坐。魏晋以后木塔,乃由此式多层建筑蜕变而成,殆无疑义。"③

2001年南京博物院考古队在泗水王陵的发掘中,出土的"汉代最大的建筑模型",是两层的木结构建筑,上有院落回廊、主楼阁等,还有车马、男女木俑及鸡狗等。④

淅川县出土汉代绿釉陶水榭(图3-9),具有私家园林的一些特征,由象征湖塘的圆盆与塔式亭榭组成,中央为圆形台座,座中设亭,亭为四柱二层建筑,各层为四面坡式,四角出脊顶层主脊上立凤凰。下层亭座中央端座一人似为主人。池塘有龟、鸳鸯、鹅、鱼等水禽鸟类或水生动物,池面停泊一船,景物极富自然情趣。图为1964年河南省淅川县出土的东汉绿釉陶水榭:水池呈圆形,埂上塑有羊、奔鹿、鹅、鸡和武士俑二人、吹奏俑三人,池内有鹅、鸭、龟、鱼等动物和梭形小舟,舟内置篙和桨。池中矗立由四根扁柱支撑的四阿重层式亭榭,其正门外架一小桥通向池岸,桥边有二人恭立,亭内有一人袖手端坐。

图3-9 东汉绿釉陶水榭

① 《三辅黄图》卷五。
② 萧统编,李善注:《文选》,中华书局,第367页。
③ 梁思成:《中国建筑史》,百花文艺出版社,1998,第57页。
④ 据《现代快报》2003年3月13日胡玉梅报道。

第三节　从虚无之美到有若自然之美

西汉自宣帝以后，由于历任皇帝都为懦弱少年，导致外戚专权，土地高度集中，政治日益腐败，社会矛盾逐渐激化。王莽复古改制失败，民不聊生，西汉政权日暮途穷，最后在农民起义的烈火中灭亡。

汉室宗亲刘秀建东汉，励精图治，尊儒学为国宪，开创了"建武盛世"，继而出现"明庄之治"，奠定了东汉二百年的基业。但从中期开始，政权主要控制在外戚和宦官两大集团手中，互相斗争，政治黑暗，至后期，宦官掌权，政治更加腐朽。

自西汉末年开始的谶纬①之说，至东汉把图谶国教化，谶纬之说盛行，班固整理成书的《白虎通德论》，成了谶纬国教化的法典，使今文文学说完成了宗教化和神学化。东汉思想家王充针对当时谶纬迷信的风行，对当时散布虚妄迷信的谶纬之学、虚论惑众的经学之风，给予了严厉的批判。他集中考察了美与真的关系问题，提出了"真美"这一概念，反对"虚妄之言胜真美"。他提出"疾虚妄"、"重效验"，主张认识必须以事实为对象，同时以效验来证明，做到"订其真伪，辩其虚实"。但他不理解一般感觉经验中、科学认识中的"真"与艺术上"真"的重要区别，对审美与艺术特征缺乏应有的认识。

动荡不安的社会现实，使人们更加关注现实人生。

一、生命觉悟

西汉末到东汉，人们在生死观问题上，已经比较现实，虽然也有用游仙来求得暂时忘却现实痛苦的心理安慰，但已经很清新地知道，"服药求神仙，都为药所误"，这是生命的觉醒！

人们从注重生与死的彼岸世界，到关注生与死的现实社会。"自孝武立乐府而采歌谣，于是有代、赵之讴，秦、楚之风。皆感于哀乐，缘事而发。"（《汉书·艺文志》）直面现实人生，深刻揭示了生活中的苦乐爱恨和对于生与死的人生态度。如"盎中无斗米储，还视架上无悬衣"，被迫拔剑出东门，走上反抗道路的男主人公（《东门行》）；连年累岁卧床、临终将儿女托付丈夫，"莫我儿饥且寒"的病妇（《妇病行》）；饱受到兄嫂虐待、尝尽人间辛酸的孤儿（《孤儿行》），也有战死沙场的将士，"野死不葬乌可食"，更是唐诗"可怜无定河边骨，犹是春闺梦里人"的先声（铙歌《战城南》）……笔触所至皆为日常生活中的酸甜苦辣。

---

① 谶纬是一种庸俗经学和神学的混合物。谶是用诡秘的隐语、预言作为神的启示，向人们昭告吉凶祸福、治乱兴衰的图书符箓。纬是用宗教迷信的观点对儒家经典所作的解释。

汉代著名挽歌辞《薤露》、《蒿里》为古代的挽歌，原为一文，分二章，出田横门人。① 薤露，薤，植物的一种，薤露指薤上的露水。"薤上露，何易晞。露晞明朝更复落，人死一去何时归!"言人命奄忽如薤上之露，易晞灭也。露水干了大自然可以再造，人的生命却只有一次，死亡使生命有去无归，永远消失。《汉书·苏武传》中屈身事匈奴的汉将李陵也是以"人生如朝露，何久自苦如此?"劝苏武归降的。可见人生如朝露的意识已经十分广泛。

《蒿里》言人死精魄归於蒿里。词云:"蒿里谁家地，聚敛魂魄无贤愚。鬼伯一何相催促，今乃不得少踟蹰。"写出了面对死亡时的痛苦心情，透露恶死乐生的思想。

东汉末被誉为"惊心动魄、一字千金"的文人无言诗《古诗十九首》，强烈地感受到作者清醒的生命意识，如:"人生非金石，岂能长寿考"(《回车驾言迈》)、"服食求神仙，多为药所误"(《驱车上东门》)，不相信成仙术。他们对节序的交替十分敏锐，即使是"东风摇百草"的春天，因为"所遇无故物"(《回车驾言迈》)，也同样感到失落和孤独。微妙的空间感。"青青陵上柏，磊磊涧中石"、"人生天地间，忽如远行客"(《青青陵上柏》)。人生短暂感和天地柏石的永恒感，时空贯通而又背反，使他们惆怅，"人生寄一世，奄忽若飙尘"(《今日良宵会》)。

"生年不满百，常怀千岁忧"，嘲笑有些人活得太累;他们要超越旧有的价值观念，去另一层面开掘生命的价值、寻求某种补偿:一是"何不策高足，先据要路津。无为守贫贱，坎坷长苦辛"(《今日良宵会》)。另一种是"荡涤放情志"(《东城高且长》)，去追求燕赵佳人。"不如饮美酒，被服纨与素。"(《驱车上东门》)"为乐当及时，何能待来兹。"(《生年不满百》)今朝有酒今朝醉，甚至要秉烛夜游、及时行乐，"今日良宴会，欢乐难具陈。弹筝奋逸响，新声妙入神"(《今日良宵会》)，良宵聚会，新声逸响固然"欢乐难具陈";即使是斗酒相娱乐，也不觉得菲薄，"驱车策驽马"，也要去"游戏宛与洛"，那里"洛中何郁郁，冠带自相索。长衢罗夹巷，王侯多第宅。两宫摇踵望，双阙百余尺"(《青青陵上柏》)，何其繁华! 得乐且乐，化忧为乐，甚至是以忧为乐。开魏晋文人及时行乐的先声。

二、现实功利

既然人死魂归蒿里，是无法抗拒的事实，还是切实地想象死后的境遇，将其厚葬，不再寄希望于虚无缥缈的神仙世界。时人墓葬时的思想，都刻写在用于构筑墓室、石棺、享祠或石阙的建筑石材上的汉画像石、画像砖上。现今存世的画像石有上万块，画像砖有几百万块。

根据现有出土资料，画像石萌发于西汉武帝时期;新莽时期有所发展。画像砖始于战国，盛于两汉，主要用于装饰宫殿府舍的阶基，西汉中期以后，画像砖主要用

---

① 至孝武时，李延年乃分二章为二曲。《薤露》送王公贵人，《蒿里》送士大夫庶人，挽柩者歌之，亦呼为《挽柩歌》。

于装饰墓室壁面。东汉是画像砖艺术的鼎盛时期,产品数量、制作水平都特别突出。

画像石、画像砖因其内容庞杂,记录丰富,而被许多学者视为一部先秦文化和汉代社会的图像的百科全书。其中比较常见的题材大致有以下三类:

一类与墓主有关的各种活动,包括表现墓主庄园各类经济活动的农耕、放牧、狩猎、纺织等;还有与墓主人经历或身份有关的题材,如车马出行、随从属吏、谒见、幕府等;以及有关墓主生活的内容,如燕居、庖厨、宴饮和乐舞百戏等。

一类是宣扬忠孝节义的历史故事,主要为忠臣孝子、节妇烈女和古代圣贤,教化功能十分明显。

一类是神话故事,主要有东王公、西王母、伏羲、女娲、四神、奇禽异兽等;还有被天人合一思想和谶纬之术认定为吉祥的事物,如神鼎、祥云等;象征天空的日月星辰和云气也多有表现。

前两类都取材于现实世界。第三类继承秦、西汉的神仙思想,东汉鬼神崇拜十分普遍,盛行厚葬之风,并为魂灵作画,将画像视为有生命的实体。古代汉族认为,地下鬼神世界也很恐怖,阴间有各种野鬼恶鬼,会危害死者的鬼魂,野鬼恶鬼的统称魑魅魍魉。

中国人喜欢在墓地种植柏树,起源于一种民间传说。《酉阳杂俎》引《周礼》曰:"方相氏殴罔像。好食亡肝者。而畏虎与柏。墓上树柏,路口致石虎为此也。""罔像",恶兽名,即魍魉,性喜盗食尸体和肝脏,每到夜间,就出来挖掘坟墓取食尸体。此兽灵活,行迹神速,神出鬼没,令人防不胜防,但其性畏虎怕柏,所以古人为避这种恶兽,常在墓地立石虎、植柏树。

有一种陪葬冥器叫"镇墓兽",外形抽象,构思谲诡奇特,形象恐怖怪诞,具有强烈的神秘意味和浓厚的巫术神话色彩。迄今出土的镇墓兽大部分为战国时期文物,以战国中期为多。1967年出土于前凉台村汉阳太守孙琮墓中的汉代镇墓兽(图3-10),通高30厘米,身长61.8厘米,宽8.4厘米。其头前伸作低头状,头部4条尖角直竖,两耳直刺前方,尾上翘,尾稍上有一小分支,三腿蹬地,一腿抬起,状如低首咆哮,跃起扑向对手的凶猛姿态。都是用来佑护死者亡魂的。

图3-10　汉代镇墓兽

厚葬目的应主要出于现实功利,安抚死魂灵,为生人祈福免害。如《后汉书·袁安传》载:"安父没,访求葬地,道逢三书生,指一处当世为上公,安从之。故累世贵盛,是其术盛传于东汉以后。其特以是擅名者,则璞为最著。"善待死魂灵以守望生者的幸福。

三、有若自然

汉代，人们自然美意识有所萌生。东汉蔡邕在《九势》中说："夫书肇于自然，自然既立，阴阳生矣，阴阳既生，形势出。"汉字之形态源于自然，造字之法亦源于自然。这是艺术创作的一个普遍规律，从大自然中吸取形象和生命，而这内在生命的核心却是阴阳二气的交互作用，即气的生生不息的流动。

西汉末年出现了自给自足的庄园经济，"司马彪曰仲山甫封于樊，因氏国也。炙自宅阳，能治田殖，至三百顷，起庐舍，高楼连阁，波阪灌注，竹木成林，六畜放牧，鱼赢梨果，檀棘桑麻，闭门成市，兵弩器械，货至百万，其兴工造作，为无穷之巧不可言，富拟封君……"（《水经注·姚水》）。

汉代庄园经济以宗族为纽带，《后汉书·樊宏传》曰："父重，字君云，世善农稼，好货殖。重性温厚，有法度，三世共财，子孙朝夕礼敬，常若公家。其营理产业，物无所弃，课役童隶，各得其宜，故能上下戮力，财利岁倍，至乃开广田土三百余顷。其所起庐舍，皆有重堂高阁，破渠灌注。又池鱼牧畜，有求必给。……货至巨万，而贩赡宗族，恩加乡闾。"

汉末"豪人之室，连栋数百，膏田满野"（《后汉书·仲长统传》）。郡治衙署中的花园和私家宅邸中都辟有园池，种植花草。如汉代吴太守舍有园，到更始元年（23年），太守许时烧。六年（王莽天凤六年）十二月乙卯凿官池，东西十五丈七尺，南北三十丈。"太守舍园"为衙署园林之滥觞。

西汉的茂陵富商袁广汉，藏镪巨万，家僮八九百人，他建于洛阳北邙山下的私园"东西四里，南北五里，激流水注其中。构石为山，高十余丈，连延数里。养白鹦鹉、紫鸳鸯、牦牛、青兕，奇兽珍禽，委积其间。积沙为洲屿，激水为波涛，致江鸥海鹤，孕雏产鷇，延漫林池；奇树异草，靡不培植。屋皆徘徊连属，重阁修廊，行之移晷不能遍也。"[1]

袁广汉私园"构石为山"[2]，"积沙为洲屿，激水为波涛"，竭力模仿自然界的山形、洲屿、波涛，奇树异草和奇兽珍禽来自现实自然界，已经不是神话中的灵兽仙草了。

东汉桓帝时，外戚梁冀之妻孙寿在洛阳城门内所造私园，是"采土筑山，十里九阪，以象二崤；深林绝涧，有若自然；奇禽驯兽，飞走其间……又多拓林苑……包含山薮，远带丘荒，周旋封域，殆将千里"[3]。

袁广汉的"构石为山"的人工假山，只是无意识泛化地模仿自然，孙寿的园林则直接取法自然界的真山二崤，将人工假山和深林绝涧造得"有若自然"。完全突破

---

① 《三辅黄图》卷四，第84页。

② 《三辅黄图》。

③ 《后汉书》列传卷二十四《梁统传》，王先谦撰《后汉书集解》，中华书局，1984，第416页。

了幻想中的神山仙海模式,将目光从天上移向现实世界,因为首开了"模山范水"的先河,成为魏晋自然山水园的先声。

第四节 "内圣外王"之道与乐志以隐

汉代采用推荐和考试相结合的办法录用人才,《史记·孝文本纪》载:汉文帝下诏云:"二三执政……举贤良方正直言极谏者,以匡朕之不逮。"汉武帝推行明经取士制度,复诏举"贤良"或"贤良文学"。《史记·平准书》曰:"当是之时,招尊方正贤良文学之士,或至公卿大夫。"州郡举孝廉、秀才。东汉又增加敦朴、有道、贤能、直言、独行、高节、质直、清白等科目,广泛搜罗人才。给予士人有了求得功名显达的机会。象汉"群儒宗"的董仲舒、"布衣儒相"公孙弘等得以脱颖而出。形成了一个知识阶层,汉代被称为"循吏"的士大夫阶层。他们通过为官行政的条件,一方面希望创造事功,另一方面,他们渴望将圣王之教推广开来,教化众生,这就是"内圣外王"的人格理想。"汉代循吏在中国文化史上的长远影响还是不容低估的。宋明的新儒家在义理的造诣方面自然远越汉儒,但是一旦为治民之官,他们仍不得不奉汉代的循吏为最高准则。"[1]

随着社会的动荡不安,文人事功不朽的希望破灭,扬雄所说"遇不遇命也"(《汉书·扬雄传》),士人由西汉昌盛期的重视外在情势、机遇,转到对自身命运的关注。东汉末,特别是桓、灵之世,宦官、外戚勾结专权,垄断仕途,文人们则由功名未立而嗟叹生命的短促。向慕人格独立的精神也在文人队伍中萌生。尽管有道教的兴起和佛教的传入,但也没有使文人走向虚幻。特别是党锢之祸促使了隐逸文化精神气候的形成,于是,丘园、山林、归田园、渔钓,成为文人的狂热追求。

一、各竭才智 内圣外工

《楚辞章句·招隐士》篇首《序》说:"'招隐士'者,淮南小山之所作也。昔淮南王安,博雅好古,招怀天下俊伟之士……各竭才智,著作篇章,分造辞赋,以类相从。""淮南小山"为汉武帝时代淮南王刘安的门客,"招隐士",就是召唤那些隐于山中的才智之士,"王孙兮归来,山中兮不可以久留。"朱熹解释曰:"言山谷之中,幽深险阻,非君子之所处,猨狄虎豹,非贤者之偶。"[2]这就是孔子所说的"鸟兽不可与同群,吾非斯人之徒与而谁与? 天下有道,丘不与易也。"反映的是知识阶层一种可贵的社会责任心,积极入世的儒家思想。

董仲舒在其代表《汉书·董仲舒传》中说:"少治春秋,孝景时为博士。下帷讲

---

① 余英时:《士与中国文化》,上海人民出版社,2003,第183页。

② 《楚辞集注》卷八。

诵,弟子传以久次相授业,或莫见其面。盖三年不窥园,其精如此。进退容止,非礼不行,学士皆师尊之。"

"西汉时期,阴阳五行思想像酵母一样扩散到各个思想领域,不论自然科学如医学、天文学,还是哲学思想如道家、儒家等,都深受阴阳五行的影响"[1]。董仲舒创立了以天道、阴阳之说阐述奉天、尊君、正名、正道一同的思想理论,提出了《天人三策》,认为有"天命"、"天志"、"天意"存在,"天者,万物之祖,万物非天不生","为人者天也,人之为人本于天,天亦人之曾祖父也","天者,百神之君也","唯天子受命于天,天下受命于天子"[2]。天是宇宙间的最高主宰,天有着绝对权威,人为天所造,人副天数,天人合一,于是天命在论证君主权威的重要性得到了空前提高。把君权建筑在天恩眷顾基础上,君权乃天所授。人君受命于天,奉天承运,进行统治,代表天的意志治理人世,一切臣民都应绝对服从君主,"屈民而伸君,屈君而伸天"[3],从而使君主的权威绝对神圣化。这有利于维护皇权,构建大一统的政治局面。

董仲舒《春秋繁露》书中有"人副天数"一节,非常具体地去描述了人是天的副本和缩影的观点。在他看来,人的生理结构其实就是天的模式的一种复制品;同样也表现在人的内在的精神意志与道德品质方面,人与天具有相同的道德品质与精神意志。

> 人有三百六十节,偶天之数也;形体骨肉,偶地之厚也。上有耳目聪明,日月之象也;体有空窍理脉,川谷之象也;心有哀乐喜怒,神气之类也。

人有三百六十个关节,和上天的数目一致;身体骨肉,和大地的厚度相配。上有耳目的听觉视觉,是太阳和月亮的征象;身体有孔窍脉理,是河川山谷的征象,人的用心有悲哀欢乐,高兴和愤怒,和大地之神气同类。

> 是故人之身,首坌而员,象天容也;发,象星辰也;耳目戾戾,象日月也;鼻口呼吸,象风气也;胸中达知,象神明也,腹胞实虚,象百物也。百物者最近地,故要以下,地也。天地之象,以要为带。颈以上者,精神尊严,明天类之状也;颈而下者,丰厚卑辱,土壤之比也。足布而方,地形之象也。是故礼,带置绅必直其颈,以别心也。带而上者尽为阳,带而下者尽为阴,各其分。阳,天气也;阴,地气也。故阴阳之动,使人足病,喉痹起,则地气上为云雨,而象亦应之也。天地之符,阴阳之副,常设于身,身犹天也,数与之相参,故命与之相连也。

所以人类的身体,头部突起而充实混圆,是上天的容貌;头发,象征天上的星辰;耳朵眼睛弯弯曲曲,象征着日月;鼻子、口可以呼吸,象征风和云气;胸中通达知晓,象征着上天的神祇圣明;腹部充实空虚,象征着万物。万物最接近大地,所以腰

① 金春峰:《汉代思想史》,中国社会科学出版社,1997,第146页。
② 《春秋繁露·为人者天》。
③ 《春秋繁露·玉杯》。

以下是大地。天地的表象,以腰当作腰带。颈以上,精神尊贵庄严,表明和上天相似的状态;颈部以下,丰厚低下,和土壤相同类。脚在地上呈方形,是大地形势的征象。所以按照礼仪,衣带要配绅带,一定使其颈部端直,以便和内心分别。衣带以上的全部是阳气,衣带以下的全部是阴气,各有分别。阳,上天之气;阴,大地之气。所以阴阳活动,让人的脚生病,由喉病开始,大地之气上升变化为云为雨,而人体的征象也与之呼应。天地的符契,阴阳二气的符合,经常在人的身体上有体现,身体好像上天一样,数目上与天相匹配,所以命运和上天相连接。上天用满一年的数目,成就人的身体,

> 故小节三百六十六,副日数也;大节十二分,副月数也;内有五藏,副五行数也;外有四肢,副四时数也;乍视乍暝,副昼夜也;乍刚乍柔,副冬夏也;乍哀乍乐,副阴阳也;心有计虑,副度数也;行有伦理,副天地也。

所以人小的关节有三百六十六个,与一年的天数相符合;大的关节有十二个,符合一年中的月份数;身体内有五藏,符合上天有五行的数目;躯体以外有四肢,符合四季的数目;人忽然睁开眼睛看,忽然闭上眼睛,符合白昼和黑夜;忽然刚强忽然柔和,符合冬季、夏季;忽然哀痛忽然快乐,符合阴阳二气;内心中有考虑计划,符合上天的思虑安排;行为有伦理,符合上天大地的关系。

> 此皆暗肤著身,与人俱生,比而偶之弇合。於其可数也,副数;不可数者,副类。皆当同而副天,一也。是故陈其有形以著其无形者,拘其可数以著其不可数者。①

这些关系如同皮肤附着在身体上,和人类一起诞生,并列而且匹配着掩合。对其中可以计算数目的,符合数目。不可计算数目的,符合类别。全是正好相同并符合上天,是一样的。所以摆布开有形的东西以便显示出无形的东西,举出可计数的以便显示出不可计算的。

"董氏从形体生理上,把人说成与天是完全一致,这就把人与天的距离去掉了","董氏的天,是与人相互影响的,天人居于平等的地位"②。

他把他和"天人感应"的理论结合起来,认为"仁"是"天"的属性、意志,天地的美就在于它无私地长养、哺育万物。他认为,人的思想情感和各种自然现象之间有一种同类相动、相通的关系,不同的自然现象必然引起与之相应的不同的思想感情。这种说法是唯心主义的,但同时包含对人的精神和自然节律相一致的初步猜测和理解,触及人对自然的审美特征。

天人感应在肯定君权神授的同时,又以天象示警,异灾谴告来鞭策约束帝王的行为,认为:"国家将有失道之败,而天乃先出灾害以谴告之,不知自省,又出怪异以警惧之,尚不知变,而伤败乃至"(《汉书·董仲舒传》)。

---

① 《春秋繁露》卷十三 人副天数 第五十六。
② 徐复观:《两汉思想史》,华东师范大学出版社,2001,第245页。

董仲舒天人感应之说，认为各种灾异都是上天对人世帝王的谴告，灾异降临，表明帝王有过，必须自我检讨，并下诏书求贤，征求意见，匡正过失。这就使得臣下有机会利用灾祥天变来规谏君主应法天之德行，实行仁政；君王应受上天约束，不能为所欲为，这在君主专制时期无疑具有制约皇权的作用，有利于政治制约和平衡。

"廉直"的董仲舒虽然"正身"，坚守着"内圣"之道，但"以言灾异，下狱几死"；又因"公孙用事，同学怀妒。出相胶西，谢病自免"，"外王"理想尚未充分舒展，写《悲士不遇》赋，董仲舒的"不遇"，实乃"内圣外王"之道未得充分实现之悲，"从谀"的公孙弘之辈却飞黄腾达，只能从卞随、务光、伯夷、叔齐身上得到点安慰，最终求得归于一善，恭行他的"内圣"之道。

东方朔是武帝时代的儒生，《史记·滑稽列传》记载他"好古传书，爱经术"，曾上书用"三千奏牍"，武帝"读之二月乃尽"，"诏拜为郎，常在侧侍中"。但他被召至帝前，非谈国家政事，而仅仅为逗武帝谈笑取乐，形同俳优。东方朔自言："如朔等，所谓避世于朝廷间者也。古之人，乃避世于深山中。"他乘着酒酣，据地歌曰："陆沉于俗，避世金马门。宫殿中可以避世全身，何必深山之中、蒿庐之下。"金马门者，宦者署门也，门傍有铜马，故谓之曰"金马门"。① 东方朔也曾上书自荐，陈说自己文武之才，但始终未得人用。他对"吏隐"选择，是很自觉的。东方朔的"隐于金马门"，为晋王康琚的"大隐隐朝市"开了法门。

二、诗言志 文舒愤

《尚书·尧典》最早提出了"诗言志"的命题。《论语·阳货》引述孔子的话："诗可以兴，可以观，可以群，可以怨"；"怨"虽然只是四个作用里末了的一个，但"诗可以怨"成了一个艺术命题，或以为指诗可以发泄心中郁闷，或以为诗可以委婉地批评时政，或以为怨刺上政，含讥讽之意。

但"赋诗言志"流行于周礼遗风尚存的春秋时期，是外交仪式上的一种特殊表达方式。《左传》中记载 70 余次，用来规劝君主，讽刺对手，小国的大夫更通过赋诗来讨救兵、解纠纷，向敌国示威。

职业性外交专家行人，一般由史官充任，《诗经》为行人的职业性修养，行人兼有采集诗歌的职责，目的是用于朝廷或其他正式场合的礼仪中。所以，孔子说过"不学诗，无以言"（《论语·季氏》）。如晋国的孙林父出访鲁国时，表现得非常无礼，鲁国的大臣叔孙豹就用"相鼠有皮，人而无仪"来讽刺他；楚国的申包胥到秦国搬救兵，在秦庭哭到吐血，秦孝公受感动，为他吟诵《无衣》，表示愿意答应发兵救楚。

约成书于西汉的《毛诗·大序》曰："诗者，志之所之也。在心为志，发言为诗。情动于中而形于言，言之不足故嗟叹之，嗟叹之不足故永歌之，永歌之不足，不知手

---

① 引文皆见《史记·滑稽列传》。

之舞之足之蹈之也。"进一步提出了诗就是用来抒发人的志趣、情感的文学作品。

西汉伟大的历史学家和文学家司马迁受宫刑,悲愤交加,用了13年的时间,完成了巨著《史记》,在《史记·太史公自序》曰:

> 七年而太史公遭李陵之祸,幽于缧绁。乃喟然而叹曰:"是余之罪也夫!是余之罪也夫!身毁不用矣。"退而深惟曰:"夫《诗》《书》隐约者,欲遂其志之思也。昔西伯拘羑里,演《周易》;孔子厄陈、蔡,作《春秋》;屈原放逐,著《离骚》;左丘失明,厥有《国语》;孙子膑脚,而论兵法;不韦迁蜀,世传《吕览》;韩非囚秦,《说难》《孤愤》;《诗》三百篇,大抵贤圣发愤之所为作也。此人皆意有所郁结,不得通其道也,故述往事,思来者。"

司马迁认为,一切有价值的著作都是历史上的志士仁人"意有所郁结,不得通其道",而"发愤之所为作"的产物,"发愤著书"说成为我国美学史上第一个反常的、非中和的审美观。司马迁的"发愤"缘于"忧愁幽思",由于"怨",他在《史记·屈原列传》中说:"离骚者,犹离忧也。夫天者,人之始也;父母者,人之本也。人穷则反本,故劳苦倦极,未尝不呼天也;疾痛惨怛,未尝不呼父母也。"显然和屈原的"发愤以抒情"是一脉相承的,司马迁猛烈地批判儒家"怨而不言"的美学观,认为对一切不合理的黑暗现象的愤怒、反抗和斗争是完全应当的,表现了中国古代人民的英雄主义精神。"发愤著书"成为艺术评论的一个重要审美标准,但显然与儒家"温柔敦厚"的诗论异调。

处在政治十分黑暗的西汉末年和东汉初年的扬雄,在《法言·问神》中总结出了:"故言,心声也;书,心画也;声画形,君子小人见矣。"明确地把著作家的著作同他的人格、道德、精神联系起来。扬雄还在《太玄》中对"文"与"质"的矛盾统一作了一种历史的思辨考察。

审美感情是一种复杂的心理活动,任何艺术作品包括属于造型艺术的园林,都是作者审美感情的物化形态,其最本质的特征是情感的抒发。

三、卜居清旷 以乐其志

士人已经将自我从社会、群体中独立出来,抛弃传统的价值观念,注重个体生命和现实人生。为此,他们开始疏远朝廷,淡薄名利,追求享乐、自由与安宁。于是,他们将庄园经济与老庄思想结合起来,建构出一种理想的生存状态。

"不事王侯,高尚其事",出自《周易》"蛊"卦上九爻词,它的本意是如能高尚其事,不事王侯,振民育德,依然是洁身自好之士,不日可以改旧布新,重开太平。后来《后汉书》"逸民传"序引曰:

> "不事王侯,高尚其事"。是以尧称则天,不屈颍阳之高;武尽美矣,终全孤竹之洁。自兹以降,风流弥繁,长往之轨未殊,而感致之数匪一。或隐居以求其志,或回避以全其道,或静已以镇其躁,或去危以图其安,或垢俗以动其概,或疵物以激其

清。……然而蝉蜕嚣埃之中，自致寰区之外，异夫饰智巧以逐浮利者乎！荀卿有言曰，"志意修则骄富贵，道义重则轻王公"也。

"不事王侯，高尚其事"遂成为后世称颂赞美隐士的话。《后汉书·党锢传·李膺》曰："天下士大夫皆高尚其道，而污秽朝廷。"志趣高尚，不同流合污，坚持自己原则的处世哲学，也是先辈的生存智慧。

《后汉书·逸民列传》载：

> 严光字子陵，一名遵，会稽余姚人也。少有高名，与光武同游学。及光武即位，乃变名姓，隐身不见。帝思其贤，乃令以物色访之。后齐国上言："有一男子，披羊裘钓泽中。"……车驾即日幸其馆。光卧不起，帝即其卧所，抚光腹曰："咄咄子陵，不可相助为理邪？"光又眠不应，良久，乃张目熟视，曰："昔唐尧著德，巢父洗耳。士故有志，何至相迫乎！"帝曰："子陵，我竟不能下汝邪？"于是升舆叹息而去。……
>
> 除为谏议大夫，不屈，乃耕于富春山，后人名其钓处为严陵濑焉。建武十七年，复特征，不至。年八十，终于家。

严子陵为保持"士"之"志"，视爵禄为粪土，始终不肯出仕，隐逸耕钓，表现了高尚的节操，特别是他富春江钓鱼的"渔隐"方式，垂范于后世。以严子陵隐于"渔钓"精神成为后世园林的永恒主题之一。

严子陵的"不事王侯，高尚其事"的行为，可以使"贪夫廉，懦夫立，是大有功于名教也"，因歌颂道："云山苍苍，江水泱泱，先生之风，山高水长！"[①]"山高水长"成为清皇家园林"承德山庄"一处景境。

东汉初年的冯衍虽生活在光武中兴之世，依然怀才不遇，坎坷终身，写《显志赋》以抒其愤：

> 陟山谷而闲处兮，守寂寞而存神。夫庄周之钓鱼兮，辞卿相之显位。於陵子之灌园兮，似至人之仿佛。盖隐约而得道兮，羌穷悟而入术。离尘垢之窈冥兮，配乔松之妙节。惟吾志之所庶兮，固与俗其不同。既偃蹇而高引兮，愿观其从容。

《文心雕龙·才略》说冯衍："雅好辞说，而坎𪗋盛世；《显志》自序亦蚌病成珠矣。"

处在东汉和顺时期的辞赋家、天文学家张衡（78—139年），虽然学博才富，"掌侍左右，赞导众事，顾问应对"，顺帝经常将他"引在帷幄，讽议左右"。但由于深感阉竖当道，朝政日非，豪强肆虐，纲纪全失，自己既俟河清乎未期，又无明略以佐时，使他，徒临川以羡鱼，不如退而织网，于是决心超尘埃以遐逝，与世事乎长辞，汉顺帝永和三年（138年）于河间相任上乞骸骨，写《归田赋》一述其志：

> 游都邑以永久，无明略以佐时。徒临川以美鱼，俟河清乎未期。感蔡子之慷

---

① 范仲淹:《严先生祠堂记》，见《古文观止》卷九。

慨，从唐生以决疑。谅天道之微昧，追渔父以同嬉。超埃尘以遐逝，与世事乎长辞。

于是仲春令月，时和气清；原隰郁茂，百草滋荣。王雎鼓翼，仓庚哀鸣；交颈颉颃，关关嘤嘤。于焉逍遥，聊以娱情。

尔乃龙吟方泽，虎啸山丘。仰飞纤缴，俯钓长流。触矢而毙，贪饵吞钩。落云间之逸禽，悬渊沉之魦鰡。

于时曜灵俄景，继以望舒。极般游之至乐，虽日夕而忘劬。感老氏之遗诫，将回驾乎蓬庐。弹五弦之妙指，咏周、孔之图书。挥翰墨以奋藻，陈三皇之轨模。苟纵心于物外，安知荣辱之所如。

"天道之微昧，追渔父以同嬉"，要回归江湖田园，仲春的田园，风和日丽，百草丰茂，鸟语花香，禽鸟飞鸣，欣欣向荣，与龌龊的官场恰成鲜明对照！

回归自然犹如"龙吟方泽，虎啸山丘"，蓬庐远离尘嚣之外，可以轻松自由地射钓："仰飞纤缴，俯钓长流。触矢而毙，贪饵吞钩。落云间之逸禽，悬渊沉之魦鰡。"可以"弹五弦之妙指，咏周、孔之图书"，还可以挥毫奋藻，述说人生："挥翰墨以奋藻，陈三皇之轨模"。

竭力追求精神世界的宁恬，最后与冯衍一样，以老庄思想作为医治心灵的妙药："苟纵心于物外，安知荣辱之所如！"这是对摆脱宦海浮沉、仕途坎坷的深沉悲哀的深刻反省！

汉末政治更加黑暗，生灵涂炭，"举世浑浊，清士乃现"，清士包括名士、清流。"名士，不仕者"，德行高洁、负有时望，不与权贵同流合污者。大名士以陈蕃、李膺、范滂为领袖。依仁蹈义，舍命不渝，他们指点江山，激扬文字，抨击皇亲国戚、宦官太监乃至皇帝，企图移风易俗、整饬朝纲，尽管最终被宦官镇压，被处死、流放或监禁，史称"党锢"。但是，具有"党人"精神的知识分子，依然肩负时代道义，用自己的方式伸张社会正义。他们面对着"舐痔结驷，正色徒行"、"邪夫显进，直士幽藏"的时代痼疾，耿直倨傲如赵壹者，还是大胆抗议："宁饥寒于尧舜之荒岁兮，不饱暖丁当今之丰年"。[1]

秦汉之际，商山四皓为避秦乱，隐居商山，司马相如才高而不得见遇，隐居茂陵。东汉时期，"郑别谷而永逝。梁去霸而之会。高居唐而胥宇，台依崖而穴壁"。郑子真耕隐于谷口，梁伯鸾荫骑于霸陵山，高文通退居于西唐山，台孝威归隐武安山，他们或因穴为室，或凿穴为居，从容自娱。

汉末仲长统，"性俶傥，敢直言，不矜小节，默语无常，时人或谓之狂生。每州郡命召，辄称疾不就。常以为凡游帝王者，欲以立身扬名耳，而名不常存，人生易灭，优游偃仰，可以自娱。欲卜居清旷，以乐其志"[2]。他认为凡游说帝王的人，想立身扬名罢了，可是名不常存，人生易灭，优游偃仰，可以自娱，想建房子住在清旷之地，

① 赵壹：《刺世疾邪赋》，据王先谦《后汉书集解》卷110《赵壹传》，第919页。
② 《后汉书》仲长统列传，中华书局，1965，卷四十九。

以悦其志：

使居有良田广宅，背山临流，沟池环匝，竹木周布，场圃筑前，果园树后。舟车足以代步涉之艰，使令足以息四体之役。养亲有兼珍之膳，妻孥无苦身之劳。良朋萃止，则陈酒肴以娱之；嘉时吉日，则亨羔豚以奉之。蹰躇畦苑，游戏平林，濯清水，追凉风，钓游鲤，弋高鸿。讽于舞雩之下，咏归高堂之上。安神闺房，思老氏之玄虚；呼吸精和，求至人之仿佛。与达者数子，论道讲书，俯仰二仪，错综人物。弹《南风》之雅操，发清商之妙曲。消摇一世之上，睥睨天地之间。不受当时之责，永保性命之期。如是，则可以陵霄汉，出宇宙之外矣。岂羡夫入帝王之门哉！

他的理想就是：居住有良田广宅，背山面水，沟池环绕，竹木四布，场圃在前，果园在后。这是最为优越的园林生态环境。以舟车代步，养亲有珍馐美食，妻子没有苦身之劳累。有朋聚会，有酒肴招待，节日盛会，杀猪宰羊以奉之。在畦苑散步，在平林游玩，在清水之滨濯足，乘凉风习习，钓钓鱼，射射鸟。在舞雩之下讽咏，在高堂之上吟哦。有曾点气象！在闺房养神，想老子之玄虚，呼吸新鲜空气，求至人之仿佛。与少数知己，论道讲书，俯仰天地之间，评点人物之是非。弹《南风》之琴，发清商之妙曲。逍遥一世，睥睨天地之间。不受当时之责难，永保性命之期。这样，就可以升在霄汉之上，出乎宇宙之外了。难道还羡慕入帝王之门么！

钱钟书先生云：

《全后汉文》卷六七荀爽《贻李膺书》："知以直道不容于时，悦山乐水，家于阳城"；参之仲长欲卜居山涯水畔，颇征山水方滋，当在汉季。荀以"悦山乐水"，缘"不容于时"；统以"背山临流"，换"不受时责"。又可窥山水之好，初不尽出于逸兴野趣，远致闲情，而为不得已之慰藉。达官失意，穷士失职，乃倡幽寻胜赏，聊用乱思遗老，遂开风气耳。后世画师言："山水有可行者，有可望者，有可游者，有可居者"（《佩文斋书画谱》卷一三郭熙《山水训》）；统之此文，局于"可居"，尚是田园安隐之意多，景物流连之韵少。①

仲长统这篇述志之论，已经囊括了后世园林所要求的环境、物质构成要素和精神生活要素，且更侧重于精神享受的层面。

又作诗二篇，以见其志，辞中有"六合之内，恣心所欲"、"寄愁天上，埋忧地下。叛散《五经》，灭弃《风》、《雅》。百家杂碎，请用从火。抗志山栖，游心海左"②等语。与六朝宗炳在《画山水序》中提出的艺术"畅神"说已经十分相似，对大自然的山水审美，应该摆脱人间一切利害欲求，用自由而愉快的审美心境去关照和体味审美对象的审美特征和审美意蕴。

---

① 钱钟书：《管锥编》第三册《全上古三代秦汉三国六朝文》第六六则"'乐志于山水'"。
② 《后汉书》，中华书局，1965，卷四十九。

第四章 孙吴曹魏时期的园林美学思想

汉末董卓之乱,外戚和宦官同归于尽,公元184年东汉爆发了黄巾起义,豪强割据混战,中国社会陷入了大动荡、大分裂的状态,人们命如鸡犬,中原地区"铠甲生虮虱,万姓以死亡。白骨露于野,千里无鸡鸣。生民百遗一,念之断人肠","出门无所见,白骨蔽平原"的惨剧。群雄角逐中,魏蜀吴三国鼎立。

曹魏政权的缔造者曹操,挟天子以令诸侯,对内消灭二袁、吕布、刘表、马超、韩遂等割据势力,对外降服南匈奴、乌桓、鲜卑等,统一了中国北方,并实行一系列政策恢复经济生产和社会秩序,奠定了曹魏立国的基础。公元220年,其子曹丕称帝,建立曹魏,定都洛阳,占据长江以北的广大中原地区,人口稠密,经济发达,实力远胜蜀汉和东吴。正始十年(公元249年)司马懿发动高平陵政变,诛杀曹氏宗室在朝中的势力达五千余人,曹魏军政大权旁落司马氏之手。至咸熙二年(265年),司马炎篡魏,改国号为晋,曹魏灭亡。

三国之一的孙吴,历孙权、孙亮、孙休、孙皓四帝,亡于西晋,是三国之中历时最久的国家。孙吴据有今江苏、安徽、湖北的南部、浙江、福建、江西、湖南、广东五省和广西的大部、贵州的东部及越南的东北部。孙权在建业和沿江地区大规模屯田,鼓励开荒,大力兴修水利。北方南渡的农民带来了先进的生产技术,使长江中下游沿岸的太湖、钱塘江流域得到开发。

三国之一的蜀汉(221—263年),为汉皇室后裔刘备所建立,历二帝,公元263年,亡于窃取了曹魏政权的司马家族。

孙吴和曹魏时期曾大规模地修建皇家园林;士族文人、达官显贵亦大建庄园别墅,以寄情赏;命如草芥的人们普遍皈依佛、道,以求精神安慰,于是寺观园林盛行。

正始的药、竹林的酒,爱美癖和猖狂,怫郁和愤懑,殉道精神和临刑东市、索琴弹奏的悲慨,这一切,都是这一历史时期特有的精神现象,特别是如闻一多先生所说的:"一到魏、晋之间,庄子的声势忽然浩大起来……像魔术似的,庄子忽然占据了那全时代的身心,他们的生活,思想,文艺——整个文明的核心是庄子。他们说'三日不读老庄,则舌本间强。'尤其是《庄子》,竟是清谈家的灵感的泉源。从此以后,中国人的文化上永远留着庄子的烙印。"[①]

老庄思想的勃兴,中国人的内心世界所潜伏着与生俱来的人文精神,有了文化上的自觉,随着"人"的觉醒和"文"的自觉,结束了儒家经学独霸天下的局面,迎来了一个审美的新时代。

第一节 孙吴时期园林美学思想

孙权是吴国颇有才干而又好学的封建统治者,以神武雄才,兼仗父兄之烈,容

---

① 闻一多:《闻一多全集》二卷,湖北人民出版社,1993。

贤蓄众,割据江东,地方数千里,带甲百万,谷帛如山。稻田沃野,民无饥岁。并开
疆拓土,开拓海上事业,开拓江南,剿抚山越,号"命世之英"、"四十帝中功第一"!令
曹操夸奖:"生子当如孙仲谋!"

一、节俭不尚土木之功

孙权时期,无论是建高台楼阁,还是筑京城,都以尚用为原则,所以,所建台阁
主要用于军事防御功能。

如黄鹤楼原址在湖北省武昌蛇山黄鹤矶头,始建于三国时代东吴黄武二年
(223年)。唐《元和郡县图志》记载:孙权始筑夏口故城,"城西临大江,江南角因矶
为楼,名黄鹤楼",是为了军事目的而建。

岳阳楼(图4-1)前身就是阅军楼,孙权大将鲁肃奉命镇守巴丘,操练水军,在洞
庭湖接长江的险要地段建筑了巴丘古城。建安二十年(公元215年),鲁肃在巴陵山
上修筑了阅军楼,用以训练和指挥水师。阅军楼临岸而立,登临可观望洞庭全景,
湖中一帆一波皆可尽收眼底,气势非同凡响。

图4-1　今岳阳楼

黄龙元年(229年)秋九月,孙权将都城由武昌(今湖北鄂州)迁至建业(即建康,
今南京),建康濒临长江天险,与上游的荆楚地区交通往来方便,与下游的吴越地区
也有便捷的联系;钟山龙盘、石头虎踞,地形十分险要。它作为建都之所在,确实具
备优越的经济上和军事上的地位。

公元212年,三国时期的吴主孙权在金陵邑故址,利用西麓的天然石壁做基础
修筑了周长3公里左右的石头城。石头城临江控淮,恃要凭险,可以贮藏兵械和粮
饷,成为东吴水军江防要塞和城防据点。

公元 229 年孙权在此建都,始创建业城,其营建,"阖闾闾之所营,采夫差之遗法"①。"闾闾之所营",指公元前 514 年,吴国的阖闾接受伍子胥的建议:"凡欲安君治民,兴霸成王,从近制远者,必先立城郭、设守备、实仓廪。"遂兴建了吴王城,即今之苏州。吴王阖闾欲成霸业,雄心勃勃,筑城池是他"兴霸成王"的首要措施,吴王城所建八城门中,透露了阖闾时代诸侯纷争的政治形势和修筑王城的军事目的,如春秋时吴在南方的劲敌楚位于吴之西北,故吴王城西的闾门又名破楚门。越国与吴国世代为仇,所以吴城南面的"盘、蛇"二门,用的是十二生肖的方位:越方位处"巳"位,即蛇位,故筑蛇门以朝越,蛇门上还制作了一条象征越国的木蛇,蛇头向着西北,象征越国臣服和朝拜吴国;吴的主位处于龙位,其方向在辰,以龙克蛇,吴必胜越,龙以盘为稳,相传当时城门上曾刻置一条九曲蟠龙,面朝越国,因名盘门。齐门,面对北方的齐国,意指要制服齐国。齐景公慑于吴威,把女儿配给吴太子波,太子波早死,齐女思乡,吴王便在齐门上造了九层飞阁,让齐女登阁望乡,所以又名"望齐门"。平门,也有平定齐国之意,一说伍子胥打败了齐国,班师回朝,大军从此门而入,故称平门。阖闾曾被列入"春秋五霸"之一,吴城城门之名,至今读来,犹虞廪生威。因此,"阖闾闾之所营"的建业都城,周长二十里一十九步,规模、形制、宫殿、官署和民居的布局井然有序,设计理念除体现礼制规模、象天法地外,军事防御功能很鲜明,自此,建康成为六朝都城,也是皇家宫苑集中之地。

"孙权都建业,节俭不尚土木之功"②,《建康实录》卷四载陆凯谏语曰:"先帝笃尚朴素,服不纯丽,宫无高台,物无雕饰,故国富民充,奸盗不作。"

赤乌十年(247 年),孙权征发武昌的宫室材瓦等建筑材料,把城内太子宫南宫即长沙桓王孙策故府改为皇宫太初宫,位于今玄武湖畔一带。《地记》曰:"吴有太初宫,方三百丈,权所起也。太初宫苑城东部宫廷花园就是华林园,苑城占地宽广,可容三千骑演习操练。园内殿堂间叠石造山,点缀名花异卉奇石。"《舆地志》曰:"太祖凿城北沟,北接玄武湖。"

可见,苑城占地虽宽广,园林内容尚比较简单,主要为了可容三千骑演习操练。

二、果园新雨后　香台照日初

三国时在意识形态领域,印度宗教哲学与思想信仰传到中国,在中原的京(今西安)、洛(今洛阳)、江淮地区兴盛传播,中土学问僧西行求法,许多异国高僧和讲经者纷纷来到江南。

江南早在汉末即有佛塔建筑。汉献帝初平四年,丹阳郡人笮融(?—195 年)在徐州"大起浮图祠,以铜为人,黄金涂身,衣以锦采,垂铜九重,下为重楼阁道,可容三千人,悉课读佛经,分界内及旁郡人有好佛者听受道,复其他役以招致之,由此远

① 晋左思:《三都赋·吴都赋》,见《文选》,卷五。
② 梁思成:《中国建筑史》,百花文艺出版社,1998,第 69 页。

近前后至者五千余人户。每浴佛,多设酒饭,布席于路,经数十里,民人来观及就食且万人,费以巨亿计"①。张家骥先生认为,中国佛教史上,笮融是第一个以私人之力建寺庙而留名后世的人。中国楼阁式塔的起源与笮融造寺有直接关系。②

高僧康僧会世居天竺,为人弘雅,有识量,笃至好学,明解三藏,看到吴地虽然初染佛法,但风化未全,"僧会欲使道振江左,兴立图寺,乃杖锡东游,以吴赤乌十年初达建邺,营立茅茨,设像行道"③,由是江左佛法大兴。

高僧支谦(约 3 世纪)"汉献末乱避地于吴,孙权闻其才慧,召见悦之,拜为博士,使辅导东宫,与韦曜诸人共尽匡益",感于佛经"多梵文未尽翻译,乃收集众本译为汉语,从吴黄武元年至建兴中,所出《维摩》、《大般》、《泥洹》、《法句》、《瑞应本起》等四十九经,曲得圣义,辞旨文雅",使得佛法大兴于东吴。

"吴赤乌中已立寺于吴矣。"④

《吴趋访古录》记载,孙权宅址苏州有两处,一即报恩寺(俗称北寺,图 4-2),号为"吴中第一古刹",据传是赤乌年间(238—251 年)孙权为报答母亲吴太夫人的恩情舍宅而建,时称通玄寺,寺中有园。至唐代时,韦应物往游,咏曰:"果园新雨后,香台照日初。绿阴生昼寂,孤花表春馀。"

图 4-2　报恩寺园林(俗称北寺)

一为苏州东大街上通元寺(唐改为开元寺),赤乌十年(247 年),孙权为报母恩于寺中建舍利塔十三级,宋元年间改名瑞光寺。

① 《三国志》卷四九《刘繇太史慈士燮传》。
② 张家骥:《中国造园艺术史》,山西人民出版社,2004,第 90 页。
③ 《高僧传》卷一。
④ 朱长文:《吴郡图经续记》,江苏古籍出版社,1986,第 30 页。

吴国太塔,相传为孙权母亲吴国太造,在苏州太仓市茜泾。有"先有茜泾城,后有太仓城"之说。为往来船舶导航。

孙吴时的苏州,经济实力雄厚,市场繁荣。"车服则光可鉴,丰屋则群乌爱止……势利顷与邦君,储积富乎公室……童仆成军,闭门为市,牛羊掩原隰,田地布千里……而金玉满堂,姬妾溢房,商贩千艘,腐谷万庾"。

但所建寺庙,从"茅茨"、"果园"、"香台"、"绿阴"和"孤花"等词可见,风景清丽,没有出现笮融所构"以铜为人,黄金涂身,衣以锦采,重铜九重"的奢华,也不见明代卢熊《苏州府志》所说的"栋宇森严,绘画藻丽,是以壮观城邑"[1]的描写。

三、缀饰珠玉　壮丽过甚

吴后主孙皓和乃祖迥然不同,公元267年,孙皓在太初宫之东营建显明宫,太初宫之西建西苑,又称西池,即太子的园林。

据《三国吴书·孙皓传》引《江表传》曰:"皓初立,发优诏,恤士民,开仓廪,振贫乏,科出宫女以配无妻,禽兽扰於苑者皆放之。当时翕然称为明主。皓既得志,粗暴骄盈,多忌讳,好酒色,大小失望。"孙皓得志便猖狂,露出凶顽残暴、穷淫极侈的本相。

孙皓曾"昼夜与夫人房宴,不听朝政,使尚方以金作华燧、步摇、假髻以千数。令宫人著以相扑,朝成夕败,辄出更作,工匠因缘偷盗,府藏为空"。他"又激水入宫,宫人有不合意者,辄杀流之",可见其随意残害宫女,是一个十足的暴君。

《建康实录》记载孙皓:

起新宫于太初之东,制度尤广,二千石以下皆自入山督摄伐木,又攘诸营池,大开苑囿,起土山、作楼观,加饰珠玉,制以奇石,左弯崎,右临硎。又开城北渠,引后湖水激流入宫内,巡绕宫殿,穷极伎巧,功费万倍。[2]

昭明宫方五百丈,皓所作也。避晋讳,故曰昰明。《吴历》云:显明在太初之东。《江表传》曰:皓营新宫,二千石以下皆自入山督摄伐木。又破坏诸营,大开园囿,起土山楼观,穷极伎巧,功役之费以亿万计。陆凯固谏,不从。[3]

新宫成,周五百丈,署曰昭明宫。开临硎、弯碕之门,正殿曰赤乌殿,后主移居之。[4]

昭明宫缀饰珠玉,壮丽过甚,破坏诸营,增广苑囿,犯暑妨农,官私疲怠。[5]

孙皓在华林园所作新宫名昭明宫,宫苑有殿堂几十座,山上建楼阁,饰以珠宝,

---

① 卢熊:《苏州府志》。
② 许嵩:《建康实录》上,第98页。
③ 《吴书·孙皓传》第三。
④ 许嵩:《建康实录》卷四吴下后主。
⑤ 《晋书·五行》上,百衲本《二十五史》,浙江古籍出版社,1998,第1162页。

规模超过太初宫。

《建康实录》云:"吴宝鼎二年,开城北渠,引后湖水,流入新宫,巡绕殿堂。"孙皓引后湖玄武湖水入园内天渊池,终年碧波荡漾,不断流。

"太初宫西门外池,吴宣明太子所创为西苑。初吴以建康宫地为苑,其建业城……"①《晋书·五行中》云:"孙皓建衡三年,西苑言凤皇集,以之改元,义同于亮。"②

另建桂林苑。《寰宇记》云:"桂林苑在县北落星山之阳,左太冲《吴都赋》云数军实乎桂林之苑即此地也。"③

晋左思《吴都赋》曰:"东西胶葛,南北峥嵘。房栊对棂,连阁相经。阊阖诡谲,异出奇名。左称弯崎,右号临硎。雕栾镂楶,青锁丹楹。图以云气,画以仙灵。"

又曰:"高门有闶,洞门方轨。朱阙双立,驰道如砥。树以青槐,亘以渌水。玄阴耽耽,清流亹亹。列寺七里,夹栋阳路。屯营栉比,廨署棋布。横塘查下,邑屋隆夸。长干延属,飞甍舛互。"

尽管宫苑豪侈,"缀饰珠玉,壮丽过甚",但引水入园,终年碧波荡漾,楼台亭阁依山水而构筑,草木丰茂,体现了崇尚自然的山水园林特点。

第二节　曹魏园林美学思想

建安时期进一步唤起了"人的自觉"和"文的自觉"。建安名士敢于直面生灵涂炭、疾疫横行、人多短寿的社会动乱和饱受乱离之苦的个人苦难,虽也时时发出人生苦短的哀叹,更多的是激起他们提高生命的质量、惜时如金、及时建功立业、扬名后世的政治热情。

由曹操奠定基业的曹魏时期,建邺城、筑高台、修宫苑,既为军事防御所需,又是精神享乐的场域。

一、老骥伏枥　志在千里

被当时名士许劭评为"治世之能臣,乱世之奸雄"④的曹操,无疑是三国舞台上叱咤风云的大英雄,他既是政治家、军事家、文学家,也是建安名士的典型代表。曹操感叹世人"痛哉世人,见欺神仙"的懵懂无知,清醒地认识到"神龟虽寿,犹有竟时。腾蛇乘雾,终为土灰","对酒当歌,人生几何? 譬如朝露,去日苦多",即使像大禹、周公、孔子那样的圣人也"莫不有终期,圣贤不能免"(曹操《精列》),因而神仙不

①　唐许嵩撰《建康实录》卷二,文渊阁本《四库全书》。
②　《晋书·五行》上,百衲本《二十五史》,浙江古籍出版社,1998,第1162-1163页。
③　张敦颐:《六朝事迹编类》,上海古籍出版社,1995。
④　《三国志·魏书·武帝纪》裴注引孙盛《异同杂语》。

死之说终属虚妄。

其他建安名士也都如此。曹操之子曹植明确地说："虚无求列仙,松子久吾欺"（《赠白马王彪》）,"夫神仙之书、道家之言,乃云传说上为辰尾宿,岁星降下为东方朔,淮南王安诛于淮南,而谓之获道轻举……其为虚妄;甚矣哉!"（曹植《辨道论》）"仙人者,傥猱猿之属",羽化登仙不过与"雉入海为蜃,燕入海为蛤"等物类变化一样。"天地无终极,人命若朝霜"（曹植《送应氏》）;刘桢也说"天地无期竟,民生甚局促"（刘桢《诗》）;徐干谓"人生一世间,忽若暮春草"（徐干《室思诗》）;阮瑀"良时忽一过,身体为土灰"（阮瑀《七哀诗》）;"常恐时岁尽,魂魄忽高飞"（阮瑀《诗》）……

岁月短促、功名未立,建安名士却仍努力追求事功。曹操有着开创太平盛世的理想蓝图:"太平时,吏不呼门,王者贤且明。宰相股肱皆忠良。咸礼让,民无所争讼。三年耕有九年储,仓谷满盈……人耄耋,皆得以寿终。恩德广及草木昆虫。"（《对酒》）因此,他求贤若渴,效法"周公吐哺,天下归心",自己则"老骥伏枥,志在千里。烈士暮年,壮心不已"（《短歌行》）,表现出曹操以天下为己任的历史使命感和平定天下的宏大抱负。

曹操北征乌桓,消灭了袁绍残留部队在胜利班师途中,"东临碣石,以观沧海",（曹操《步出夏门行》）虽然已经是"秋风萧瑟"之时,但看到海面上"洪波涌起",浩淼接天,"日月之行,若出其中;星汉灿烂,若出其里",那日、月、星、汉（银河）都显得渺小了,它们的运行,似乎都由大海自由吐纳,诗人这种"眼中"之景和"胸中"之情交融而成的艺术境界,真有"有吞吐宇宙气象",反映了这位仿佛幽燕老将的沉雄气韵、踌躇满志、叱咤风云的英雄气概和"老骥伏枥,志在千里"的"烈士"胸襟。

魏文帝曹丕博通经史百家,又善骑射,好击剑,他面对"昔年疾疫,亲故多离其灾。徐、陈、应、刘,一时俱逝,痛何可言! ……少壮真当努力,年一过往,何可攀援。古人思秉烛夜游,良有以也。"（曹丕《又与吴质书》）,他在《黎阳作诗》三诗中,写曹军南征行军之艰苦,更突出了"救民涂炭"和志在"靖乱"的决心。

自称"生乎乱,长乎军"（曹植《陈审举表》）的曹植,字子建,曹丕弟。"愿得展功勤,输力于明君。怀此王佐才,慷慨独不群"（曹植《薤露行》）。一生都在追求"戮力上国,流惠下民,建永世之业,流金石之功"（曹植《与杨德祖书》）。虽然怀有八斗高才,但并不甘心当一文人,"闲居非吾志,甘心赴国忧"（曹植《杂诗》"仆夫早严驾"）,要做一个"名编壮士籍"的"幽并游侠儿","少小去乡邑,扬声沙漠垂。宿昔秉良弓,楛矢何参差。控弦破左的,右发摧月支。仰手接飞猱,俯身散马蹄。狡捷过猴猿,勇剽若豹螭"。"捐躯赴国难,视死忽如归"（曹植《白马篇》）,寄托了诗人对建功立业的渴望和憧憬。

"建安七子"王粲、陈琳、徐干、阮瑀、刘桢等人,都有卓荦不凡的气质。王粲的自抒壮志:"服身事干戈,岂得念所私"!"被羽在先登,甘心除国疾"（王粲《从军诗》）!陈琳云:"建功不及时,钟鼎何所铭","庶几及君在,立德垂功名"（陈琳《诗》）;刘桢则曰:"何时当来仪,将须圣明君。"（刘桢《赠从弟》其三）

曹操认为："盈缩之期，不但在天。养怡之福，可得永年。"（曹操《步出夏门行·龟虽寿》）

很多方士是研究"养怡"之法的行家。所以，曹操要罗致方士，其动机虽如曹植所说是"诚恐此人之徒接奸诡以欺众，行妖恶以惑民，故聚而禁之也"（曹植《辨道论》），实际是让他们给自己传授一些养生长寿之道。《三国志·魏书·武帝纪》注引《博物志》云：曹操"好养性法，亦解方药。招引方术之士，庐江左慈、谯郡华佗、甘陵甘始、阳城郗俭无不毕至。又习啖野葛至一尺，亦得少多饮鸩酒"。

曹操不信神仙之说，但所写游仙诗占现存诗歌的三分之一。考其游仙诗，实乃借游仙以咏怀，希望像神仙那样长寿而且健康，使其有足够的时间来从事削平群雄、统一全国、大治天下的大事业。他的祈求长寿是和"壮心"紧密联系的。

《秋胡行》写其西征张鲁苦战之时，车子掉下了山谷，作者"意中迷烦"，十分苦闷。这时出现了神仙"三老公"自称自赞神仙生活的乐趣："我居昆仑山，所谓者真人。道深有可得，名山历观，遨游八极，枕石漱流饮泉。沈吟不决，遂上升天。"作者以"壮盛智慧，殊不再来。爱时进趣，将以惠谁？泛泛放逸，亦同何为？"与之对垒，认为要珍惜精力旺盛之时以争取建功立业，遗惠后人，贪图安逸无所作为毫不足取。

在《气出唱》三首中，曹操描写自己"驾六龙，乘风而行"，遨游蓬莱，与仙人往来，获得了养气等长寿之术，然后又先后登上华阴山、昆仑山、君山等仙境，与西王母、赤松子、王子乔等仙人饮酒观舞，互祝长寿。诗中反复强调的是"寿万年"、"寿万长，宜子孙"，"长寿遽何央"，"长乐甫始宜孙子"。

在《陌上桑》中，诗人描写自己"驾虹霓，乘赤云"直登昆仑，与西王母、东君、赤松子、羡门高等传说中的神仙相交，接受了他们传授的"秘道"，"若疾风游欻飘翩"般在大自然中飞行，最后以"寿如南山不忘愆"作结。表现了他对生命的执著和留恋。是生命的赞歌，有的是对超越造化的自由的向往，有的则是以社会理想来克服个人死亡恐惧的理性思辨。

与此相同的是，不信神仙之道的曹植也写过《升天行》、《仙人篇》、《游仙》、《五游咏》、《飞龙篇》、《陌上桑》等游仙诗，其与宣扬出世无关是显而易见的。

"天地无终极，人命若朝霜"的生命意识和宇宙意识带来的"悲凉之雾，遍被华林"，自汉末至六朝，此雾不散。曹丕《与朝歌令吴质书》曰：

> 每念昔日南皮之游，诚不可忘。既妙思六经，逍遥百氏；弹棋间设，终以六博；高谈娱心，哀筝顺耳；驰骋北场，旅食南馆；浮甘瓜于清泉，沉朱李于寒水。白日既匿，继以朗月，同乘并载，以游后园。舆轮徐动，宾从无声，清风夜起，悲笳微吟。乐往哀来，怆然伤怀。余顾而言，斯乐难常，足下之徒，咸以为然。

斯乐难常，他们渴望生死能转换，死生为一，来超越死亡的束缚。

《三国志·魏书·方伎传》载：曹操长期患有极其严重的头风病，且终身未治愈。有一次曹操"先苦头风，是日疾发，卧读陈琳所作，翕然而起，曰'此愈我病'。数加厚赐"①。

　　神医华佗是曹操的保健医生,《三国志·魏书·方技传第二十九》记载:"太祖闻而召佗,佗常在左右。太祖苦头风,每发,心乱目眩,佗针鬲,随手而差……后太祖亲理,得病笃重,使佗专视。佗曰:'此近难济,恒事攻治,可延岁月。'……佗死后,太祖头风未除。太祖曰:'佗能愈此。小人养吾病,欲以自重,然吾不杀此子,亦终当不为我断此根原耳。'"

　　曹操临终有"吾有头病,自先著帻;吾死之后,持大服如存时,勿遗"的遗令。"帻"是当时流行的一种包头巾,正式的帽子戴在帻之外。曹操说自己的头很怕风寒,须注意保暖,死后仍然如此。今在河南省安阳县安丰乡西高穴村发现的曹操墓中,出土了一件刻有"魏武王常所用慰项石"铭文的药用石头(图4-3)。慰项石,是魏武王曹操治疗自己头风病时敷脖子的药物。明代大医学家李时珍所著《本草纲目》石部中记载:"理石,主治解烦毒,止消渴,及中风痿痹。石膏,主治中风寒热。慈石,主治除大热烦满及耳聋,颈核喉痛。空青,主治头风。矾石,主治除风去热,治中风。玄精石,主治止头痛。"可见,石头的确有治疗脖子疼、头疼中风病的疗效。

图4-3　魏武王常所用慰项石

　　《世说新语·伤逝》载:"仲宣好驴鸣,既葬,文帝临其丧,顾语同游曰:'王好驴鸣,可各作一声以送之。'赴客皆一作驴鸣。"

　　王粲生前喜欢听驴鸣,故赴客皆作驴鸣送之! 视死如生,来削减自己对丧失友人的悲痛以及对死亡的恐惧,恰是体现了他们对生的渴望!

二、备皇居之制度

　　汉末"自丧乱以来,坟墓无不发掘"。

　　赤眉军曾发掘西汉诸帝陵,"取其宝货,遂污辱吕后尸。凡贼所发,有玉匣殓者率皆如生,故赤眉得多行淫秽"。(《刘盆子传》)

　　"时三秦人尹桓、解武等数千家,盗发汉霸、杜二陵,多获珍宝……(茂陵)赤眉取陵中物不能减半,于今犹有朽帛委积,珠玉未尽。"(《索琳传》)

　　"阳城子张名衡,蜀郡人。王翁时,与吾俱为讲学祭酒,及寝疾,预买棺椁,多下锦绣,立被发冢。"(东汉桓谭《新论》)

----

　　①　《三国志·魏书·王粲传》注引《典略》。

曹操特设"丘中郎将、摸金校尉","亲临发掘,破棺裸尸,略取金宝","所过堕突,无骸不露"[①],筹集军资。

曹操和曹丕亲睹"烧取玉匣金缕,骸骨并尽",惧怕"焚如之刑",并认为被盗墓之"祸由乎厚葬封树",因此,曹操和曹丕倡导薄葬,并形之于律令。《三国志·武帝纪》记载,曹操遗令道:"天下尚未安定,未得遵古也。葬毕,皆除服。其将兵屯戍者,皆不得离屯部。有司各率乃职。敛以时服,无藏金玉珍宝。"(《三国志·魏书·武帝纪》)

曹丕写《终制》,即遗诏曰:"寿陵因山为体,无为封树,无立寝殿,造园邑,通神道……故吾营此丘墟不食之地,欲使易代之后不知其处。无施苇炭,无葬藏金银铜铁,一以瓦器,合古涂车、刍灵之义。棺但漆际会三过,饭含无以珠玉,无施珠襦玉匣,诸愚俗所为也……若违今诏,妄有所变改造施,吾为戮尸地下,戮而重戮,死而重死。臣子为蔑死君父,不忠不孝,使死者有知,将不福汝。"

但生前享受是不可少的。何晏《景福殿赋》曰:"昔在萧公,暨于孙卿。皆先识博览,明允笃诚。莫不以为不壮不丽,不足以一民而重威灵。不饬不美,不足以训后而永厥成。故当时享其功利,后世赖其英声。"故"立景福之秘殿,备皇居之制度"。

邺城的营建是"备皇居之制度"的一大壮举。建安十五年(210年)冬,曹操取得北征、东进等胜利之后,营建邺都。邺城前临河洛,背倚漳水,虎视中原,凝聚着一派王霸之气。邺城由南北二城构成,坐北朝南,布局规整,形制呈长方形,皇城、宫城、郭城相套呈"回"字形,主要建筑围绕中轴线左右对称布局,城内街路呈棋盘状,反映"天象意识",以达"天地人"完美和谐。北城"东西七里,南北五里"[②],俗称"七五"城,呈纵长方形,长宽比约3∶2,"从黄金分割矩形的纵横之比1∶0.618来看,三二开被认为是最美的、接近黄金律之比的开本。"[③]曹魏邺都据城区空间划分,呈东西排列、左右对称的布局。邺城因中轴对称、分区布局、功能明确,成为"中国古代都城建设之典范",中世纪东亚都城城制系统之源。

曹操在邺城的西北隅修建了铜雀、金虎、冰井三台,铜雀台位于三台中间,最为壮观,南与金虎台、北与冰井台相去各六十步,中间阁道式浮桥相连接,"施,则三台相通,废,则中央悬绝"。铜雀台上楼宇连阙,飞阁重檐,雕梁画栋,气势恢宏。据史书载,铜雀台最盛时台高十丈,台上又建五层楼,离地共二十七丈。按汉制一尺合市尺七寸算,其高达六十三米。窗户都用铜笼罩装饰,在楼顶又置铜雀高一丈五,舒翼若飞,神态逼真。日初出时,流光照耀。在台下引漳河水经暗道穿铜雀台流入玄武池,用以操练水军。

建成之日,曹操在台上大宴群臣,慷慨陈述自己匡复天下的决心和意志,又命

① 《袁绍传·注引·魏氏春秋》。
② 《水经注 浊漳水》,江苏凤凰出版社,2011,第84页。
③ 岸俊男:《探寻日本古代都城的源流》,见《考古与文物》1998年,第四期。

武将比武,文官作文,以助酒兴。

《三国志·魏志》云:"铜雀台新成,公将诸子登之,使各为赋。次子曹植,才思敏捷,援笔立就,写下了《登台赋》,传为美谈。操大异之。"其略曰:"见天府之广开兮,观圣德之新营。建高殿之嵯峨兮,浮双阙乎太清。立冲天之华观兮,连飞阁乎西城。临漳川之长流兮,望众果之滋荣。仰春风之和穆兮,听百鸟之悲鸣。"魏文帝曹丕也写了《登台赋》,其名句为:"飞阁崛其特起,层楼严以承天。"一时间,曹氏父子与文武百官觥筹交错,对酒高歌,大殿上鼓乐喧天,歌舞拂地,盛况空前。铜雀台不但是文宴场所,也是战略要地。

铜雀台东侧还建有铜雀园,据《文选·魏都赋》注,文昌殿西有铜爵园,园中有鱼池堂皇。铜爵园西有三台,中央为铜爵台,有屋 101 间;南则金虎台,有屋 109 间;北则冰井台,有屋 145 间,上有冰室。三台与法殿阁道相通,直行为径,周行为营。园内水景"疏圃曲池,下瞰高堂","竺渚莓莓,百濑汤汤"。园内高台,"飞陛方肇而径西,三台列峙以峥嵘。亢阳台于阴基,拟华山之削成"。园内建筑,"上累栋而重溜,下冰室而沍冥"。

铜雀台及其东侧的铜雀园是邺下文人创作活动的乐园。曹丕将游园视为养生手段,芙蓉池为邺城铜雀园中之一景,芙蓉,即荷花。曹丕在《芙蓉池作》诗中,描写了自己"乘辇夜行游,逍遥步西园"夜游铜雀园描述了芙蓉池畔的优美夜景"双渠相溉灌,嘉木绕通川。卑枝拂羽盖,修条摩苍天",流水潺潺,环渠而生的嘉木葱茏,遮天蔽日,"惊风扶轮毂,飞鸟翔我前",飞鸟与人亲,惊风吹拂,似乎在为诗人扶辇,以动衬静,花香鸟语,静谧优美、生机勃发。加上"丹霞夹明月,华星出云间。上天垂光彩,五色一何鲜"!万紫千红的晚霞之中,镶嵌着一轮皎洁的明月,满天晶莹的繁星在云层间时隐时现,闪烁发光,组成了一幅多么色彩绚丽的画面!最后感慨道:"寿命非松乔,谁能得神仙!"曹丕向来不信神仙方士之事,"王乔假虚辞,赤松垂空言",惟有在这如画的景色之中,适性游乐,使身心愉悦,以求长寿。"遨游快心意,保己终百年"!

曹植《公宴》诗:"公子敬爱客,终夜不知疲,清夜游西园,飞盖相追随。"夜以继日的欢游情景。

建安十三年(208 年)左右,曹操还在邺城之西北修玄武苑,据《文选·魏都赋》载:

苑以玄武,陪以幽林。缭垣开圃,观宇相临。硕果灌丛,围木竦寻。篁筱怀风,蒲陶结阴。回渊漼,积水深。蒹葭赞,蓲蕍森。丹藕凌波而的皪,绿芰泛涛而浸潭。羽翮颉颃,鳞介浮沈。栖者择木,雏者择音。若咆渤澥与姑馀,常鸣鹤而在阴。表清篻,勒虞箴。思国恤,忘从禽。樵苏往而无忌,即鹿纵而匪禁。朕朕垌野,奕奕菑亩。甘荼伊蠢,芒种斯阜。西门溉其前,史起灌其后。澄流十二,同源异口。畜为屯云,泄为行雨。水澍粳稌,陆莳稷黍。黝黝桑柘,油油麻纻。均田画畴,蕃庐错列。

姜芋充茂,桃李荫翳家安其所,而服美自悦。邑屋相望,而隔逾奕世。

曹丕纪游玄武池的《于玄武陂作诗》写他们"兄弟共行游",一路上"野田广开辟。川渠互相经。黍稷何郁郁。流波激悲声。",苑中池中有"菱芡覆绿水。芙蓉发丹荣",池边"柳垂重荫绿",登上水中洲渚,"羣鸟讙哗鸣。萍藻泛滥浮。澹澹随风倾",这时候,诗人"忘忧共容与。畅此千秋情。"游园给他们带来无穷的精神愉悦。

洛阳皇城千秋门内有西游园,南为御道,东邻宫城。黄初二年(221年)魏文帝筑凌云台,台高20丈,上壁方13丈,高9尺,台上楼观方四丈,高五丈,制度极为精巧,据称营建之际"先称平众材,轻重当宜,然后构造,乃无销株递相负揭飞以至于台虽高峻,常随风摇动,但终无崩坏。台前作明光殿,殿西累砖作道,可通台上"。

"台下有碧海、曲池;台东有宣慈观,去地十丈。观东有灵芝钓台,累木为之,出于海中,去地二十丈,风生户牖,云起梁栋,丹楹刻桷,图罗列仙。刻石为鲸鱼,背负钓台,既如从地涌出,又似空中飞下。钓台南有宣光殿,北有嘉福殿,西有九龙殿,殿前九龙吐水,成一海。凡四殿,皆有飞阁向灵芝往来。三伏之月,皇帝在灵芝台以避暑。"①

灵芝池开凿于黄初三年(222年),深2尺、长广150步。水中垒木为灵芝台,台高20丈,上作连楼飞观,四出为阁道,风生户牖,云起梁栋,其内皆刻桷丹楹,图写仙灵。四殿是帝王居园中起居及处理政务的地方,曹魏文帝和明帝都驾崩于嘉福殿中。各殿与灵芝台皆有飞阁相通。灵芝池中有鸣鹤舟、指南舟,备帝王行幸泛湖用。

三、崇宫殿　饰观阁

曹丕在汉旧苑的基础上扩建修筑了华林园,他和三公以下的大臣亲力亲为,据孙盛《魏春秋》记载:"黄初元年,文帝愈崇宫殿。雕饰观阁,取白石英及紫石英、五色大石于太行城之山。起景阳山于芳林园,树松竹草木,捕禽兽以充其中。于时百役繁兴,帝躬自掘土,率群臣。三公以下,莫不展力。"

魏明帝曹睿统治时期,亦崇尚奢华,大治宫苑,魏明帝在都城北宫内的东北隅,修建了芳林园,同时又在华林园的西北隅,修筑了景阳山。"大夏门内东侧,际城有景阳山,即华林园西北陬也"②。

另据记载:"建始、崇华二殿,皆在洛阳北宫"。王朗曰:"今建始殿之前,足用列朝会;崇华之后,足用序内宫;华林、天渊,足用展游宴。"③在北宫里的建始殿、崇华殿与华林园连成一片,同时也与华林园东南的天渊池相近连。在北宫的郏山前,建始殿、崇华殿、华林园、天渊池,就成了君臣们朝会与游宴兼备的地方。

有一次,崇华殿失火,高堂隆进谏,说:"人君苟饰宫室,不知百姓空竭,故天应

---

① 《洛阳伽蓝记·瑶光寺》。

② 司马光:《资治通鉴》,第2322页。

③ 同上。

之以旱,火从高殿起也……灾火之发,皆以台榭宫室为诫。"又上疏曰:"凡帝王徙都立邑,皆先定天地社稷之位,敬恭以奉之。将营宫室,则宗庙为先,厩库为次,居室为后。今圜丘、方泽、南北郊、明堂、社稷,神位未定,宗庙之制又未如礼,而崇饰居室,士民失业。外人咸云宫人之用,与兴戎军国之费,所尽略齐。民不堪命,皆有怨怒。"(晋书五行上)尽管杨阜、高堂隆等人切谏,魏明帝仍于青龙三年(235 年)"大治洛阳宫,起昭阳、太极殿,筑总章观"。《三国志》卷三《魏书·明帝纪》注引《魏略》曰:

> 是年起太极诸殿,筑总章观,高十余丈,建翔凤于其上。又于芳林园中起陂池,楫棹越歌。又于列殿之北,立八坊,诸才人以次序处其中,贵人夫人以上,转南附焉,其秩石拟百官之数。帝常游宴在内,乃选女子知书可付信者六人,以为女尚书,使典省外奏事,处当画可,自贵人以下至尚保,及给掖庭洒扫,习伎歌者,各有千数。通引水过九龙殿前为玉井绮栏。蟾蜍含受,神龙吐水,使博士马均作司南东水转百戏。岁首建巨兽,鱼龙曼延,弄马倒骑备如汉西京之制……景初元年起土山于芸林苑西陂,使公卿群僚皆负土成山,树松竹杂木善草于其上,捕以禽兽置其中……

魏明帝想要去东巡,害怕夏天天气热,于是在许昌建了一座宫殿,命名为"景福"。殿建成后,命人作赋记之,何平叔(晏)应明帝之诏,于是便作了此赋。当时许昌宫殿的建筑规模甚为可观,有清宴、永宁、安昌、临圃、承光诸殿群,韦诞景福殿赋有离殿别馆,粲如列星,安昌、延休、清宴、永宁之语,其中安昌殿十间,永宁殿七间,承光殿七间。这些殿舍虽非新建,但为配合景福殿的建设,当有所整修。

何晏称景福秘殿,"远而望之,若摛朱霞而耀天文;迫而察之,若仰崇山而戴垂云。羌瑰玮以壮丽,纷或或其难分,此其大较(角)也……岩峻岑立,崔嵬峦居。飞阁干云,浮堦乘虚。遥目九野,远览长图……尔乃文以朱绿,饰以碧丹。点以银黄,烁以琅玕。光明熠爚,文彩璘班。清风萃而成响,朝日曜而增鲜。虽昆仑之灵宫,将何以乎侈旎。规矩既应乎天地,举措又顺乎四时"。瑰玮壮丽,高耸入云,装饰精美,色彩绚丽。

第三节　正始竹林名士的园林美学思想

正始,是魏齐王曹芳的年号(240—249 年),一般包括从太和到司马炎建立晋朝近四十年时间,这时期,司马懿父子废曹芳、弑曹髦,但又宣扬以孝治天下,实际是打着名教的幌子,罗织罪名,排斥异己,大肆诛杀异己。拥曹的何晏、夏侯玄等人被杀;嵇康拒绝与司马氏合作,亦惨遭杀害。所以,《晋书》记载说:"属魏晋之际,天下多故,名士少有全者。"①时有正始名士和竹林名士之称。《世说新语·文学》"袁彦伯作《名士传》成"条刘孝标注云:"(袁)宏以夏侯太初、何平叔、王辅嗣为正始名士,阮嗣宗、嵇叔夜、山巨源、何子期、刘伯伦、阮仲容、王浚仲为竹林名士……"东晋史学家袁宏以夏侯玄、何晏、王弼为正始名士;竹林七贤阮籍、嵇康、山涛、向秀、刘伶、阮咸、王戎为竹林名士。

名士们从噩梦中惊醒,在绝望和栖惶之余,一头扎进老、庄的精神世界,作精神的冥想和遨游,寻找慰贴和疗救的药方,即"玄学"。"玄学",语出《老子》第一章:"玄之又玄,众妙之门。"玄学即以研究《老子》《庄子》和《周易》这"三玄"为基本内容,通过清谈的方式,加以推究、发挥,从而探究宇宙和人生的本原与奥秘,是老庄思想糅和儒家经义而形成的一种哲学思潮。

玄学中关于"名教"与"自然"是否相符,以及"言"与"象"能否"尽意"的两大争论,前者涉及伦理道德与审美的关系问题,后者涉及审美、艺术同理论认识的区别问题。出现了具有严格的理论思辨的专门性美学论文,如嵇康的《声无哀乐论》系统地论证了音乐美的本质在于"自然之和"。

正始和竹林正是玄学发展的两个阶段,玄学家们都把自然美当作人物美和艺术美的范本,成为园林审美的基础性缘由。

一、名教与自然

正始和竹林时期,"名教"已成为司马氏集团沽名钓誉的手段和诬害他人的武器。

"有无"关系、名教与自然的关系,是正始玄学和竹林玄学共同关心探讨的哲学命题。

《世说新语·文学》注引檀道鸾《续晋阳秋》云:"正始中,王弼、何晏好《庄》、《老》玄胜之谈,而世遂贵焉。"王弼、何晏都是当时贵族名士,影响所及,便成一代风气,也即《晋》所谓的"正始之音"。

魏晋玄学以辩证"有无"为中心。战国后期至西汉,黄老道家讨论的重点在于"无为与有为"。正始玄学家又将"有无"问题作为本体论范畴提出,代表人物何晏、王弼主张"贵无论",认为"天地万物皆以无为本"②,"以无为体",把"无"当作世界的根本,当作世界统一性的基础,当作"有"的存在根据。"有"不能作为自身存在的根据,必须依赖本体"无"。王弼说:"天下之物,皆以有为生。有之所始,以无为本。"又说:"富有万物,犹各得其德,虽贵,以无用,不能舍无以为体也。"(《老子注》)贵无派关于"有无"的观点在一定程度上揭示了现象与本质的关系,诠释了老子、道家所谓的"无形无象"即现象的本质。要求统治者"以无为为君,以不言为教"。

---

① 《晋书·阮籍传》。

② 《晋书·王衍传》。

玄学本乎道家自然之说，玄学家们又提出"名教出于自然"说，所谓"名教"，就是以"正名分"为中心的封建礼教，是为维护和加强封建制度而对人们思想行为而设置的一整套规范。西汉大儒董仲舒倡导"审察名号，教化万民"。汉武帝把符合封建统治利益的政治观念、道德规范等"立为名分，定为名目，号为名节，制为功名"，用它对百姓进行教化，称"以名为教"。内容主要就是三纲五常，故也有"纲常名教"的说法。晋袁宏《后汉纪·献帝纪》云："夫君臣父子，名教之本也。"

正始时期，正统的儒家信仰发生严重危机，王弼认为礼法只是一种外表的显示，是由外加上去的一种伪。只有去掉礼法的约束，才能达到礼法背后所要达到的真正道德。而名教本于自然，是自然本体的表现，而本体便是"无"，名教是"末"，自然是"本"，自然与名教是统一的，二者并不矛盾。因此，人类社会也应当按照这种本体的法则运作，实现无为而治。所以，刘勰《文心雕龙·论说》篇认为："于是聃、周当路，与尼父争涂矣。"

司马氏"高平陵"政变的血光，终结了正始名士的激情与安详的自我解放。竹林玄学阶段，"谯郡嵇康，与阮籍、阮咸、山涛、向秀、王戎、刘伶友善，号竹林七贤，皆豪尚虚无，轻蔑礼法，纵酒昏酣，遗落世事"[1]。

由于"竹林七贤"内心极度厌恶憎恨司马家族借用"名教"这块篡夺曹魏江山的遮羞布，所以，以道家老庄哲学中的自然为其最高的精神目标，超越虚伪刻板的官方道德模式，以离经叛道的形式向世人表达内心的压抑和淳朴人性的向往。"竹林七贤"以阮籍和嵇康为代表。

嵇康是魏武曹操之孙穆王曹林的女婿，"迁郎中，拜中散大夫"，被卷入政治漩涡中心，虽然他娶长乐亭主之后不久即移居山阳，表明了不愿介入政治的态度，但"刚肠疾恶，轻肆直言，遇事便发"[2]的个性，使他卷入政治。

嵇康直言不讳地主张"越名教任自然"[3]，宣扬"以六经为芜秽，以仁义为臭腐"[4]，公开"非汤武而薄周孔"[5]。他认为万物皆禀受元气而生，六经、礼法、名教皆束缚人性，与人的本性相对立。所以他否认"六经为太阳，不学为长夜"，坚决反对"立六经以为准"、"以周，孔为关键"，认为越名教、除礼法，才能恢复人的自然情性，突出个体人格的存在。他还公然为管蔡翻案，认为管蔡之反，是因为疑周公篡权，所以是忠于王室之表现，影射、抨击司马氏的不忠不义。[6] 嵇康之论，俨如黑暗长夜中照亮人尊严和价值的一支烛光！

---

① 见阴澹《魏纪》；"竹林七贤"之称在《魏氏春秋》、《竹林名士传》和《竹林七贤论》、《世说新语》等文献中逐步定格。

② 嵇康：《与山巨源绝交书》，见《嵇康集校注》卷二。

③ 嵇康：《与山巨源绝交书》，见《嵇康集校注》卷二。

④ 嵇康：《难自然好学论》，见《嵇康集校注》卷七，中华书局，2014。

⑤ 嵇康：《与山巨源绝交书》，见《嵇康集校注》卷二。

⑥ 嵇康：《管蔡论》，见《嵇康集校注》卷六，中华书局，2014。

表面看来,嵇康将儒道之间的关系由王弼的相互融合变成了"越儒任道"相互对立的关系,名教与自然具有了本质的冲突,二者不可能互相协调。但实际上,嵇康在《声无哀乐论》中,认为声音可以感人,如果用"礼"来抑制人的欲望感情,使之不偏不倚,用"乐"来引导人的感情欲望,通过礼乐的互相配合,名教和自然之间也可以得到协调,这和竹林名士另一代表人物阮籍的主张接近。

阮籍是建安"七子"之一阮瑀之子,史载他"志气宏放,傲然独得,任性不羁,而喜怒不形于色",他反对虚伪的名教而崇尚自然,但他的内心却是要维护真正的名教。阮籍"本有济世志"[①],他的《咏怀》诗虽然"言在耳目之内,情寄八荒之表","厥旨渊放,归趣难求"[②],但偶然也有"词近意切,旨归分明"、抒发他"壮怀激烈"之志的诗歌。如《咏怀》第三十九首:

> 壮士何慷慨,志欲威八荒。驱车远行役,受命念自忘。
> 良弓挟乌号,明甲有精光。临难不顾生,身死魂飞扬。
> 岂为全躯士,效命争战场。忠为百世荣,义使令名彰。
> 垂声谢后世,气节故有常。

词旨雄杰壮阔,语言雄浑,这个"壮士"分明有着"捐躯赴国难,视死忽如归"[③]的"游侠儿"影子。阮籍早期以儒学思想为主,崇尚礼乐刑政一体之治,但有感于名教的堕落,面对"名士少有全者"和"但恐须臾间,魂气随风飘"[④]的严酷现实,有感于名教的堕落,遂转入庄学思想轨道,崇尚自然和追求个体的精神自由。他"口不论人过"、"言皆玄远,未尝臧否人物","籍由是不与世事,遂酣饮为常"[⑤],以酣饮和故作旷达来逃避司马氏的迫害。由于内心依然执著于真"名教"和"终身履薄冰"[⑥],"时率意独驾,不由径路,车迹所穷,辄痛哭而返"[⑦],遂形成了一个焦虑苦闷的精神世界,构成了一个双重结构的人格,最后郁郁以终。

鲁迅先生说,"魏晋时代,崇奉礼教的看来似乎很不错,而实在是毁坏礼教,不信礼教的;表面上毁坏礼教者,实则倒是承认礼教,太相信礼教。"

二、竹林玄学思想

竹林七贤在哲学观念上皈依老庄,嵇康自称"老子、庄周,吾之师也"[⑧]、"托好

---

① 《晋书·阮籍传》。
② 钟嵘:《诗品》。
③ 曹植:《白马篇》。
④ 阮籍:《咏怀诗》第三十二首。
⑤ 《晋书》阮籍本传。
⑥ 阮籍:《咏怀诗》第三十二首。
⑦ 《晋书·阮籍传》。
⑧ 嵇康:《与山巨源绝交书》,见《嵇康集校注》,卷二,中华书局,2014。

《庄》、《老》,贱物贵身,志在守朴,养素全真"①;阮籍"博览群籍,尤好《庄》、《老》"②。他们嗜好畅言玄理:嵇康著《声无哀乐论》、《养生论》等;阮籍著有《大人先生传》、《达庄论》等;阮咸有《易义》,向秀有《儒道论》、《周易义》等。可以窥见其玄学主张和理想人格,对士人园林美学思想影响极大。

嵇康在《声无哀乐论》主"忘言得意之义"③,提出:"盖心不系于所言,言或不足以证心","言为工具,只为心意之标识"。主张"和声无象",即"不以哀乐异其度,犹之乎得意当忘言,不因方言而异其所指也"。玄学大师王弼从认识论角度,提出了"得意在忘言"这一玄意很浓的审美观。得意忘言之说,溯源于老庄,《庄子·天道》云:"世之所贵道者书也,书不过语,语之所贵者意也,意有所随。意之所随者,不可以言传也,而世因贵言传书。世虽贵之,我尤不足贵也,为其贵非其贵也。"

意思是说:世人所看重的书或言毫无价值,因为有价值的东西是不可以言传的。这里不可言传的东西仍是"道",相当于后来"言不尽意"论所讲的"意",只不过谈论的角度与前面有所不同。

言不尽意的理论,滥觞于《周易·系辞上》所引孔子之语:"子曰:'书不尽言,言不尽意。然而圣人之意其不可见乎?'子曰:'圣人立象以尽意,设卦以尽情伪,系辞焉以尽其言。'"启发了包括园林艺术在内的艺术创作理论。

《庄子》的《养生主》,讨论了养生的主要关键:"吾生也有涯,而知也无涯。以有涯随无涯,殆已!已而为知者,殆而已矣!为善无近名,为恶无近刑。缘督以为经,可以保身,可以全生,可以养亲,可以尽年。"要顺应自然之道,把它作为处世的常法。不要为善去追求功名,也不要为恶而遭受刑辱,要善于避开一切矛盾、是非,"以无厚入有间",在矛盾是非的空隙中苟全性命,这样才能"保身"、"全生"、"养亲"、"尽年"。这样的养生之道,实际上是从老子"知足不辱,知止不殆,可以长久"的思想发展而来,反映了庄子避害全生的思想,是一种积极的处世哲学。

嵇康意识到现在人类之所以短命,是情与物等方面摧残的结果,"以为神仙禀之自然,非积学所得,至于导养得理,则安期、彭祖之伦可及,乃著《养生论》"④。从庄子的"贵生、保身"理论出发,主张调情感、除物诱、排智巧,做到"清虚静泰,少私寡欲",批评"声色是耽"的纵欲生活。全面阐述了养生问题,而且将养形与养神结合,强调顺性、去欲,高扬人的主体精神,使养生问题虽受道教徒的方术影响,但却不失形上思辩色彩。这样使"养生"成为玄学的精要问题。

少私寡欲、知足常乐,正是中国文人园林立意的重要主题之一。

阮籍《大人先生传》通过主角"大人先生"对"士君子"、隐士、樵夫的不同评价,

① 嵇康:《幽愤诗》。
② 《晋书·阮籍传》。
③ 汤用彤:《汤用彤学术论文集》,中华书局,1983,第129页。
④ 《晋书·嵇康传》。

阐述了他心目中精神自由的终极理想。

大人先生尝居苏门之山，养性延寿，与自然齐光。作者认为，"士君子""服有常色，貌有常则，言有常度，行有常式。立则磬折，拱若抱鼓。动静有节，趋步商羽，进退周旋，咸有规矩。心若怀冰，战战栗栗。束身修行，日慎一日。择地而行，唯恐遗失。颂周、孔之遗训，叹唐、虞之道德，唯法是修，为礼是克。手执珪璧，足履绳墨，行欲为目前检，言欲为无穷则"。"扬声名於后世，齐功德於往古"，"君子之高致，古今不易之美行也"，实际上，他们崇尚并竭力维护的名教社会，充满着危险，布满了陷阱，如同虮虱处于人的裤裆，自以为得计，但一把火可把一切烧得干干净净。在阮籍看来，"士君子"眼狭思窄，死守礼法名教框框，他们是精神的残缺者，他们对成功的追求，破坏了自然平衡，他们不知顺天道变化之理，在无法超越的轮回里打转转，这样的人生实在是悲惨的。

人的自由或乐土既然不在名教之内，那"隐士"到"山林"之中过隐逸生活，与木石为邻，行不行呢？还是受到"大人先生"的批评。

因为"太初真人，惟天之根，专气一志，万物以存"，"至人无主，天地为所；至人无事，天地为故；无是非之别，无善恶之异，故天下被其泽而万物所以炽也"。阮籍这里所说"真人"或"至人"，即是他在《达庄论》里所说的以死生为一的"至人"，在"真人"或"至人"的主观精神世界中，作为自我意识的主体与作为自然的客体是合二为一的。"至人"或"真人"超越了是非善恶，这是"天人合一"式的混饨的精神境界。

"隐士""避物而处"，仍然有是非观念，必然要"忿激以争求，贵志而贱身"、"薄安利以忘生，要求名以丧体"，不可能得到精神的安宁与稳定，维持自己的真性和保护自己的生命。而是应物但又"不以物累"，在任何地方或任何时候都能保持心灵的和谐与平衡。像是追求精神自由的状态，但他们追求的只是离开人世纷乱，沽一己清名尔，离精神自由远矣。

"薪者"的"圣人以道德为心"，"以无为力用"，也即是《达庄论》所说的"无为之心"。"不以人物为事，尊显不加重，贫贱不自轻，失不自以为辱，得不自以为荣"。在玄学哲学中，一般把"无怀"称之为"无心"。不仅超越富贵贫贱的差别，而且超越了生死的差别。懂得一些穷达无定、不能以眼前状态推定日后状态的发展观，自以为人生既然都是渺茫变化无定的，打柴混日子也蛮好的。

按照阮籍的看法，善恶、贫贱、富贵等都属于社会层面的差别，超越了这些差别，也就实现了对社会的超越。生死是个体自我生命的差别，超越了生命的差别，也就实现了对个体自我的超越。

因此，大人先生称薪者之说为"虽不及大"，但能做到这一步，固属不易，且离至理不远，所以大人先生还要称赞薪者所说的道理是"庶免小矣"！大人先生不仅要超越于社会和个体之上，而且还要超越于天或自然界之上。而"大人先生披发飞鬓，衣方离之衣，绕绂阳之带。含奇芝，嚼甘华，吸浮雾，餐霄霞，兴朝云，飀春风。奋乎太极之东，游乎昆仑之西，遗辔颓策，流盼乎唐、虞之都，超世而绝群，遗俗而独往,登乎太始之前,览乎忽漠之初,虑周流於无外,志浩荡而自舒,飘飘於四运,翻翮翔乎八隅。欲从而仿佛,洸漾而靡拘,细行不足以为毁,圣贤不足以为誉。"

没有始终,没有约束,没有分立对比,无边无际,心融化外,这才是人生至贵啊。到无限的天地之际作精神上的驰骋邀游。

阮籍所说的超越,实际上是在精神领域内个体与宇宙的合一,是主观精神上的某种自我感受,或者说是一种精神境界。一个人有了这样的精神境界,就可以产生一种由有限到无限、由相对到绝对的体验,获得无上的快乐、逍遥和自由,有一种彻底解放之感。

"飘飘于天地之外,与造化为友",强调超越名教到超现实的彼岸世界去寻找在现实的此岸世界中并不存在的逍遥与自由。

阮籍所理解的超越,其实是一种精神的超越,而不是一种肉体上的超越。大人先生的人格是最理想的,他的精神世界是最自由,①实际上,这只能是一种庄子式的幻想或幻觉。

阮籍在《大人先生传》中说:"大人先生尝居苏门之山。"而《晋书·阮籍传》说:"籍尝于苏门山遇孙登,与商略终古及栖神道气之术。"《三国志·王粲传》注引《魏氏春秋》说:"籍少时尝游苏门山。苏门有隐者,籍从之,与谈太古无为之道,及论五帝三王之义。籍乃假苏门生之论以寄所怀。"《世说新语·栖逸》注引《竹林七贤论》说:"籍归,遂著《大人先生传》,所言皆胸怀间本趣。大意谓先生与己不异也。"

孙登虽然是个隐士,但大概也是崇尚"大人先生"式的人格与思想,这与阮籍所理想的人格或追求的思想正相合拍,所以,阮籍借孙登其人"以寄所怀"。《大人先生传》不仅反映了阮籍自己的思想旨趣,而且也反映了当时一些士人的思想旨趣,代表了与正始玄学不同的、以追求个体自我的精神自由为内容的玄学倾向。

三、任情执性、飘逸自然的名士风度

正始和竹林名士在美学风格上则是追求"仙风道骨"的飘逸和脱俗,好仪容是其中重要内容。不同的是曹魏正始时期看重外表之美,注重剃须傅粉等修饰。竹林名士则更看重天生丽质。

有"傅粉何郎"之称的正始名士何晏,本来就"美姿仪,面至白","魏明帝疑其傅粉,正夏月,与热汤饼。既噉,大汗出,以朱衣自拭,色转皎然"②。何晏脸白得引起魏明帝疑心他脸上搽了一层厚厚的白粉,夏日赏赐他热汤面吃,使他大汗淋漓,只好用自己穿的衣服擦汗。可他擦完汗后,脸色显得更白了,明帝这才相信他没有搽粉。何晏还不满足,喜欢修饰打扮,性自喜,动静粉白不去手,甚至行步顾影。

英雄曹操也难免俗,据《世说新语·容止》记载:"魏武将见匈奴使,自以形陋,

---

① 冯友兰:《中国哲学史新编》第四册,人民出版社,第102页。
② 《世说新语·容止》。

不足雄远国,使崔季圭代,帝自捉刀立床头。既毕,令间谍问曰:'魏王何如?'匈奴使答曰:'魏王雅望非常,然床头捉刀人,此乃英雄也。'魏武闻之,追杀此使。"崔季圭是崔琰的字,东汉末年名士,曹操帐下谋士,他相貌俊美,曹操自认自己形貌丑陋,让崔琰作为自己替身去见匈奴使者。

竹林名士虽也重容仪,但一任自然。如《晋书·嵇康传》记载,嵇康"身长七尺八寸,美词气,有风仪,而土木形骸,不自藻饰",刘孝标注《世说新语》引《康别传》也说嵇康"伟容色,土木形骸,不加饰厉"。阮籍也是容貌瑰杰,不妆饰的妆饰,体现出魏晋自然主义风尚的真义。

嵇康的土木形骸、不加修饰的天质自然之美,乃自由率性之所至,非雕琢粉饰所能及。率性出于自然,自然乃成高格。

嵇康"息徒兰圃,秣马华山;流蟠平皋,垂纶长川。目送归鸿,手挥五弦。俯仰自得,游心太玄"①;"淡淡流水,沦胥而逝,泛泛柏舟,载浮载滞,微啸清风,鼓楫容裔,放棹投竿,优游卒岁"②。嵇康的高情远趣、率然玄远,那清冷的韵味、闲适愉悦日常审美意向,悠悠然渗入心灵的土壤,那么自然!

嵇康的"龙章凤姿"、"肃肃如松下风,高而徐引"、"为人也,岩岩若孤松之独立;其醉也,傀俄若玉山之将崩"的"容色奇伟",及"恬静寡欲,含垢匿瑕,宽简有大量"的高洁品格,构成了嵇康秀外而慧中的人格风神。

嵇康的人格魅力具有巨大的磁场,《晋书·嵇康传》称:"东平吕安,服康高致,每一相思,辄千里命驾。康友而善之。"向秀《晋书》本传说他"与康偶锻于洛邑,与吕安灌园于山阳,收其余利,以供酒食之费。或率尔相携观原野,极浪游之势,亦不计远近,或经日乃归,复修常业。"而钟会携书欲与之交而不得,因而衔怨构隙。《竹林七贤论》云:"山涛与阮籍、嵇康皆一面,契若金兰。"

嵇康生命中的每一瞬都是极美的,甚至因"莫须有"的罪名,"将刑东市,太学生三千人,请以为师,弗许。康顾视日影,索琴弹之曰:'昔袁孝尼尝从吾学《广陵散》,吾每靳固之,《广陵散》与今绝矣!'时年四十。海内之士,莫不痛之。"③

《世说新语·雅量》也载:"嵇中散临刑东市,神气不变。索琴弹之,奏《广陵散》。曲终,曰:'袁孝尼尝请学此散,吾靳固不与,广陵散于今绝矣!'太学生三千人上书,请以为师,不许。文王亦寻悔焉。"

临刑自若,手操古琴,用生命演奏《广陵散》,曲绝人终,嵇康用一颗纯真的心,在没有道德尊严和是非曲直的历史时期,舍生取义,维持了尊严与人格,追寻到了他自己认可的生命意义。他代表一个时代的社会良心。其人格中高扬在外的是道家的自然、恬淡与无为,蕴籍于内的却是儒家的执著、慎独和责任。

---

① 嵇康:《兄秀才公穆入军赠诗十九首》之十五。

② 嵇康:《酒会诗》。

③ 《晋书·嵇康传》。

如果说嵇康是"不惜拿自己的生命、地位、名誉来冒犯统治阶级的奸雄,假借礼教以维权位的恶势力……这是真性情、真血性和这虚伪的礼法社会不肯妥协的悲壮剧。这是一班在文化衰堕时期替人类冒险争取真实人生真实道德的殉道者"①,那阮籍主要是"以狂狷来反抗这乡原的社会,反抗这桎梏性灵的礼教和士大夫阶层的庸俗,向自己的真性情、真血性来掘发人生的真意义、真道德"②。

《晋书·阮籍传》称阮籍"志气宏放,傲然独得,任性不羁,而喜怒不形于色。或闭户视书,累月不出;或登临山水,经日忘归。博览群籍,尤好《庄》《老》。嗜酒能啸,善弹琴。当其得意,忽忘形骸。"阮籍故意做出令"礼教"之徒难堪的反俗举动,《晋书·阮籍传》载:

> 籍嫂尝归宁,籍相见与别。或讥之,籍曰:"礼岂为我设邪!"邻家少妇有美色,当垆沽酒。籍尝诣饮,醉,便卧其侧。籍既不自嫌,其夫察之,亦不疑也。兵家女有才色,未嫁而死。籍不识其父兄,径往哭之,尽哀而还。其外坦荡而内淳至,皆此类也。

> 性至孝,母终,正与人围棋,对者求止,籍留与决赌。既而饮酒二斗,举声一号,吐血数升。及将葬,食一蒸肫,饮二斗酒,然后临诀,直言穷矣,举声一号,因又吐血数升,毁瘠骨立,殆致灭性。

阮籍为母守丧期间,饮酒食肉,遭到何曾的弹劾。何曾还当面指责阮籍:"卿恣情任性,败俗之人也。今忠贤执政,综核名实。若卿之徒,何可长也?"

"籍又能为青白眼,见礼俗之士,以白眼对之。及嵇喜来吊,籍作白眼,喜不怿而退。喜弟康闻之,乃赍酒挟琴造焉,籍大悦,乃见青眼。"对尊重喜爱之人目光正视眼珠在中间为青眼,对鄙薄憎恶之人目光向上或斜视为白眼。

《晋书·阮籍传》称:"籍闻步兵厨营人善酿,有贮酒三百斛,乃求为步兵校尉。"阮籍的嗜酒,固然因为如王忱所说:"阮籍胸中块垒,故须酒浇之。"③其实,他的醉酒,却也是避祸的手段。《晋书》本传载:"文帝初欲为武帝求婚于籍,籍醉六十日,不得言而止。钟会数以时事问之,欲因其可否而致之罪,皆以酣醉获免。"司马昭要与他攀亲家,他不好拒绝,就以醉酒拒之。

老庄精神已经完全内化为竹林名士的自觉的思想意识。刘伶、阮咸皈依老庄,自然淡泊。《世说新语》称"刘伶恒纵酒放达,或脱衣裸形在屋中,人见讥之。伶曰:'我以天地为栋宇,屋室为裈衣,诸君何为入我裈中?'傲岸绝俗。《世说新语·文学》记他"常乘鹿车,携一壶酒,使人荷锸随之,云:'死便掘地以埋。'土木形骸,遨游一世。"

阮咸更离谱,"阮咸亦能饮,一次,宗人共集,以大瓮盛酒,围坐相向大酌。时有

① 宗白华:《论〈世说新语〉和晋人的美》,见《天光云影》,北京大学出版社,2005,第67页。
② 宗白华:《论〈世说新语〉和晋人的美》,见《天光云影》,北京大学出版社,2005,第67页。
③ 《世说新语·任诞》。

群猪来饮,阮咸便随之而上,一同饮之"。于七月七日晾衣节,在自家院子里用高竿挂了一条大短裤(犊鼻裈)。居丧期间与姑姑的鲜卑侍女私通,后又骑驴追之,一起乘驴子返回,惹得世议纷然。

1961年在南京西善桥南朝墓出土的砖刻画《竹林七贤与荣启期》中,嵇康、王戎、刘伶头上梳的是未成年童子的两角髻而不是传统礼仪要求的束发加冠,那位荣启期更是一头披发。王隐《晋书》说:"魏末,阮籍嗜酒荒放,露头散发,裸袒箕踞。"七贤图中,山涛、阮籍、向秀、阮咸倒都头戴巾子,简朴、随意,显得洒脱、飘逸。时以幅巾即方巾为雅。除荣启期跪坐外,其余七人都是箕踞而坐,且多祖露身体(图4-4)。

图4-4　竹林七贤与荣启期

竹林七贤广袖长裾、飘飘似仙的衣冠及"清远脱俗"的审美思想,对士大夫园林美学以深远影响。

第五章　两晋园林美学思想

公元 280 年，晋武帝司马炎灭吴，建立西晋，暂时结束了东汉末年以来近百年的分裂。但西晋立国仅 37 年，就在"八王之乱""永嘉之乱"中亡国了。中国再次出现南北三百年大分裂的局面。

在"永嘉之乱"战火中，中原士族纷纷逃奔江南，并凭借长江天堑，拥戴琅邪王司马睿为帝，建立了一个偏安江左的东晋王朝。

汉末以来的所谓人物品藻，是通过社会舆论的品评向统治者推荐人才。曹魏时期确立了"九品中正制"，即据个人的德行才能、家族阀阅而给予不同品第（乡品），然后授予各种官职。凡九品以上官吏及得到中正品第者，皆为士，未经中正品评者，不得仕为品官。"族"即凭借父祖官爵得以入仕清显并累世居官的家族，是为士族。"士"与"族"的结合，形成了门阀世族，士族制度巩固于西晋，鼎盛于东晋。

两晋时期，士族在政治上垄断政权，经济上封锢山泽，占有大片土地和劳动力，文化上崇尚清谈。该时期出现的人物的品藻、玄学的探讨和各门文艺理论的批评，诸如：西晋陆机《文赋》主张"诗赋欲丽"、东晋顾恺之（约 346—约 407 年）绘画提出"以形写神"、郭象倡"名教即自然"说等，都体现了从先秦两汉以来重善轻美的美学传统向重美轻善的转变的趋势，对于"人"和"自然"都采取了"纯审美"的态度，人物品藻更演变为对人物的个性气质、风度、天赋、独特的心理感受等角度来观察审美与艺术问题，更为深入地看到了审美与艺术所具有的特征。

"园林"一词已频频出现在诗文中，如西晋张翰"暮春和气应，白日照园林"[①]、左思"驰骛翔园林，菓下皆生摘"[②]，生活在晋宋之交的陶渊明，已经直接歌颂园林之美："静念园林好，人间良可辞"[③]、"诗书敦宿好，林园无世情"[④]。园林化的寺观普遍出现。

第一节　西晋园林美学思想

曹魏的屯田制逐渐破坏，《三国志·曹爽传》曰："何晏等专政，共分割洛阳、野王典农部桑田数百顷，及坏汤沐地以为产业。"

至西晋颁布了"占田制"，在允许农民占垦荒地的同时，对官僚士族占田、荫客、荫亲属等具有特权规定：一品官有权占田五十顷，以下每品递减五顷，至九品占田十顷。还可以荫亲属，多者九族，少者三族。并可荫佃客十五户到一户、荫衣食客三人到一人。政府则确认和保护士族占到大量土地和户口。

---

① 张翰：《杂诗》三首之一，见萧统编、李善注《文选》卷二十九，中华书局，1977，第 420 页。
② 左思：《娇女诗》，见文学古籍刊行社影印明翻宋陈玉父本《玉台新咏》。
③ 陶渊明：《陶渊明集》卷三《庚子岁五月中从都还阻风于规林其二》，中华书局，1979，第 72 页。
④ 陶渊明：《陶渊明集》卷三《辛丑岁七月赴假还江陵夜行涂口》，第 74 页。

西晋时，人们觉得："淮海变微禽，吾生独不化，虽欲腾丹溪，云螭非我驾，愧无鲁阳德，回日令三舍。临川哀乎迈，抚心独悲咤。"[①]"升天成仙"既然遥渺难及，现世享乐才触手可及。于是西晋"纲纪大坏，货赂公行，势位之家，以贵陵物，忠贤路绝，逸邪得志，更相荐举，天下谓之互市焉"。卖官买官，成为"市场"。

从皇帝到士族，贪婪成性，封锢山泽，占有大片土地和劳动力；生活奢糜，挥金如土，尽情自我享受；清谈之风甚炽，士人们手持玉如意，整天谈玄论道，洒脱旷达，追求率性与自由。

一、"孔方兄"拜物教

西晋的开国皇帝司马炎，奉承他的人说他比得上汉文帝刘恒，有一天他问司隶校尉刘毅："你看我可以和汉代哪个皇帝相比？"刘毅答道："可以与东汉末年的桓、灵二帝相比。"司马炎有点感到意外，说："我虽然赶不上古人，怎么说也统一了大江南北，将我与昏君相比，过分了罢！"刘毅说："桓帝、灵帝卖官，将钱纳入国库；陛下卖官，将钱装进私人的腰包。从这点看，你还不如桓、灵二帝。"司马炎只好以大笑掩饰尴尬。

中国历史上最有名的白痴皇帝晋惠帝司马衷，是司马炎的嫡次子，在全国发生大饥荒、百姓饿死无数时，居然劝人吃肉糜。《晋书·惠帝纪》载："及天下荒乱，百姓饿死，帝曰：'何不食肉糜？'"，成为千古笑话。

"钱神"使西晋统治者手中的权力发生畸变，完全成了敛财的工具。

石崇是大司马石苞的儿子，家世显赫，本人又做过荆州刺史，让部下扮成蒙面大盗"江贼"，在长江中专抢富商大贾，累积了无法估计的财富与家产。石崇说："作为一个士人，就应该让自己富贵。"

皇亲西阳王司马羕，他叫手下冒充大别山区的"蛮人"，在长江中当"江贼"，被武昌太守陶侃（陶渊明的曾祖父）逮个正着。

皇亲国戚和士族在"占田制"的庇护下，占有欲空前膨胀。政治上有势力的高门纷纷占有国有的稻田，史称"官稻田"。晋武帝太始三年（267年）司隶校尉上党李憙劾："故立进令刘友、前尚书山涛、中山王睦、故尚书仆射武陔各占官三更稻田，请免涛、睦等官。陔已亡，请贬谥。"[②]山涛与刘友、武防等人"各占官三更稻田"。

王济（王武子）是灭东吴战争中西晋的重臣王浑的儿子，晋武帝的女婿，在被处分的情况下，"移第北邙下。于时人多地贵，济好马射，买地作埒，编钱匝地竟埒。时人号曰金沟"[③]。意思是：买地做跑马场，地价是用绳子穿着钱围着跑马场排一圈。

---

① 郭璞：《游仙诗十九首》之四。

② 《晋书》列传第十一《李憙传》。

③ 《世说新语·汰侈》。

走向西晋庙堂的"竹林七贤"之一的司徒王戎，"既贵且富，区宅、僮牧、膏田、水碓之属，洛下无比。契疏鞅掌，每与夫人烛下散筹算计"（《世说新语·俭啬》）。《晋书·王戎传》也称他："性好兴利，广收八方园田水碓，周遍天下，积实聚钱，不知纪极，每自执牙筹，昼夜算计，恒若不足。"王戎还吝啬成性，家有一棵李树，果实甚美，卖李子时，恐怕别人得果种再种，于是"恒钻其核。"连女婿借了钱也会很不自在："王戎女适裴颜，贷钱数万，女归，戎色不说，女遽还钱，乃释然。"①

王戎的堂弟王衍，官至司空、司徒。他的夫人郭氏与皇后是至亲，依仗娘家和夫家的权势，干预人事，卖官鬻爵，聚敛了大量钱财。

西晋时，皇亲国戚、王公贵胄生活上的奢靡，是中国历代王朝少有的。《世说新语·汰侈》载：

> 武帝尝降王武子家，武子供馔，并用琉璃器。婢子百馀人，皆绫罗袴褶，以手擘饮食。烝豚肥美，异于常味。帝怪而问之，答曰："以人乳饮豚。"帝甚不平，食未毕，便去。王、石所未知作。

晋武帝曾经到王武子家里去，武子设宴侍奉，全是用的琉璃器皿。婢女一百多人，都穿着绫罗绸缎，用手托着食物。蒸小猪又肥嫩又鲜美，和一般的味道不一样。武帝感到奇怪，问他怎么烹调的，王武子回答说："是用人乳喂的小猪。"武帝非常不满意，还没有吃完，就走了。这是连王恺、石崇也不懂得的作法。

《世说新语·汰侈》载，石崇家的厕所，经常有十多个婢女各就各位侍候，都穿着华丽的衣服，打扮起来；并且放上甲煎粉、沉香汁一类物品，各样东西都准备齐全。又让上厕所的宾客换上新衣服出来，客人大多因为难为情不上厕所。大将军王敦上厕所，就敢脱掉原来的衣服，穿上新衣服，神色傲慢。婢女们互相评论说："这个客人一定会作乱！"

刚当上晋武帝女婿的大将军王敦第一次上自己家的厕所还闹出了笑话：厕所里配备许多高级的东西，如干枣是用来如厕时塞鼻子的，如厕后，有婢女高举着盛水的盘子，另一个婢女手持玻璃碗，里面装有澡豆，用其洗脸洗手，可使皮肤光滑有弹性，具增白效果。王敦不懂，把干枣、澡豆都当点心吃了。

社会上盛行炫富、斗富之恶习，而且皇帝及皇亲国戚都参与其中。他们攫取民脂民膏，富可敌国，有时只好以斗富的方式来炫耀自己了。

《世说新语·汰侈》记载数则炫富、斗富之例：

> 石崇与王恺争豪，并穷绮丽以饰舆服。武帝，恺之甥也，每助恺。尝以一珊瑚树高二尺许赐恺，枝柯扶疏，世罕其比。恺以示崇，崇视讫，以铁如意击之，应手而碎。恺既惋惜，又以为疾己之宝，声色甚厉。崇曰："不足恨，今还卿。"乃命左右悉取珊瑚树，有三尺、四尺，条干绝世，光彩溢目者六七枚，如恺许比甚众。恺惘然自失。

---

① 均见《世说新语·俭啬》。

王恺是晋武帝的舅舅,还常常得到皇帝的资助,他把一棵二尺来高的珊瑚树送给王恺,珊瑚树枝条繁茂,世上很少有和它相当的。石崇看后、拿铁如意敲它,随手就打碎了。王恺既惋惜,又认为石崇是妒忌自己的宝物,一时声色俱厉。石崇说:"不值得遗憾,现在就赔给你。"于是就叫手下的人把家里的珊瑚树全都拿出来,有三尺、四尺高的,树干、枝条举世无双而且光彩夺目的有六七棵,像王恺那样的就更多了。王恺看了,惘然若失。

王君夫以粮澳釜,石季伦用蜡烛作炊。君夫作紫丝布步障碧绫里四十里,石崇作锦步障五十里以敌之。石以椒为泥,王以赤石脂泥壁。

王君夫用麦芽糖和饭来擦锅,石季伦用蜡烛当柴火做饭。王君夫用紫丝布做步障,衬上绿绫里子,长达四十里;石季伦则用锦缎做成长达五十里的步障来和他抗衡。石季伦用花椒来刷墙,王君夫则用赤石脂来刷墙。

石崇不仅豪侈,他还草菅人命:

石崇每要客燕集,常令美人行酒,客饮酒不尽者,使黄门交斩美人。王丞相与大将军尝共诣崇,丞相素不能饮,辄自勉强,至于沉醉。每至大将军,固不饮,以观其变。已斩三人,颜色如故,尚不肯饮。丞相让之,大将军曰:"自杀伊家人,何预卿事!"

石崇每次请客宴会,常常让美人劝酒,如果哪位客人不干杯,就叫家奴接连杀掉劝酒的美人。丞相王导和大将军王敦曾经一同到石崇家赴宴,王导一向不能喝酒,这时总是勉强自己喝,直到大醉。每当轮到王敦,他坚持不喝,来观察情况的变化。石崇已经连续杀了三个美人,王敦神色不变,还是不肯喝酒。王导责备他,王敦说:"他自己杀他家里的人,干你什么事!"

《庄子》《易经》("三玄"),玄学兴起于儒术遭遇危机时,倡导玄学的人本想从道家和佛教中吸取营养,改进充实儒学,使之与时俱进。照理,知识精英应该承担社会责任,发扬传统,改造风尚。

可是,西晋的学术界还背着士族豪门讲究门第、自命清高的包袱,为权、名、利而蝇营狗苟,完全不把国家命运、民生安危放在心上,将"谈玄"变成"清谈"。西晋最高士族琅琊王氏家族即其代表。

"竹林七贤"之一的王戎,当八王在洛阳周围混战时,他从尚书令升为司徒(丞相)。他把有关事务交给下级,自己的主要精力则用来与"孔方兄"周旋。

王衍为表示"清高",从来不说钱字,称钱为"阿堵物"(那个东西)。他把主要精力放在"清谈"上。他布置一间讲堂,"谈玄"时手中拿一把玉柄拂尘,左右挥舞以助声势。谈得兴起,错误频频,他随口改正,听众说他"口中雌黄"。雌黄即硫化亚砷,古人书写时有错,在错误处涂上雌黄再改写,一般不轻易这么做的。王衍错了就改,改了再错,屡错屡改,屡改屡错,于是后世将随口胡说,说话不负责任,叫"信口雌黄"。但是他的门第高、官当得大,许多士大夫都想攀龙附凤,都以听他的"口中雌黄"为荣,叫他的讲堂为"一世龙门"。在这股势力的引领下,虚骄浮夸成为西晋官场的风气。

二、自昔同寮家　于今比园庐

西晋时,庄园经济已经由汉代宗族的聚栖之地演变成为人生的享乐之所。张华《答何劭诗》中曰:"自昔同寮家,于今比园庐。衰夕近辱殆,庶几并悬舆。散发重阴下,换杖临清渠。属耳听蟹鸣,流目玩绦鱼。从容养余日,取乐于桑愉。"

士大夫偏重追求物欲,在自己的"园庐"要求得到全方位的享受,"恣耳之所欲听,恣目之所欲视,恣鼻之所欲闻,恣口之所欲言,恣体之所欲安,恣意之所欲行"①。

首屈一指的是石崇,他有两大别墅,一在河阳,一在河南县内的金谷涧中。

金谷园,一称河阳别业,是建于郊外的别墅园,位于洛阳城西十三里金谷涧中,太白原水流经金谷,称为金谷水;石崇因川谷西北角,筑园与金塘城,随地势高低筑台凿池,楼榭亭阁,高下错落,金谷水萦绕穿流其间。

郦道元《水经注》谓其"清泉茂树,众果竹柏,药草蔽翳",金谷园是当时全国最美丽的花园,每当阳春三月,风和日暖,梨花泛白,桃花灼灼,柳绿袅袅,百花含艳,鸟啼鹤鸣,池沼碧波,楼台亭榭,交相映辉,犹如仙山琼阁。

"遇谷萦曲阻,峻阪路威夷。绿池讯淡淡,青柳何依依。滥泉龙鳞澜,激波连珠挥。前庭树沙棠,后园植乌稗。灵囿繁若榴,茂林列芳梨。饮至临华沼,迁坐登隆坻。玄酸染朱颜,但诉杯行迟。扬桴抚灵鼓,箫管清且悲。""清渠激,鱼彷徨,雁惊溯波群相将。"

石崇肥遁于金谷园,"终日周览乐无方",他自述曰:

> 余少有大志,夸迈流俗,弱冠登朝,历任二十五年。年五十,以事去官。晚节更乐放逸,笃好林薮,遂肥遁于汉阳别业。其制宅也,却阻长堤,前临清渠。百木几千万株,流水周于舍下,有观阁池沼,多养鸟鱼。家素习技,颇有秦赵之声……出则以游目弋钓为事,入则有琴书之娱,又好服食咽气,志在不朽,傲然有凌云之操……困于人间烦黩,常思归而求叹。②

《思归引》云:"思归引,归河阳,假余翼鸿鹤高飞翔。经河梁,望我旧馆心悦康。"

元康六年,"穷奢极欲"的石崇在金谷园举行盛宴,邀集苏绍、潘岳等三十位"望尘之友"③,石崇作《金谷诗序》叙其事:

---

① 晋张湛注杨伯峻撰:《列子集释》,中华书局,1979,第222页。

② 石崇:《思归叹序》,见《全晋文》卷三十三、《文选》卷四十五。

③ 惠帝时,贾谧专权,当时文人多投其门下,石崇结诗社,潘岳、左思、陆机、陆云、刘琨诸人皆在其中,史称"金谷二十四友",朝夕游于园中。《晋书·潘岳传》说他"与石崇等谄事贾谧,每候其出,与崇望尘而拜";另据《晋书·石崇传》,他们望尘而拜的对象还有"广成君"即贾充夫人郭槐——她本是贾谧的外祖母,因为贾谧后来入嗣贾充为孙,所以她也可以说是贾谧的祖母。

中国园林美学思想史——上古三代秦汉魏晋南北朝卷

余以元康六年(296),从太仆卿出为使持节监青、徐诸军事征虏将军。有别庐在河南县界金谷涧中,去城十里,或高或下,有清泉茂林,众果、竹、柏、药草之属,金田十顷,羊二百口,鸡猪鹅鸭之类,莫不毕备。又有水碓、鱼池、土窟,其为娱目欢心之物备矣。时征西大将军祭酒王诩当还长安,余与众贤共送往涧中,昼夜游宴,屡迁其坐。或登高临下,或列坐水滨。时琴、瑟、笙、筑,合载车中,道路并作;及往,令与鼓吹递奏。遂各赋诗以叙中怀,或不能者罚酒三斗。感性命之不永,惧凋落之无期,故具列时人官号、姓名、年纪,又写诗著后。后之好事者,其览之哉!凡三十人,吴王师议郎关中侯始平武功苏绍,字世嗣,年五十,为首……①

潘岳《金谷集作诗》写园中勃勃生机:

回溪萦曲阻,峻阪路威夷。绿池泛淡淡,青柳何依依。滥泉龙鳞澜,激波连珠挥。前庭树莎棠,后园植乌椑。灵圃繁石榴,茂林列芳梨。

既有果木繁花,又有"咬咬春鸟鸣",真的是花香鸟语,景色怡人。游园时,还有人工乐队:"扬桴抚灵鼓,箫管清且悲!"

他们"登云阁,列姬姜,拊丝竹,叩宫商,宴华池,酌玉觞",此文酒之会除了肉食者的禊饮、欢宴外,还有系列文化活动,如歌舞、登高、游赏、文会等属于雅玩的文化活动方式。可见,金谷园寓人工山水于天然山水之间,是生活、游赏和生产于一体的庄园式园林,主体内容多为士大夫们享乐人生的各种活动。

此类庄园式园林既然是同僚比富竞夸的内容,自然十分普遍。

潘岳在"洛之涘"也有他的庄园,他写有《闲居赋》,在赋的序中写其仕途的不得意:

於是退而闲居,于洛之涘。身齐逸民,名缀下士。陪京溯伊,面郊後市。浮梁黝以径度,灵台杰其高峙。闚天文之秘奥;究人事之终始。

庶浮云之志,筑室种树,逍遥自得,池沼足以渔钓,舂税足以代耕;灌园鬻蔬,以供朝夕之膳;牧羊酤酪,以俟伏腊之费。'孝乎唯孝,友于兄弟',此亦拙者之为政也。

此话引起明代王献臣的强烈思想共鸣,他"罢官归,乃日课童仆,除秽植楥,饭牛酤乳,荷臿抱瓮,业种艺以供朝夕、俟伏腊,积久而园始成"。自比西晋潘岳,"余自筮仕抵今,馀四十年,同时之人或起家至八坐,登三事,而吾仅以一郡倅老退林下,其为政殆有拙于岳者,园所以识也"②。因取潘岳《闲居赋·序》中的"拙者为政"意名园为"拙政园"。

潘岳庄园周围环境:"其西则有元戎禁营,玄幕绿徽。谿子巨黍,异絭同机。礮石雷骇,激矢虿飞。以先启行,耀我皇威。其东则有明堂辟雍,清穆敞闲。环林萦

① 《金谷诗序》,《全晋文》卷三十三。

② 文徵明:《王氏拙政园记》引,见《文徵明集》补辑卷二十。

映,圆海回渊。"

各种果树靡不毕植:"长杨映沼,芳枳树篱。游鳞晚嚼,苗茜敷披。竹木薪蔼,灵果参差。张公大谷之梨,梁侯乌椑之柿,周文弱枝之枣,房陵朱仲之李,靡不毕殖。三桃表樱胡之别,二柰耀丹白之色,石榴蒲陶之珍,磊落蔓衍乎其侧。梅杏郁棣之属,繁荣丽藻之饰,华实照烂,言所不能极也。菜则葱韭蒜芋,青笋紫姜,荃荪甘旨,要菱芬芳。策荷依阴,时藿向阳。绿葵含露,白薤负霜。"

在气候宜人的春秋时节,"太夫人乃御版舆,升轻轩,远览王钱,近周家园……席长筵,列子孙,柳垂阴,车结轨,陆植紫房,水挂社鲤。或宴于林,或禊于祀。昆弟班白,儿童稚齿。称万寿以献筋,咸一惧而一喜。寿筋举,慈颜和,浮杯乐饮,丝竹骄罗,顿足起舞,抗音高歌。人生安乐,孰知其他。"

虽亦有敬贤尊长的活动,但主要是享受家庭中的天伦之乐,作为人生享受的一个部分。

西晋士人祸福难料,"八王之乱"中陆机、陆云、石崇、潘岳等大批士人身首异处,另有张华、欧阳建、孙拯、嵇绍、牵秀、郭璞等。杜育、挚虞、枣嵩、王浚、刘琨、卢谌等亦都死于西晋末年的战乱之中。士大夫们已经没有儒家"朝闻道,夕死可矣"的使命感和社会价值感,基于社会的残酷、险恶,生命的脆弱、短促,人生的难得、珍贵,心情苦闷,焦虑不安,出于对个体生命的重视,故而摆脱不了功名利禄的诱惑,排不开对社会的依赖情感,故纵情人生享乐,使庄园成了"干乘嬉宴之所",当然,他们在山水园林中享受"逸兴野趣"时,依然夹杂着浓重的生命悲情,豪华园林金谷园主石崇,"感性命之不永,惧凋落之无期"[1]。

三、山水有清音

曹丕采纳陈群的建议,创新了诠选人才的办法,但中正官多由高门士族担任,往往有意抬高达官贵族及其子弟的人品等第的徇私现象。士人阶级中又有"士族"与"庶族"的贵贱之别。门第不相等,不通婚姻,甚至不同坐交谈。诠选人才的九品中正制逐渐变质,"高门华阀,有世及之荣,庶姓寒人,无寸进之路。选举之弊,至此而极"[2]。西晋已出现"上品无寒门,下品无士族"的门阀政治。

出身寒微的左思,虽然为文"辞藻壮丽",却无进身之阶。大约在左思20岁时,其妹左棻因才名被晋武帝纳为美人,左思全家迁往洛阳,不久,他被任命为秘书郎,但终不被重用。他借咏史以抒愤懑:

郁郁涧底松,离离山上苗,以彼径寸茎,荫此百尺条。

世胄蹑高位,英俊沉下僚。地势使之然,由来非一朝。

金张藉旧业,七叶珥汉貂。冯公岂不伟,白首不见招。

---

① 石崇:《金谷诗序》,《全晋文》卷三十三,第13页。

② 赵翼:《廿二史札记·九品中正》。

西晋时期,山水审美也已经成为个人素质构成因子,怀才不遇的左思歌颂着"山水有清音,非必丝与竹",同时因门阀制度对人才的压抑,也要振衣千仞岗,濯足万里流,去山里隐居。

确实,西晋时很多文人逃入深山,住土穴,进树洞,或依树搭起窝棚作居室。《晋书·隐逸传》卷九十四称:"古先智士体其若兹,介焉超俗,浩然养素,藏声江海之上,卷迹嚣氛之表,漱流而激其清,寝巢而韬其耀,良画以符其志,绝机以虚其心。玉辉冰洁,川渟岳峙,修至乐之道,固无疆之休,长往邈而不追,安排窅而无闷,修身自保,悔吝弗生,诗人《考槃》之歌,抑在兹矣。""今美其高尚之德,缀集于篇"。如:

夏统,字仲御,会稽永兴人也。幼孤贫,养亲以孝闻,睦于兄弟,每采招求食,星行夜归,或至海边,拘蟹越以资养。雅善谈论。宗族劝之仕,谓之曰:"卿清亮质直,可作郡纲纪,与府朝接,自当显至,如何甘辛苦于山林,毕性命于海滨也!"统悖然作色曰:"诸君待我乃至此乎!使统属太平之时,当与元凯评议出处,遇浊代,念与屈生同污共泥;若污隆之间,自当耦耕沮溺,岂有辱身曲意于郡府之间乎!闻君之谈,不觉寒毛尽戴,白汗四匝,颜如渥丹,心热如炭,舌缩口张,两耳壁塞也。"言者大惭。统自此遂不与宗族相见。

后统归会稽,竟不知所终。

第二节　东晋园林美学思想

司马睿建立东晋政权的同时,正式形成了"王与马,共天下"的门阀政治格局。《晋书》卷六十五《王导传》载:

帝之在洛阳也,导每劝令之国。会帝出镇下邳,请导为安东司马,军谋密策,知无不为。及徙镇建康,吴人不附,居月余,士庶莫有至者,导患之。会敦来朝,导谓之曰:"琅邪王仁德虽厚,而名论犹轻。兄威风已振,宜有以匡济者。"会三月上巳,帝亲观禊,乘肩舆,具威仪,敦、导及诸名胜皆骑从。吴人纪瞻、顾荣,皆江南之望,窃觇之,见其如此,咸惊惧,乃相率拜于道左。导因进计曰:"古之王者,莫不宾礼故老,存问风俗,虚己倾心,以招俊义。况天下丧乱,九州分裂,大业草创,急于得人者乎!顾荣、贺循,此土之望,未若引之以结人心。二子既至,则无不来矣。"帝乃使导躬造循、荣,二人皆应命而至,由是吴会风靡,百姓归心焉。自此之后,渐相崇奉,君臣之礼始定。

王、庾、谢、桓四大家族,几乎垄断统治的实权。门阀政治的实行,协调了士人同朝廷的关系,士族豪门在政治、经济和文化上领袖群伦:他们累世公卿,门生、故吏遍天下,他们重视生命,重视享受,但不再像西晋士人那样单纯追求感官享受、物欲需求,而是追求精神逍遥遨游、细腻地品味着生活:谈玄说佛,品评人物、啸傲山林……这一切都使士人感到空前的惬意、轻松,倍觉人生的珍贵、美好。

东晋士人将自然审美化、生活情趣高雅化、日常生活艺术化和审美化,这一切,都反映了唐诗人杜牧当年登临怀古时所喟叹的"可怜东晋最风流"!可怜是可爱的意思,"风流"非指男女情事,指的是人的举止、情性、言谈等时代新人所追求的那种具有魅力和影响力的人格美,指冯友兰先生在《南渡集·论风流》中称的真名士的真风流,真风流有四个条件:玄心、洞见、妙赏、深情。重在表现善待人生、珍惜生命中美好的感情和事物,并用心去体悟和赏爱;并因对生命之美的赏爱,是心灵生活的审美化生存。恰当地概括了魏晋文人在寻求必朽生活的欢乐中表现出来的人格风采和对人生的哲理性思考及审美化生存。而这一切,都被刘义庆记录在《世说新语》之中,《世说新语》成为魏晋名士的教科书、中国的风流宝鉴,为后世园林审美奠定了永恒的基调。

一、颐养闲暇　纵心事外

西晋士人都聚在陕洛,看惯了铁马秋风,对江南佳丽几乎一无所知或熟视无睹,因此,"在魏晋以前我们几乎找不到一本描写自然风景的书"[①],但"一旦踏进山明水秀的江南,风流儒雅的江南,你可以想象他是怎样的惊喜"[②]:

"顾长康从会稽还,人问山川之美,顾云'千岩竞秀,万壑争流,草木蒙笼其上,若云兴霞蔚。'"[③]

"王司州至吴兴印诸中看,叹曰'非唯使人情开涤,亦觉日月清明。'"

王羲之在去官后,"与东土人士营山水弋钓之乐。游名山,泛沧海,叹曰'我卒当以乐死'。"[④]

"王子敬云'从山阴道上行,山川自相映发,使人应接不暇。若秋冬之际,尤难为怀。'"[⑤]

……

学贯中西的吴世昌先生如是说:"东晋王羲之、献之的杂帖,如同读英国前浪漫主义时代诗人葛莱(Thomas Gray)在欧游途中写给 Walpole 和 West 的书札一样,渐渐透露出作者对于自然景物的爱好,预示一个艺术上新时代的到临——实际上也的确替唐代预备了浪漫主义文学的基础。中国文人爱好山水的习惯,盛起于此时。[⑥]

美学家宗白华先生也这样说:"晋人向外发现了自然,向内发现了自己的深情。

---

① 吴世昌:《魏晋风流与私家园林》原载 1934 年《学文》月刊第 2 期。
② 闻一多、方建勋编:《回望故园》,北京大学出版社,2010,第 178 页。
③ 刘义庆:《世说新语》上卷上《言语》第 2,余嘉锡《世说新语笺证》,中华书局,1983,第 143 页。
④ 《晋书》卷八十《王羲之传》。
⑤ 刘义庆:《世说新语·言语》。
⑥ 吴世昌:《魏晋风流与私家园林》原载 1934 年《学文》月刊第 2 期。

山水虚灵化了,也情致化了。"①

自然山水之美的发现,为士人的生活开辟了新的境界。东晋的名士可以非常堂皇地在大自然山水中"游目骋怀",体悟生命,享受人生。

他们在江南佳山秀水之处求田问舍、经营庄园的活动:《晋书·王羲之传》卷八十云:

> 羲之雅好服食养性,不乐在京师,初渡浙江,便有终焉之志。会稽有佳山水,名士多居之。谢安未仕时亦居焉。孙绰、李充、许询、支遁等皆以文义名世。并筑室东土,与羲之同好。

庄园别墅既能充分地自给自足,凡生活之需应有尽有,并刻意于对山水的选择,而且讲究庄园建筑与山川的"兼茂",得"周圆之美",使之成为"幽人息止之乡"。庄园别墅的营建,颇注重意境的追求,士人将山水提高到了审美的层面。王羲之《与谢万书》曰:

> 顷东游还,修植桑果,今盛敷荣,率诸子,抱弱孙,游观其间,有一味之甘,割而分之,以娱目前。虽植德无殊邈,犹欲教养子孙以敦厚退让。或以轻薄,庶令举策数马,仿佛万石之风。君谓此何如?比当与安石东游山海,并行田视地利,颐养闲暇。衣食之余,欲与亲知时共欢宴,虽不能兴言高咏,衔杯引满,语田里所行,故以为抚掌之资,其为得意,可胜言邪!②

主人们流连、徘徊其中,获得了生理的享受和精神的快慰,皆提高到审美层面。谢安在会稽东山有一个令他不忍离去的庄园,"安先居会稽,与支道林、王羲之、许询共游处,出则渔弋山水,入则谈说属文,未尝有处世意也"③,"安纵心事外,疏略常节,每畜女妓,携持游肆也"④。谢安爱散发岩阿,性好音乐,陶情丝竹,欣然自乐,甚至"期功之惨,不废妓乐"⑤。难怪谢安直到四十多岁才不得已入朝为官,即使位极人臣依然解不开他的庄园情结,又在建康的"土山营墅,楼馆林竹甚盛,每携中外子侄往来游集,肴馔亦屡费百金"。

二、玄对山水　萧条高寄

"有晋中兴,玄风独振。"⑥玄学思想也带来养性、服食、辟谷、求仙的那一套。魏晋名士最初深入重山的目的,许多是为求仙采药,王羲之给朋友的信中说:"服足下

---

① 宗白华:《论〈世说新语〉和晋人的美》,载宗白华《天光云影》,北京大学出版社,2005,第67页。

② 《晋书》卷八十《王羲之传》。

③ 刘义庆:《世说新语》中卷上《雅量》引《中兴书》,第369页。

④ 刘义庆:《世说新语》中卷上《识鉴》第7,第403页。

⑤ 房玄龄:《晋书》卷七十五《王坦之传》。

⑥ 《宋书·谢灵运传》。

五色石,膏散身轻,行动如飞也。"①

同时,玄学带来了求真、求美、重情性、重自然的社会风气及人生价值观念,诱导士人以一种真正超功利的、个体生存的审美态度。精神超越、追求自然,贵真、隐逸,自觉地把"情"作为一种人生价值,一种人品标准,追求内心的逍遥适性,玄远超脱,形成诗意化的审美人生。

直接将审美的态度引进现实生活,大众的日常生活被越来越多的艺术品质所充满。在大众日常生活的衣、食、住、行、用之中,"美的幽灵"无所不在——"美向生活播撒"、关注美学问题在日常现实领域的延伸的话,那么,"审美日常生活化"则聚焦于"审美方式转向生活",并力图消抹艺术与日常生活的边界。

中国书画同源,都源于宇宙万象,先人仰观天象、俯察万籁,受自然形态启发而创造的文字,《周易》所谓:"河出图,洛出书,圣人则之",对文字进行艺术化的书法艺术,东汉蔡邕在《九势》中就明确指出:"夫书肇于自然,自然既立,阴阳生矣,阴阳既生,形势出。"书圣王羲之善于摄取自然界事物的某种形态化入字体之中,纵横有象,尤喜"观鹅以取其势,落笔以摩其形",从鹅的优雅形姿上悟出了书法之道:执笔时食指须如鹅头昂扬微曲,运笔时要像鹅掌拨水,方能使精神贯注于笔端。王羲之模仿着鹅的形态,挥毫转腕,所写的字雄厚飘逸,刚中带柔,既像飞龙又似卧虎。有一次,王羲之外出访友,路见一群白鹅正在戏水追逐,心中大喜,就想买下带回。但鹅的主人是一位道士,仰慕王羲之的字,请王羲之抄写一份《黄庭经》来换。王羲之果然抄写好一本《黄庭经》换回了山阴道士的一群白鹅,成为"神鹅易字"的佳话。李白诗曰:"右军本清真,潇洒出风尘。山阴过羽客,爱此好鹅宾。扫素写道经,笔精妙入神。书罢笼鹅去,何曾别主人。"②"王羲之爱鹅"成为园林雕刻重要题材(图5-1)。

旷达真率的审美行为,也为名士"风流"的表现。

图5-1　王羲之爱鹅(苏州狮子林)

①　《全晋文》卷二十六,第9页。
②　《全唐诗》李白《王右军》诗。

出生于天师道世家的王献之,酷爱竹子,《世说新语·任诞》:"王子猷尝暂寄人空宅住,便令种竹。或问:'暂住何烦尔?'王啸咏良久,直指竹曰:'何可一日无此君?'《中兴书》曰:'徽之卓荦不羁,欲为傲达,放肆声色颇过度。时人钦其才,秽其行也。'"

《世说新语·简傲》载:

王子猷尝行过吴中,见一士大夫家极有好竹。主已知子猷当往,乃洒埽施设,在听事坐相待。王肩舆径造竹下,讽啸良久。主已失望,犹冀还当通,遂直欲出门。主人大不堪,便令左右闭门不听出。王更以此赏主人,乃留坐,尽欢而去。

《世说新语·任诞》载:

王子猷居山阴,夜大雪,眠觉,开室,命酌酒。四望皎然,因起仿偟,咏左思招隐诗。忽忆戴安道,时戴在剡,即便夜乘小船就之。经宿方至,造门不前而返。人问其故,王曰:"吾本乘兴而行,兴尽而返,何必见戴?"

图5-2为明朝戴进《雪夜访戴图》。

这就是园林景境"剡溪道"的出典。

《世说新语·品藻》篇中记载的对时人甚至对自己品评时,也都能直言不讳,率直而中肯。

抚军问孙兴公:"刘真长何如?"曰:"清蔚简令。""王仲祖何如?"曰:"温润恬和。""桓温何如?"曰:"高爽迈出。""谢仁祖何如?"曰:"清易令达。""阮思旷何如?"曰:"弘润通长。""袁羊何如?"曰:"洮洮清便。""殷洪远何如?"曰:"远有致思。""卿自谓何如?"曰:"下官才能所经,悉不如诸贤;至于斟酌时宜,笼罩当世,亦多所不及。然以不才,时复托怀玄胜,远咏《老》《庄》,萧条高寄,不与时务经怀,自谓此心无所与让也。"

抚军司马昱问孙绰(兴公),如何品评几位时贤名公时,孙一

图5-2 雪夜访戴图(明朝戴进)

一作了品评。刘真长清谈清新华美,禀性简约美好。王仲祖温和柔润,恬静平和。桓温高尚爽朗,神态超逸。谢仁祖清廉平易,美好通达。谢尚(字仁祖)不拘小节,不为流俗之事,为政清简。阮思旷宽大柔润,精深广阔。阮裕(字思旷)以礼让为先,以德行知名,有归隐之志,不为宠辱动心。虽不博学,而论难甚精。许多方面不及别人,而兼有众人之美。袁羊谈吐清雅,滔滔不绝。殷洪远大有新颖的思想情趣。殷洪远是殷浩的叔父殷融,善清言,当问及对自己的品评时,孙兴公说:"下官才能所擅长的事,全部比不上诸位贤达;至于考虑时势的需要,全面把握时局,这也大多赶不上他们。可是自己还时常寄怀于超脱的境界,赞美古代的《老子》、《庄子》,逍遥自在,寄情高远,不让世事打扰自己的心志,我自认为这种胸怀是没有什么可推让的。

士族阶层在人物的品藻上,不仅重视人的精神风貌,也重视感官上的美感。东晋第一美男卫玠,居然被众多粉丝"看杀"!"以玄对山水",士大夫大都以爱好山水自负。《世说新语·品藻》载:"明帝问谢鲲:'君自谓何如庾亮?'答曰:'端委庙堂,使百僚准则,则臣不如亮;一丘一壑,自谓过之。'"谢鲲放荡不羁,很有名望,寄情山水,隐处岩壑,寄情于山水的志趣,自以为超过他。

孙绰少有高志,早年住在会稽,游放山水十多年。所以他称自己具有超越世俗的境界,即玄理或老庄之道。

孙绰对时人的品藻都称得上客观公允。他的审美标尺也是东晋品藻人物常见的审美概念。那就是:"清、神、朗、率、达、雅、通、简、真、畅、俊、旷、远、高、深、虚、逸、超等,其中最常见的是:真、深、朗三者。"①

东晋士人对"人"和"自然"都采取了"纯审美"的态度。他们在思维习惯上,常常把生活环境中的自然物特别是植物伦理化,如以"桑梓"代表故乡,以"乔梓"代表父子,以"椿萱"代表父母,以"棠棣"代表兄弟,以"兰草"、"桂树"代表子孙。② 如用"芝兰玉树",赞赏德才兼备的子弟。见《世说新语·言语》:"谢太傅问诸子侄:'子弟亦何预人事,而正欲使其佳?'诸人莫有言者。车骑答曰:'譬如芝兰玉树,欲使其生于庭阶耳。'"谢安是当时晋朝执掌朝政的宰相,很注意培养后代。他问谢玄等子侄,你们又何尝需要过问政事,为什么总想培养他们成为优秀子弟?别的子侄都不能回答,只有谢玄回答:"有出息的后代像馥郁的芝兰和亭亭的玉树一样,既高洁又辉煌,长在自己家中能使门楣光辉。"谢玄在挽救东晋的淝水之战中被谢安任命为先锋,打败了苻坚,扬名朝野,被称为"谢家宝树"。

而用作比喻的又不乏自然物象,如:"王戎云:'太尉神姿高彻,如瑶林琼树,自然是风尘外物。'"(《赏誉》)有人叹王恭形貌云:"濯濯如春月柳。"(《容止》)嵇康"肃肃如松下风,高而徐引。"山公曰:"嵇叔夜之为人也。岩岩若孤松之独立;其醉也,

① 袁行霈主编:《中国文学史》魏晋文学绪论,高等教育出版社,2000,第6页。
② 王鼎钧:《人境》,《文苑》2014年,第3期。

傀俄若玉山之将崩。""飘如游云,矫若惊龙"的王羲之,潇洒自在、有神采的容貌举止,像天空飘浮的流云,像被惊动的矫龙,漂亮俊挺活泼。

……

这种审美习惯自然也催生出山水诗和山水画。

三、游目骋怀 信可乐也

晋穆帝永和九年(353年)暮春三月三日,王羲之、谢安、许询、支遁和尚等四十一人于会稽山阴之兰亭,在曲水之畔,以觞盛酒,顺流而下,觞流到谁的面前,随即赋诗一首,如作不出,便罚酒三觞。结果,王羲之等十一人,各赋诗二首,另十五人各赋诗一首,作不出者便被罚酒。王羲之乘着酒兴,汇集诸人雅作,并写下了千古传诵的《兰亭集序》。序文中描绘了文人大规模集会、饮酒赋诗的盛况,在"有崇山峻岭,茂林修竹"优美环境中,将"清流激湍,映带左右,引以为流觞曲水",作文字饮。

在玄学的支配下,名士们对山水的欣赏,由"目寓"到"神游",体会庄子"道通为一"的观点,"宇宙之大"和"品类之盛"同为一体,都体现了自然之道。对自然的观察思考,怡情养性之外,还可明理与悟道。

"清流激湍"、"惠风和畅",鱼鸟相亲,达到道的最高境界,即王羲之《兰亭诗》中说的:"三春启群品,寄畅在所因。仰望碧天际,俯瞰绿水滨。寥朗无厓观,寓日理自陈。大矣造化功,万殊莫不均。群籁虽参差,适我无非亲。"他们在游目骋怀、极视听之娱的同时,悟出了道,融山水、玄学为一炉,"信可乐也"。①

《晋书》王羲之本传说:"或以潘岳《金谷诗序》方其文,羲之比于石崇,闻而甚喜。"确实,王羲之等四十一位名士是踵金谷的遗踪在兰亭觞咏的,但从金谷之会到兰亭之会,是游园方式的重大嬗变,"金谷之会"的参与者皆"望尘之友",而兰亭之会的参与者皆时代俊杰;金谷游园时,有"扬枹抚灵鼓,箫管清且悲"之乐,兰亭则"无丝竹管弦之盛"……真正将曲水修禊的传统习俗雅化为魏晋风流之举,是兰亭之会。

王羲之等人的兰亭诗和王羲之的《兰亭集序》,证明玄理和山水的融合已是必然趋势。曲水风流成为园林景境的不倦主题,曲水园、曲水亭、流觞亭、禊赏亭(图5-3)、坐石临流等景点所在皆有。

四、小隐隐陵薮 大隐隐朝市

《周易》"蛊"卦上九爻辞为:"不事王侯,高尚其事。"言占到此卦是处环境恶劣,如能高尚其事,不事王侯,振民育德,依然是洁身自好之士,不日可以改旧布新,重开太平。《后汉书》的"逸民传"的序中被加以引用,成为后世称颂赞美隐士的话,自此开隐逸思想之先河,启发了儒、道两家的存身方式。东晋的王康琚写《反招隐》诗云:

---

① 王羲之:《兰亭集序》,见《晋书》卷八十《王羲之传》。

图 5-3　禊赏亭(北京乾隆花园)

小隐隐陵薮,大隐隐朝市。伯夷窜首阳,老聃伏柱史。
昔在太平时,亦有巢居子。今虽盛明世,能无中林士。
放神青云外,绝迹穷山里。鹍鸡先晨鸣,哀风迎夜起。
凝霜雕朱颜,寒泉伤玉趾。周才信众人,偏智任诸己。
推分得天和,矫性失至理。归来安所期,与物齐终始。[①]

提出了"小隐"和"大隐"两大隐居方式。"小隐隐陵薮",隐居在山林,与自然山
水融为一体,犹如伯夷、叔齐因为义不食周粟,隐于首阳山,采薇而食之。最后饿死
首阳山,保持高洁的人格。"大隐隐朝市",在朝市而无利禄之心的高士,意谓真正
的隐者,代表是"老聃伏柱史",老子为周柱下史,柱下史,即御史,所掌及侍立恒在
殿柱之卜,故名。《后汉书·张衡传》曰:"庶前训之可钻,聊朝隐乎柱史。"李贤注引
应劭曰:"老子为周柱下史,朝隐终身无患。"王康琚的"大隐"观到了中唐白居易,生
发出以仕求隐的"中隐"隐逸观,是一种出入于仕隐之间、进退裕如的处世哲学和生
活方式,成为后世士人园林重要的精神主轴之一。事实上,东晋"小隐"山林者还是
大有人在,而且,由于上述王羲之等名士在会稽的别墅以及大批士人隐居山林,为
山林隐逸积淀了深厚的文化蕴涵。

东晋士族的仕宦态度大抵如晋明帝的女婿刘尹那样:"居官无官官之事,处事
无事事之心。"不太把做官当回事,而保持人格的独立和人性的率真。

如"西爽"(图5-4)或"致爽"等是后世园林中常见的品题,源出《世说新语·简
傲》篇:王子猷作桓车骑参军。桓谓王曰:"卿在府久,比当相料理。"初不答,直高视,

---

① 王康琚:《反招隐》,见《文选》卷二十二。

172

以手板拄颊云："西山朝来，致有爽气。"后因言人性格疏傲，不善奉迎，省作"西爽"。所以唐王维《送李太守赴上洛》有"若见西山爽，应知黄绮心"的诗句。

五、濠、濮间想　示天下以俭

虽然东晋江逌在《谏北池表》中谈到："王者处万乘之极，享富有之大，必显明制度以表崇高，盛其文物以殊贵贱。建灵台，浚辟雍，立宫馆，设苑囿，所以弘于皇之尊，彰临下之义。前圣创其礼，后代遵其矩，当代之君咸营斯事……宜养以玄虚，守以无为，登览不以台观。游豫不以苑沼，偃息毕于仁义，驰骋极于六艺，观巍巍之隆，鉴二代之文，仰味羲农，俯寻周孔。"[1]但东晋帝王园林奢华记载不多，反倒是受时代风雅的浸染、士人园林的影响，走向了高雅。突出代表是晋太宗简文皇帝司马昱。

图5-4　西爽额（苏州沧浪亭）

司马昱（320—372年），字道万。檀道鸾《续晋阳秋》云："帝弱而惠异，中宗深器焉，及长，美风姿，好清言，举心端详，器服简素，与刘惔王蒙等为布衣之游。"[2]令德雅望，有国之周公之誉。《晋书》卷九称他"履尚清虚，志道无倦，优游上列，讽议朝肆。"在桓温废司马奕后，立为帝。司马光等《资治通鉴》一百三晋纪二十五："帝美风仪，善容止，留心典籍，凝尘满席，湛如也。虽神识恬畅，然无济世大略，谢安以为惠帝之流，但清谈差胜耳。"

司马昱善于清谈，史称"清虚寡欲，尤善玄言"，可谓名副其实的清谈皇帝，在他提倡下，东晋中期前玄学呈现丰饶的发展。

司马昱进华林园游玩，回头对随从说："会心处不必在远，翳然林水，便自有濠濮间想也。觉鸟兽禽鱼自来亲人。""濠、濮间想"进入了极高的审美境界，成为中国园林构景的不倦主题。

对自然的审美追求品位很高，即使贵为帝王，也尚简黜奢、尚自然而恶人工：会稽王道子"东第，筑山穿池，列树竹木，功用钜万。……帝尝幸其宅，谓道子曰：'府内有山，因得游瞩，甚善也。然修饰太过，非示天下以俭。'道子无以对，唯唯而已，

① 《晋书·江逌列传》第五十三。
② 《艺文类聚》卷十三。

左右侍臣莫敢有言。帝还宫，道子谓牙曰：'上若知山是板筑所作，尔必死矣。'"①
"帝"即简文帝司马昱，他一向反对"华饰烦费之用"，所以批评其子"修饰太过"，假山以有若自然为宗，尤其反对"板筑"。板筑：板，夹板；筑，杵。筑墙时，以两板相夹，填土于其中，用杵捣实，就是人工筑山，耗费大而不自然。

第三节　静念园林好——陶渊明的园林美学思想

陶渊明的曾祖父陶侃曾任晋朝的大司马，祖父做过太守，在门阀的社会里，他的社会地位介于士族与寒门之间，"他的清高耿介、洒脱恬淡、质仆真率、淳厚善良，他对人生所作的哲学思考，连同他的作品一起，为后世的士大夫筑了一个'巢'，一个精神的家园。一方面可以掩护他们与虚伪、丑恶划清界限，另一方面也可使他们得以休息和逃避。他们对陶渊明的强烈认同感，使陶渊明成为一个永不令人生厌的话题。"②中国士人园有着深深的陶渊明情结，成为中国文化史上的一个奇特现象。③

究其实，主要在于陶渊明成功地将"自然"提升为一种美的至境：仙化了的社会理想、艺术化的人生风范及诗化了的田园，典型地代表了建立在农耕文化基础上的民族文化心理、审美的基本原则以及文人士大夫的行为法则和文化模式，也为中国文人园的艺术创作洞开了无数法门。

一、仙化的社会理想

陶渊明生活在东晋与刘宋之交，干戈不绝，到处是腥风血雨，民不聊生，"逝将去汝，适彼乐土。乐土乐土，爰得我所"④成为该时代人们的心灵呐喊。人们心目中的美好世界"乐土"在哪里？当时道教已经嵌入上层社会，世家大族亦纷纷聚宗族乡党、部曲、门客及流民等，择形势险要之地建筑坞堡以自卫。于是出现了两个桃花源"仙境"：刘义庆《幽明录·刘晨阮肇》和传为陶渊明的《搜神后记》都描写了内容基本相似的桃源仙境。刘义庆《刘晨阮肇》，亦题《刘晨阮肇天台山遇仙》⑤载：

汉明帝永平五年，剡县刘晨、阮肇共入天台山取谷皮，迷不得返。经十三日，粮食之尽，饥馁殆死。遥望山上，有一桃树，大有子实；而绝岩邃涧，永无登路。攀援

---

①　房玄龄等：《晋书·会稽文孝王道子传》卷六十四。
②　袁行霈：《中国文学史》（第二卷）高等教育出版社，1999，第70页。
③　曹林娣：《中国园林文化》，中国建筑工业出版社，2005，第271~282页。
④　《诗经·魏风·硕鼠》。
⑤　另有《刘阮入天台》、《天台二女》等名。《法苑珠林》卷三十一、《太平御览》卷四十一及卷九六七、《艺文类聚》卷七皆引载。鲁迅《古小说钩沉》、郑晚晴校注《幽明录》皆辑录。李格非等《文言小说》、吴组缃等《历代小说选》、滕云《汉魏六朝小说选译》均选录。

藤葛，乃得至上。各啖数枚，而饥止体充。复下山，持杯取水，欲盥漱。见芜菁叶从山腹流出，甚鲜新，复一杯流出，有胡麻饭掺，相谓曰："此知去人径不远。"便共没水，逆流二三里，得度山，出一大溪，溪边有二女子，姿质妙绝，见二人持杯出，便笑曰："刘阮二郎，捉向所失流杯来。"晨肇既不识之，缘二女便呼其姓，如似有旧，乃相见忻喜。问："来何晚邪？"因邀还家。其家铜瓦屋。南壁及东壁下各有一大床，皆施绛罗帐，帐角悬铃，金银交错，床头各有十侍婢，敕云："刘阮二郎，经涉山岨，向虽得琼实，犹尚虚弊，可速作食。"食胡麻饭、山羊脯、牛肉，甚甘美。食毕行酒，有一群女来，各持五三桃子，笑而言："贺汝婿来。"酒酣作乐，刘阮欣怖交并。至暮，令各就一帐宿，女往就之，言声清婉，令人忘忧。至十日后欲求还去，女云："君已来是，宿福所牵，何复欲还邪？"遂停半年。气候草木是春时，百鸟啼鸣，更怀悲思，求归甚苦。女曰："罪牵君，当可如何？"遂呼前来女子，有三四十人，集会奏乐，共送刘阮，指示还路。既出，亲旧零落，邑屋改异，无复相识。问讯得七世孙，传闻上世入山，迷不得归。至晋太元八年，忽复去，不知何所。

刘晨、阮肇入山遇仙结为夫妇，并无怪异色彩，相反洋溢着浓厚的人情味。叙述细致动人、委婉入情，特别是仙女们的音容笑貌显得逼真动人。

传为陶渊明的《搜神后记》卷一剡县赤城除了主人公变为袁相、根硕外，内容类似：

会稽剡县民袁相、根硕二人猎，经深山重岭甚多。见一群山羊六七头，逐之，经一石桥，甚狭而峻，羊去，根等亦随渡，向绝崖。崖正赤壁立，名曰赤城。上有水流下，广狭如匹布，剡人谓之瀑布。羊径有山穴如门，豁然而过。既入，内甚平敞，草木皆香。有一小屋，二女子住其中，年皆十五六，容色甚美，著青衣，一名莹珠，一名洁玉。见二人至，忻然云："早望汝来。"遂为室家。忽二女出行，云："复有得婿者，往庆之。"曳履于绝岩上行，琅琅然。二人思归，潜去归路，二女已知，追还，乃谓曰："自可去。"乃以一腕囊与根等，语曰："慎勿开也。"于是乃归。后出行，家人开视其囊，囊如莲花，一重去，一重复，至五盖，中有小青鸟飞去。根还如此，怅然而已。后根于田中耕，家依常饷之，见在田中不动；就视，但有壳如蝉蜕也。

陶渊明《桃花源记》及诗对园林影响最大：

晋太元中，武陵人捕鱼为业。缘溪行，忘路之远近。忽逢桃花林，夹岸数百步，中无杂树，芳草鲜美，落英缤纷。渔人甚异之。复前行，欲穷其林。林尽水源，便得一山。山有小口，仿佛若有光。便舍船，从口入。

初极狭，才通人；复行数十步，豁然开朗。土地平旷，屋舍俨然，有良田美池桑竹之属；阡陌交通，鸡犬相闻。其中往来种作，男女衣著，悉如外人；黄发垂髫，并怡然自乐。

见渔人，乃大惊；问所从来。具答之。便要还家，设酒杀鸡作食。村中闻有此人，咸来问讯。自云先世避秦时乱，率妻子邑人来此绝境，不复出焉；遂与外人间隔。问今是何世，乃不知有汉，无论魏、晋。此人一一为具言所闻，皆叹惋。余人各复延至其家,皆出酒食。停数日,辞去。此中人语云:"不足为外人道也。"

既出,得其船,便扶向路,处处志之。及郡下,诣太守说如此,太守即遣人随其往,寻向所志,遂迷,不复得路。

南阳刘子骥,高尚士也,闻之,欣然规往。未果,寻病终。后遂无问津者。

嬴氏乱天纪,贤者避其世。黄绮之商山,伊人亦云逝。

往迹浸复湮,来径遂芜废。相命肆农耕,日入从所憩。

桑竹垂余荫,菽稷随时艺。春蚕收长丝,秋熟靡王税。

荒路暧交通,鸡犬互鸣吠。俎豆犹古法,衣裳无新制。

童孺纵行歌,斑白欢游诣。草荣识节和,木衰知风厉。

虽无纪历志,四时自成岁。怡然有余乐,于何劳智慧!

奇踪隐五百,一朝敞神界。淳薄既异源,旋复还幽蔽。

借问游方士,焉测尘嚣外?愿言蹑轻风,高举寻吾契。

武陵人因"捕鱼"遂"缘溪行"(图5-5),因专心于"渔"遂"忘路之远近",意外地"忽逢桃花林",而且,"芳草鲜美,落英缤纷",使渔人产生强烈的审美惊喜,激发了"欲穷其林"的愿望,当"林尽水源"似乎是"山穷水尽疑无路"时,突然柳暗花明:"便得一山,山有小口,仿佛若有光",引人入胜,于是,渔人舍船"从口入,初极狭,才通人,复行数十步,豁然开朗",又一先抑后扬、峰回路转,悬念迭起,逐层递进。

情节生动,时间、地点、人物、对话,皆记之凿凿,出来之路,都"处处志之",但当太守即遣人随其往时,却又"雾失楼台,月迷津渡,桃源望断无寻处";"寻向所志,遂迷,不复得路",暗示着它的"非人间"。

这"桃花源"虽为美好的世外仙界,却又没有"仙女",有的只是"先世避秦时乱,率妻子邑人来此绝境"的难民,他们"不知有汉,无论魏晋"。那里"有良田美池桑竹之属",人们"相命肆农耕,日入从所憩。桑竹垂余荫,菽稷随时

图5-5 缘溪行(留园)

艺。春蚕收长丝,秋熟靡王税",是《礼记·礼运》中的"大同世界","儿孙生长与世隔,虽有父子无君臣",人们生活其中,"甘其食,美其服,安其居,乐其俗"(《老子》),又不废父子老幼之礼,"黄发垂髫,并怡然自乐",人际关系雍雍和和,热情、好客,"童孺纵行歌,斑白欢游诣"。外界是"三五道邈,淳风日尽"、"羲农去我久,举世少复真",桃花源里人家却是"悠悠上古,厥初生民。傲然自足,抱朴含真","俎豆犹古法,衣裳无新制",特别是每年的"五、六月北窗下卧,遇凉风暂至,自谓是羲皇上人"。陶渊明"直于污浊世界中另辟一天地,使人神游于黄、农之代。公盖厌尘网而慕淳风,故尝自命为无怀、葛天之民,而此记即其寄托之意"①。怀古、思古,呼唤上古时代的那种淳厚真朴的民风的回归,这就是士大夫修筑那么多"遂初园"的缘由。

上述三则桃花源的共同点是:

(一)都有桃花、桃树,"春来遍是桃花水"。桃花是道教教花,中国神话中说桃树是追日的夸父的手杖化成的。《太平御览》引《典术》上说:"桃者,五木之精也,故厌伏邪气者也。桃之精生在鬼门,制百鬼,故今作桃人梗著门,以厌邪气。"桃果有"仙桃"、"寿桃"之美称。源自神话西王母瑶池所植的蟠桃,三千年开花,三千年结果,吃了可增寿六百岁的传说。《神农经》云:"玉桃服之长生不死。若不得早服之,临死服之,其尸毕天地不朽。"所以,"忽逢桃花林,夹岸数百步,中无杂树,芳草鲜美,落英缤纷"的"桃花源",是带有鲜明道教色彩的神仙境地。

(二)桃花源的发现,都出于偶然,步步见异,都令人产生审美惊喜,为"别有天"、"又一村"的园林设计,洞开了无穷法门。

(三)桃花源从山洞进入都呈水绕山围的格局,是曲径通幽、山环水抱的最佳居住环境模式,亦是一种"壶天"仙境模式。

桃花源理想是几千年中华民族辉煌灿烂的文化炼凝荟萃而成。

二、艺术的人生风范

中国园林是居住文化的艺术结晶,是生活艺术化、艺术生活化的实体。陶渊明艺术化了的人生风范,在帝制时代对文人士大夫具有范式意义。

"以世俗的眼光看来,陶渊明的一生是很'枯槁'的,但以超俗的眼光看来,他的一生却是很艺术的。他的《五柳先生传》、《归去来兮辞》、《归园田居》、《时运》等作品,都是其艺术化人生的写照。他求为彭泽县令和辞去彭泽县令的过程,对江州刺史王弘的态度,抚弄无弦琴的故事,取头上葛巾漉酒的趣闻,也是其艺术化人生的表现。"②

据萧统的《陶渊明传》记载,陶渊明"少有高趣,博学,善属文,颖脱不群,任真自

---

①　丘嘉惠:《东山草堂陶诗笺》卷五。

②　袁行霈:《中国文学史》(第二卷),高等教育出版社,1999,第74页。

得",嗜酒,"贵贱造之者,有酒辄设。渊明若先醉,便语客:'我醉欲眠,卿可去!'其真率如此。郡将尝候之,值其酿熟,取头上葛巾漉酒,漉毕,还复著之"。

陶渊明写《五柳先生传》以自况:那位"宅边有五柳树,因以为号"的五柳先生,"闲静少言,不慕荣利。好读书,不求甚解;每有会意,便欣然忘食。性嗜酒,家贫,不能常得,亲旧知其如此,或置酒而招之。造饮辄尽,期在必醉。既醉而退,曾不吝情去留。环堵萧然,不蔽风日;短褐穿结,箪瓢屡空,晏如也! 常著文章自娱,颇示己志。忘怀得失,以此自终"。

作诗不存祈誉之心,无矫情也不矫饰,"无心于非誉、巧拙之间"[①]"酣觞赋诗,以乐其志,无怀氏之民欤? 葛天氏之民欤?"(陶渊明《五柳先生传》)

陶渊明对仕隐道路的选择,颇为随心率性、任真自得:

作为晋宰辅陶侃之后裔,陶渊明少时也有绳其祖武、高举远鹜的愿望,也有金刚怒目的时候,龚自珍称"陶潜酷似卧龙豪"[②]! 他生活在"大伪斯兴"的东晋和刘宋交替的时代,情伪万方、佞谄日炽,却始终未被世俗所异化,保持了一种非人为的自然状态。

他毫不回避出仕的功利目的,萧统《陶渊明传》载,四十一岁时,陶渊明为建威将军江州刺史刘敬宣的参军,尝"谓亲朋曰:'聊欲弦歌,以为三径之资可乎?'执事者闻之,以为彭泽令。"

是年八月改任彭泽令,陶渊明直言:"余家贫,耕植不足以自给。幼稚盈室,瓶无储粟,生生所资,未见其术……遂见用为小邑。于时风波未静,心惮远役,彭泽去家百里,公田之利,足以为酒,故便求之。"[③]

"郡遣督邮至,县吏白:'应束带见之。'潜叹曰:'我不能为五斗米折腰向乡里小人!'即日解印绶去职。"[④]

他称自己"及少日,眷然有归欤之情。何则? 质性自然,非矫厉所得;饥冻虽切,违已交病……自免去职"[⑤]。于是,写《归去来兮辞》:

> 归去来兮,田园将芜,胡不归! 既自以心为形役,奚惆怅而独悲? 悟已往之不谏,知来者可追。实迷途其未远,觉今是而昨非。舟遥遥以轻扬,风飘飘而吹衣……乃瞻衡宇,载欣载奔……三径就荒,松菊犹存……引壶觞以自酌,眄庭柯以怡颜。倚南窗以寄傲,审容膝之易安。园日涉以成趣,门虽设而常关。策扶老以流憩,时矫首而遐观。云无心以出岫,鸟倦飞而知还。景翳翳以将入,抚孤松而盘桓。

① 宋黄徹:《溪诗话》卷五。
② 龚自珍:《舟中读陶诗》。
③ 陶渊明:《归去来兮辞·序》逯钦立校注《陶渊明集》卷五,中华书局,1979,第159页。
④ 《宋书》本传。
⑤ 陶渊明:《归去来兮辞·序》逯钦立校注《陶渊明集》卷五,中华书局,1979,第159页。

归去来兮,请息交以绝游。世与我而相违,复驾言兮焉求? 悦亲戚之情话,乐琴书以消忧……木欣欣以向荣,泉涓涓而始流……怀良辰以孤往,或植杖而耘籽。登东皋以舒啸,临清流而赋诗……

陶渊明是为了生计,为了酒,"求"为彭泽令,不久因产生"归欤之情",又不愿为五斗米折腰,"自免去职",赋辞归来,高蹈独善。虽然"汉唐以来,实际上是入仕并不算鄙,隐居也不算高"①,虽然陶渊明出处选择也有诸多无奈,但在后人眼里,陶渊明想做官就做官,想不做就不做,何等自由,归隐生活何等洒脱!

《归去来兮辞》字字珠玑,"归来"遂成为古典诗文和属于同一载体的中国古典园林的重要主题,屡见于后世园林的"归来园"、"寄啸山庄"(图5-6)、"觉园"、"日涉园"、"成趣园"、"遐观园"、"东皋草堂"等以及"舒啸亭"、"载欣堂"、"寄傲阁"等,足见其魅力。

图5-6 寄啸山庄楼廊(扬州)

南朝萧统《陶渊明传》记载:"时周续之入庐山事释慧远,彭城刘遗民亦遁迹匡山,渊明又不应征命,谓之'浔阳三隐'。"亦称"庐山三隐"。

陶渊明不去遁迹深山,而是"结庐在人境",与明计成《园冶》"足徵士隐,犹胜巢居,能为闹处寻幽,胡舍近方图远"的城市地造园的理论如出一辙。陶渊明醉心于"园日涉以成趣",计成则以为"得闲即诣,随兴携游";陶渊明认为"心远地自偏",用"心远"隔绝"人境"的车马喧嚣,"心远"成了他维护独立人格的一道精神屏障。计成以为"邻虽近俗,门掩无哗",用"门掩"隔开凡尘;陶渊明与明计成可谓心有灵犀一点通,人们在"城市山林"中诗意地做起"隐士","不下厅堂,尽享山林之乐"。陶渊

① 鲁迅:《且介亭杂文二集·隐士》。

明恰好提供了一个两全的模式,心灵与生理可获得双重满足。

陶渊明遣愁消忧的高雅方式,他引壶觞自酌、乐琴书以消忧,在艰难的生活处境中仍然可以找到美,得到审美的快乐和慰藉。

沈约《宋书·隐逸传》记载:"潜不解音声,而畜素琴一张,无弦。每有酒适,辄抚弄以寄其意。"《晋书·隐逸传》更生动:"性不解音,而畜素琴一张,弦徽不具。每朋酒之会,则抚而和之,曰:'但识琴中趣,何劳弦上声!'"萧统《陶渊明传》承此说:"渊明不解音律,而蓄无弦琴一张,每酒适,辄抚弄以寄其意",听之不闻其声,视之不见其形,但却充满天地,苞裹六极,审美感受不是单纯的感官知觉,而是在感官知觉中同时伴随有理性精神,精神上进入了"万物与我为一"的境界,可以"备于天地之美",达到"身与物化"的化境。

实际上"渊明自云'和以七弦',岂得不知音。当是有琴而弦弊坏,不复更张,但抚弄以寄意,如此为得其真"①,苏轼此论,诚为确论,事实上,陶渊明不仅解音律,而且"乐琴书以消忧"(《归去来兮辞》)、"欣以素牍,和以七弦"(《自祭文》)如图5-7所示。后人只是一种"创造性"的误读。②

图5-7　台北关渡宫砖雕"陶渊明弹琴"(台湾关渡宫)

即使是"倾壶绝余沥,窥灶不见烟"(陶渊明《咏贫士其二》)、"夏日抱长饥,寒夜无被眠"(陶渊明《怨诗楚调示庞主簿邓治中》),甚至因饥饿而乞食,陶渊明也能"道胜无戚颜"(陶渊明《咏贫士》其五),和"主人""谈谐终日夕,觞至辄倾杯。情欣新知劝,言咏遂赋诗"(陶渊明《乞食》)。因为他"所惧非饥寒","宁固穷以济意,不委曲而累己",要像孔子弟子原宪一样,虽然"弊襟不掩肘,藜羹常乏斟",但却"清歌畅商音"(陶渊明《咏贫士其三》)。元嘉三年,贫病交加,"江州刺史檀道济往候之,偃卧瘠馁有日矣。道济谓曰:'贤者处世,天下无道则隐,有道则至。今子生文明之世,奈何自苦如此?'对曰:'潜也何敢望贤,志不及也。'道济馈以粱肉,麾而去之。"③保持

①　苏东坡:《渊明无弦琴》,《苏轼文集》卷六十五。

②　莫砺锋:《陶渊明的无弦琴》,《文汇报》2012-02-04。

③　萧统:《陶渊明传》。

了"忧道不忧贫"的传统文人的完整人格。

陶渊明爱菊(图5-8),"秋菊有佳色,浥露掇其英。泛此无忧物,远我遗世情"(《饮酒》其五),自谓"爱重九之名,秋菊盈园,而持醪靡由,空服九华,寄怀于言"(《九日闲居》的诗序)九华,重九之花,即菊花。《宋书·隐逸传》还记载了陶渊明九月九日而无酒,在菊丛中久坐;适值江州刺史王弘派人送酒来,他"即便就酌,醉而后归"的故事。"芳菊开林耀,青松冠岩列。怀此贞秀姿,卓为霜下杰。"(《和郭主簿》)借歌咏松菊精神表达了自己芳洁贞秀的品格与节操,赋予了菊

图5-8　陶渊明爱菊图(同里陈御史花园)

花"君子"的人格内含。"采菊东篱下,悠然见南山",诗人悠然无意中与南山遇合,全部身心与大自然的韵律契合,"境心相遇",泯除物我,达到庄子所谓"天地与我并生,万物与我为一"的审美化境。菊花的品性,已经和陶渊明的人格交融为一,菊花由于陶渊明的吟咏,成为他的人格象征,真如《红楼梦》中才女林黛玉诗所说的:"一从陶令评章后,千古高风说到今。"因此,菊花有"陶菊"之雅称,东篱,成为菊花圃的代称。"昔陶渊明种菊于东流县治,后因而县亦名菊。"①

陶渊明也有十分浪漫的时候,他曾仿效石崇的金谷唱酬、王羲之等人的兰亭觞咏,于义熙十年春,作斜川之游。作有《斜川诗》并序,"辛酉岁正月五日,天气澄和,风物闲美。与二三邻曲,同游斜川。临长流,望曾城,鲂鲤跃鳞于将夕,水鸥乘和以翻飞。彼南阜者,名实旧矣,不复乃为嗟叹。若夫曾城,傍无依接,独秀中皋。遥想灵山,有爱嘉名。欣对不足,率尔赋诗。悲日月之遂往,悼吾年之不留。各疏年纪乡里,以记其时日。诗曰:'气和天惟澄,班坐依远流……提壶接宾侣,引满更献酬……中觞纵遥情,忘彼千载忧。且极今朝乐,明日非所求。'"

陶渊明超然于是非荣辱之外:"千秋万岁后,谁知荣与辱?"(陶渊明《拟挽歌辞》之一)委运乘化,既不任真忤时,也不徇名自苦,"纵浪大化中,不喜亦不惧。应尽便需尽,无复独多虑"(陶渊明《神释》)达到了超功利的人生境界。萧统称陶文观后,"驰竞之情遣,鄙吝之意祛,贪夫可以廉,懦夫可以立"②,宋代仕途屡遭困踬的苏轼,

①　陈淏子:《花镜·菊花》,农业出版社,1979,第376页。

②　萧统:《陶渊明传》。

就将陶渊明诗文作为消忧特效药,"每体中不佳,辄取读,不过一篇,惟恐读尽后,无以自遣耳"①!

陶渊明的这种生命史,已经如一幅中国名画一样不朽,人们也把其当作一幅图画去惊赞,因为它就是一种艺术的杰作。②

三、诗化的丘山园田

中华民族是以农耕为主的民族,农、林、渔作为"一主二副"的生产方式,深刻地影响了中国的士大夫文人,他们都有着深深的田园情结。而陶渊明第一个成功地将"田园情结"诗化为一种美的至境。

陶渊明笔下的田园风光是美的:

"少无适俗情,性本爱丘山……开荒南野际,守拙归园田。方宅十余亩,草屋八九间。榆柳荫后檐,桃李罗堂前……久在樊笼里,复得返自然"(陶渊明《归园田居》其一)。

那远人村、墟里烟、狗吠、鸡鸣、草屋、榆柳、桃李、南野、草屋,眼之所见耳之所闻无不惬意,无不恬美静穆、诗意盎然。

"平畴交远风,良苗亦怀新"。(陶渊明《癸卯岁始春怀古田舍之二》)

农耕生活也美,他"种豆南山下","晨兴理荒秽,带月荷锄归"(陶渊明《归园田居其三》)。

与农民的友情更美,更淳朴:"日入相与归,壶浆劳近邻"、"过门更相呼,有酒斟酌之。农务各自归,闲暇辄相思"、"时复墟里人,披草共来往。相见无杂言,但道桑麻长"(陶渊明《归园田居》其二),淳朴真诚,绝无官场的尔虞我诈。这种"美"与尔虞我诈的官场之"丑"形成强烈的对比,这种"美"是与"善"相结合的,具有纯洁高尚的道德感:"人生归有道,衣食固其端"。(陶渊明《庚戌岁九月中于西田获早稻》)因而,"诗书敦宿好,林园无世情。……商歌非吾事,依依在耦耕"。(陶渊明《辛丑岁七月中赴假还江陵夜行涂口》)

陶渊明躬耕读书生活也颇令人神往:"孟夏草木长,绕屋树扶疏。众鸟欣有托,吾亦爱吾庐。既耕亦已种,时还读我书"。(陶渊明《读山海经》)因此,中国古典园林中多吾爱庐、耕读斋、耕学斋、还我读书处(图5-9)、还读书斋等景境。

诗人笔下的田园是一方未被世俗污染的纯洁乐土,生活为一种美的至境,清新、自然、脱俗,恰与浊流纵横的官场相对立!

---

① 苏轼:《书渊明〈羲农去我久〉诗》。
② 朱光潜:《谈美书简二种》,上海文艺出版社,1999,第8页。

图 5-9　还我读书处(苏州留园)

第四节　玄佛合流与寺观园林美学思想

宗教界和士夫界相互之间思想、意识交流、沟通,呈现互动型机制,是影响中国文化、美学精神的重要因素。

两晋时期,玄学的兴起与流行,正是文人接受佛教的契机,玄佛合流。道教徒为要采药炼丹,往往徒步千里,穷搜名山;佛教大师要建立清静梵刹,也非得到深山去找不可。两晋寺观园林都选择在风景秀丽的名山胜地。

一、洞尽山美　游心禅苑

在山中建筑有许多条件。第一得靠近泉水或瀑布,否则在山中要到远处去取水是很困难的。第二得靠近树林,可以就近伐取木材。第三得找到有岩石的地方,因为在山中风雨皆烈,在泥土上盖屋不够结实,易为山洪所冲。土墙也不行,运砖又极费事,若靠近岩石就省事:悬崖可以当壁,又可以避风,凿下碎石来即可砌垣铺路。靠近泉水,靠近树林,又靠近岩石山崖,这地方的风景一定是好的。许多大刹的禅房佛殿,又极讲究曲折幽邃,于是山刹的起来,他本身便成为绝好的园林。

《世说新语》云:

康僧渊在豫章去郡数十里立精舍。旁连岭,带长川。芳林列于轩庭,清流激于堂宇。乃闲居研讲,希心理味。

道安的弟子慧远,跟着他遍历太行、恒山;慧远本来要去罗浮山,但他经过庐山时便舍不得这片清静的诗境了,于孝武帝太元九年(384年)来到庐山,在江州刺史桓伊的帮助下建起了庐山的第一座佛寺——东林禅寺。《高僧传·慧远传》载：

> 慧远创造精舍，洞尽山美。却负香炉之峰，傍带瀑布之壑。仍石垒基，即松栽构。清泉环阶，白云满室扮复于寺内别置禅林，森树烟凝，石径苔生。凡在瞻履，皆神清而气肃焉。

远乃背山临流，营筑龛室。妙算画工，淡彩陶写。色疑积空，望如烟雾，……①慧远在庐山聚徒讲学，成为南方佛教宗师。僧徒有的加入他的白莲社，便在这深识山水之美的庐山各处筑起园林别墅来。

这类山中的寺观很多，如广东风景绝佳的虎市山有晋僧律的精舍，

建于东晋兴宁二年（364 年）瓦官寺，是南京最古老的寺庙，因诏令布施河内陶官旧地以建寺，故称瓦官寺。许嵩《建康实录》卷八《哀皇帝丕》云："是岁（兴宁二年），诏移陶官于淮水北，遂以南岸窑处之地，施僧慧力造瓦官寺"。"至晋世而佛教普传，高僧辈出，寺塔林立。晋恭帝造丈六金像，亲迎于瓦棺寺。孝武帝则立精舍于殿内，千数百年灿烂光辉之佛教建筑活动，至是已开始矣。"②竺僧敷、竺道一、支遁林等人亦来驻锡，盛开讲席，晋简文帝亲临听讲，王侯公卿云集。

专供女的比丘尼修行的尼寺也在东晋出现，即南京的铁索寺。③

杭州的灵隐寺位于西湖以西灵隐山麓，背靠北高峰，面朝飞来峰，两峰挟峙，林木耸秀，深山古寺，云烟万状。开山祖师为西印度僧人慧理和尚，他在东晋咸和初，由中原云游入浙，至武林（即今杭州），见有一峰而叹曰："此乃中天竺国灵鹫山一小岭，不知何代飞来？佛在世日，多为仙灵所隐"，遂于峰前建寺，名曰灵隐。

下天竺寺今称法镜寺，位于灵隐山（飞来峰）山麓。东晋咸和（326—334 年）初年，西天竺僧慧理至此，见山水秀丽，乃建一宇，号灵鹫寺。

由安息国高僧安世高云游会稽，弘传佛教，平水、会稽山和剡山地区一度成为浙东传播佛教的中心。这里古刹云集如林，宗派祖庭争相宏宗立说，查《绍兴宗教》至今尚有许多寺庙庵堂始建六朝的记载。当时有十八高士云集沃州，佛教般若学思潮中的"六家七宗"的代表人物六成在此地。

东晋时期的僧人多精通老庄之学，他们以玄学来解释佛理，如慧安则用老庄之学注释《法华经》、僧支遁运用佛学注释《逍遥游》等，"非汤武而薄周孔"的道家"名士"与心存"济俗"的佛教"高僧"，反而更能体现"士"的精神④。名士兼高僧的支遁是东晋第二代僧人的杰出人物。梁《高僧传·晋剡沃州山支遁传》说他"幼有神理，聪明秀彻"。因游京邑久，心在故山，乃拂衣王都，还就岩穴。在吴（苏州）立支山寺，晚居山阴，讲《维摩诘经》，据梁《高僧传》卷四说他在石城山立栖光寺之后，就"宴坐

① 《高僧传》卷六《慧远传》。
② 梁思成：《中国建筑史》第四章，百花文艺出版社，1998，第 71 页。
③ 张敦颐：《六朝事迹编类》卷一一，上海古籍出版社，1995，第 108 页。
④ 余英时：《士与中国文化》，第 7 页。

山门,游心禅苑,木餐涧饮,浪志无生"。名士郗超激赏道:"林(支遁林)法师禅(佛)理所通,玄拔独悟,数百年来,绍明大法(佛),令真理不绝,一人而已。"①

宗教史的人文化、士大夫化进程,又是以中国知识阶层的社会人际交往即交游为独特方式。《荀子·君道》曰:"其交游也,缘义而又类。"这是志趣、爱好、情感,甚至是理想的投契与一致。缁流仗锡远游,结交时贤,蔚为风气。东晋名僧支遁和名士王羲之、许询等交游,作为名士记录的《世说新语》竟有五十四处记载。

《吴郡图经续记》云:"支遁、道生、慧向之俦,唱法于群山,而人尚佛。"支遁"买山而隐",成为当时名士雅尚。

西晋时,西天竺印度罗汉僧白道猷栖隐于此,成了沃洲山开山之祖。东晋时,大贵族出身的大乘般若学解义大师竺道潜(286—374年)归东峁山,一代名僧竺法友、竺法济(著《高逸沙门传》)、竺法蕴(般若学心无义代表之一)、释道宝(俗姓王,东晋开国丞相,大政治家王导之弟),相继入山,形成峁山僧人集团,最多时近百人。《世说新语·排调》记载,支道林(即支遁)钦慕竺道潜的道德学问,意欲亲近他,更托人向竺道潜"买山而隐",竺回答说:"欲来便给,未闻巢、由(唐尧、虞舜时有名的高人隐士)买山而隐",使支遁有点惭愧起来。

《高僧传》卷四记载,支遁得到竺潜(即竺道潜)允许之后,就在剡山沃洲小岭建立了一座寺院,叫"沃洲精舍",也叫"沃洲小岭寺",《支遁传》所谓"立寺行道,僧众百余","宴坐山门,游心禅苑"。"支公好鹤,住剡东峁山。有人遗其双鹤,少时翅长欲飞。支意惜之,乃铩其翮。鹤轩翥不复能飞,乃反顾翅,垂头视之,如有懊丧意。林曰:'既有凌霄之姿,何肯为人作耳目近玩?'养令翮成置,使飞去。"②"沃洲小岭寺"在今天沃洲山范围内,研究者以为沃洲小岭寺和今天傍山寺位置点十分相近。"沃洲山"也成为诗禅双修人物的隐居意象。支公俨然成为领导名士新潮流的精神领袖。

"支硎山,在吴县西十五里。晋支遁,字道林,尝隐于此山……山中有寺号曰报恩,梁武帝置。"③支遁曾居苏州吴县支硎山,山石薄平如硎,故支遁以支硎为号,而山又因支遁为名,建寺庙亦称支遁庵。

宋范成大《吴郡志》卷九载:"支遁庵在南峰,古号支硎山。晋高僧支遁尝居此,剡山为龛,甚宽敞。"明高启《南峰寺》诗:"悬灯照静室,一礼支公影。"

《支硎山小志》载:"报恩山一名支硎山,在吴县西南二十五里,昔有报恩寺,故以名云。所谓南峰东峰皆其山之别峰也,今有楞伽天峰中峰院建其旁……"又载:"支硎为姑苏诸山之一,古色苍苍,中外皆知,自晋迄今未有山志之辑……"

古寺石门夹道,危壁耸立,清净虚寂,净石堪敷坐,清泉可濯巾,环境优雅。支硎山上有待月岭、碧琳泉,还留有支公洞、支公井、马迹石、放鹤亭、白马涧、八偶泉

---

① 《高僧传·支遁传》引一名士郗超语,第127页。
② 刘义庆:《世说新语·言语》,中华书局,1983,第136页。
③ 陆广微:《吴地记》,江苏古籍出版社,1986,第68页。

池和石室等古迹多处。近处曾建有石塔,塔上镶刻着晋永和年字样(即公元345—356年),相传为支公道林藏蜕之地,可惜现已淹没。

支遁归隐于此,"石室可蔽身,寒泉濯温手","解带长陵陂,婆娑清川右",养马放鹤,潜心注释《安般》、《四禅》诸经,撰写了《即色游玄论》、《圣不辩知论》、《道行旨归》、《学道诫》等著作,又曾就大小品《般若》之异同,加以研讨,作《大小品对比要钞》,还讲过《维摩诘经》和《首楞严经》。

明高启《再游南峰》诗:"支公骏马嗟何处,石上莓苔没旧踪。"说的是支硎山上留有马迹石、白马涧(图5-10)等古迹。

图5-10　白马涧(苏州)

二、林泉秀美　舍山居为寺

其中很多是舍宅为寺,如祇洹寺、崇化寺,为东晋许询宅所舍。《建康实录》卷八有《许询传》载:

> 许询字玄度,高阳人。父归,以琅琊太守随中宗过江,迁会稽内史,因家于山阴。询幼冲灵,好泉石,清风朗月,举酒永怀,中宗闻而征为议郎,辞不受职,遂托迹居永兴。肃宗连徵司徒掾,不就。乃策杖披裘,隐于永兴西山,凭树构堂,萧然自致,至今此地名为萧山。遂舍永兴、山阴二宅为寺,家财珍异,悉皆与给。既成,启奏孝宗,诏曰:"山阴旧宅为祇洹寺,永兴新居为崇化寺。"询乃于崇化寺造四层塔,物产既罄,犹欠露盘相轮,一朝风雨,相轮等自备,时所访问,乃是剡县飞来,既而移皋屯之岩。常与沙门支遁及谢安、王羲之等同游往来,至今皋屯呼为许玄度岩也。

许询几乎罄其所有。

晋尚书陈嚣竹园，因号竹园寺；会稽东山国庆寺，乃谢安出东山后，把自己在东山的宅院改建为寺庙，成为国庆寺的前身。据说，国清寺的住持最初就是由国庆寺过去的(两寺名只相差一字)，此处是东南一大名刹；王羲之宅为戒珠寺，子敬宅为云门寺等。

云门寺坐落于绍兴城南十五公里的平水镇寺里头村秦望山麓脚下的一个狭长二里左右的峡谷里，三面青山环抱，宁静优雅、气候宜人、依山傍水、林泉秀美。前临若耶溪，背依云门山、嘉祥寺、秦望山。云门寺副寺雍熙寺、明觉寺、广孝寺、看经院、广福院等。云门寺始建于东晋义熙三年(公元407)，本为中书令王献之(王羲之的第七个儿子)的旧宅，某夜王献之在秦望山麓之宅处其屋顶忽然出现五彩祥云，王献之将此事上表奏帝，晋安帝得知下诏赐号将王献之的旧宅改建为"云门寺"，门前石桥改名"五云桥"。《嘉泰会稽志》中记载"王献之云门山旧居，诏建云门寺。"王羲之的第七代孙南朝智永禅师驻寺临书30年，留有铁门槛、退笔冢及其侄子惠欣曾在这里出家为僧，云门寺曾一度敕改为"永欣寺"。相传王羲之墓便在附近，昔日智永，慧欣和尚迁居云门也为扫墓就近。

首任住持帛道猷为东晋一代名僧，继之者法旷、竺道一(壹)、支遁、昙一、弘明、弘瑜、智永、智果、圆信、湛然、重曜、净挺、辩才、允若、具德礼、王门等皆为一代高僧。

林泉秀美、环境清幽的云门寺尤为文人雅士钟爱。

有"秀绝冠江南"的苏州灵岩，山上巨岩嵯峨，怪石嶙峋，物象宛然，有石蛇、石鼓、石髻、石龟、石兔、鸳鸯石、牛背石以及石马、石城、石室、石猫、石鼠、飞鸽石、蛤蟆石、袈裟石、飞来石、醉僧石等，惟妙惟肖，意趣横生。旧有"十二奇石"或"十八奇石"，有"灵岩奇绝胜天台"的美誉。春秋后期，吴王夫差在山巅建造园囿"馆娃宫"。晋代司徒陆玩筑墅于此，后"舍宅为寺"。即今之"灵岩禅寺"。

苏州虎丘山虽仅三百余亩，山高仅三十多米，但却有"江左丘壑之表"的风范，绝岩耸壑，气象万千，并有三绝九宜十八景之胜。东晋司徒王珣及其弟司空王珉各自在山中营建别墅，咸和二年(327年)双双舍宅为虎丘山寺，仍分两处，称东寺、西寺。

东晋著名高僧竺道生(355—434年)，佛教理论家，俗姓魏，钜鹿人，出身仕宦之家，幼聪颖，卓荦不群，十五岁便能与众讲佛经，吐纳问辩，辞清珠玉，人称"生公"。《高僧传》卷七称生公"隽思奇拔"、"神气清穆"，"潜思日久，彻悟言外"，受庄、玄得意忘言思想的启发，最早倡导"顿悟成佛"说，否定流行的轮回报应说。庄、玄与佛教融通渐渐形成了中国的佛教精神，即蔚为大观的禅宗精神——超越语义的层次、不立文字而"直指本心"。《高僧传》卷七载："旧学以为邪说，讥愤滋甚，遂显大众，摈而遣之，拂衣而游，初投吴直虎丘山，旬日之中，学徒数百。"曾在此讲经说法，下有千人列坐听讲，故名千人石(图5-11)。

竺道生提出了涅槃佛性学说和顿悟成佛说。这是玄佛交融时的一种新的佛教哲学，不仅开启了后来禅宗"明心见性"、"顿悟成佛"的灵智，而且在中国唯心主义认识论上是一次大胆的突破。至今，虎丘山上还留有遗迹。

图 5-11　千人石(杭州虎丘)

另有承天寺、瑞光禅院、永定寺、云岩寺、天峰院、秀峰寺等。

三、洞天福地　奇峰栖道友

道教正式创立于东汉末年,东晋时,在出身于吴姓士族的葛洪、杨羲、许谧、许翙、陆修静、陶弘景等道教徒的努力下,逐渐演进成具有哲理、神谱、科戒仪式、经典文献、修炼方术等完整体系的宗教,完成了从民间宗教向官方正统宗教的演变,迈入正规官方道教的殿堂。

东晋很多大名士实际都为道教人物,如王羲之、顾恺之等都是世奉天师道的世家大族。陈寅恪考证指出:天师道中人对"之"、"道"等字不避家讳,[1]王羲之儿孙名字中皆带"之"字。

佛道两家都竞相在名山胜水之地建寺观,"天下名山僧占多,也该留一二奇峰栖吾道友!"道教以为神仙在地下的栖息处是与天最接近的崇高山岭,"仙"字从山从人,《玉篇》曰:"仙,轻举貌,人在山上也。"名山胜景成为道教的"仙境",即三十六洞天、七十二福地。在那里建立宫观,于是道观园林大量出现。

道教徒杨羲、许谧、王灵期在茅山创立了道教上清派,茅山被称作"第一福地"、"第八洞天",是道教上清派、灵宝派、茅山派的孕育之地。山上有九峰、十九泉、二十六洞、二十八池之胜景,峰峦叠嶂,云雾缭绕,气候宜人,奇岩怪石林立密集,大小溶洞深幽迂回,灵泉圣池星罗棋布,曲涧溪流纵横交织,绿树蔽山,青竹繁茂,物华天宝。

道教理论创立者葛洪,出身于东吴著名士族,"丹阳句容人也。祖系吴大鸿胪。父悌,吴平后入晋,为邵陵太守。洪少好学,家贫,躬自伐薪以贸纸笔,夜辄写书诵

---

① 陈寅恪:《魏晋南北朝史讲演录》,黄山书社,1987,第167页。

习,遂以儒学知名……从祖玄,吴时学道得仙,号曰葛仙公,以其练丹秘术授弟子郑隐。洪就隐学,悉得其法焉……洪传玄业,兼综练医术,凡所著撰,皆精核是非,而才章富赡。"[①]实为亦儒亦道人物。

杭州西湖之北宝石山与栖霞岭之间,横跨着一座山岭,绵延数里,从此处俯瞰西湖,风光秀美,有"瑶台仙境"之称。据说东晋时著名道士葛洪在此山常为百姓采药治病,并在井中投放丹药,饮者不染时疫,他还开通山路,以利行人往来,为当地人民做了许多好事。因此,人们将他住过的山岭称为葛岭,亦称葛坞,并建"葛仙祠"奉祀之。岭上有抱朴道院,现在抱朴道院正殿名葛仙殿,东侧为半闲草堂,南侧为红梅阁、抱朴庐,还有炼丹古井、炼丹台、初阳台、葛仙庵碑等道教名胜及古迹。上虞兰风山上也有葛洪的旧居。这些都是风景绝佳的地方。

城市道观出现在西晋,如创建于西晋咸宁二年(276年)的"真庆道院"(今称玄妙观),位于苏州市主要商业街观前街。现有山门、主殿(三清殿)、副殿(弥罗宝阁)及二十一座配殿,为苏州香火最盛之地。当时,真庆道院遍植桃林,桃花盛开,飘落一地,像零碎的云锦一样美丽,因而道院前街被称为"碎锦街"(又名观前街,图5-12)。

图5-12　碎锦街(原真庆道院前街)

第五节　两晋园林美学理论

两晋是中国的审美观念发生转折的关键时期。西晋陆机《文赋》缘情的创作论、顾恺之"传神阿睹"、"迁想妙得"的画论和王羲之"意在笔前"的书论,都对园林美学思想产生了重要影响。

一、陆机的《文赋》

陆机(261—303年),字士衡,吴郡吴县(今江苏苏州)人,西晋文学家、书法家,与其弟陆云合称"二陆"。"少有奇才,文章冠世"。汉末晋初转折时期的文学理论家,开拓出个性化与美文化的多元发展前景,他的《文赋》是我国文艺思想史上第一

---

① 房玄龄,等:《晋书》卷七十二。

编完整而系统地论述文学创作问题的重要文章。

作为文学家的陆机所写的《文赋》,其主旨在于讨论种种有关文学创作的问题,虽然他的创作,"其会意也尚巧,其遣言也贵妍",但他关于诸多创作理论的论述是他创作实践的经验总结,对包括园林艺术创作在内的艺术创作具有指导价值。

《文赋》谈创作构思时,潜心思索,旁搜博寻:"笼天地于形内,挫万物于笔端","精骛八极,心游万仞",神飞八极之外,心游万刃高空。文思到来,如日初升,开始朦胧,逐渐鲜明。此时物象,清晰互涌。子史精华,奔注如倾。这是在美学中第一个最独特的艺术想象论,诗人进行艺术构思、艺术创作时,思想可以纵横驰骋不受时空的限制。

明计成性好搜奇,游燕及楚,中岁归吴(江苏),所掇园林假山,"俨然佳山也",为常州吴又予所筑园,可以将"江南之胜,惟吾独收矣",都是因为他将"胸中所蕴奇","发抒略尽"的结果。

《文赋》提出,诗"缘情绮靡",诗歌是因情而发的,"吐滂沛乎寸心",而不讲"言志",比先秦和汉代的"情志"说又进了一步,更加强调了情的成分,抒情不受"止乎礼义"束缚,而是将"各种沉潜的或稍纵即逝的感悟倾注于笔端",是该时代文学自觉的重要表现。

代表高品位的中国园林艺术的文人私园,与中国山水诗、山水画同时诞生在山水审美意识觉醒的魏晋南北朝时期,均属于以风景为主题的艺术,且均为士大夫文人吟咏性情的形式。自中晚唐园林主题园滥觞到宋以后,更成为抒情言志的载体,中国园林是为情而构景,情能生文,亦能生景。

二、顾恺之的画论

顾恺之(约 345—406 年),字长康,画家、绘画理论家、诗人,有才绝、画绝、痴绝之称。他的画论见载于唐张彦远的《历代名画记》,有《论画》、《魏晋胜流画赞》、《画云台山记》等三篇,《画云台山记》是顾恺之山水画创造的构思性记述。其中,顾恺之在人物画方面提出了"以形写神"、"迁想妙得"的著名观点,虽是中国画论,但其美学思想,对包括园林在内的艺术创作及审美具有极为深远的影响。

顾恺之说:"凡画,人最难,次山水,次狗马,台榭一定器耳,难成而易好,不待迁想妙得也。"《世说新语·巧艺》说:"顾长康画人,或数年不点睛。人问其故。"顾曰:"四体妍媸本无关乎妙处,传神写照正在阿睹中。""阿睹"即"这个",指眼睛,整句话的大意是画好人物,关键在于画好眼睛。眼睛是心灵的窗口,形是载体,画龙点睛,方能传神写照,满壁生辉。

东晋清谈之风高涨,人们纵情山水,顾恺之儒玄佛三者兼修,《晋书·顾恺之传》说:"恺之每重嵇康四言诗,因为之图,恒云:'手挥五弦易,目送归鸿难'。"讲求人物才情飘逸淡雅的风姿、言谈的超尘绝俗,推崇"韵"和"神"难于言传之美。"传神"术语出自佛学中关于灵魂与肉体即"神"与"形"的关系的辩论,直接影响当时的绘画理论。"传神"即能深入揭示人物的心灵世界外化出来的一个人的风神,是一个人的个性和生活情调,是一种具备审美意义的人的精神。

《世说新语·巧艺》中记载:"顾长康好写起人形,欲图殷荆州,殷曰:'我形恶,不烦耳。'顾曰:'明府正为眼尔。但明点童子,飞白拂其上,使如轻云之蔽日。'""顾长康画裴叔则,颊上益三毛。人问其故,顾曰:'裴楷隽朗有识具,正此是其识具。'看画者寻之,定觉益三毛如有神明,殊胜未安时。"①孟子首先明确提出通过眼睛的观察窥探判定人的内心世界:"存乎人者,莫良于眸子。眸子不能掩其恶。胸中正,则眸子了焉,胸中不正,则眸子眊焉。听其言也,观其眸人,人焉廋哉?"

孟子旨在观察、判断人的善恶,魏初刘邵的《人物志》提出"征神见貌,则情发于目"是一个重要的转变。至于到了玄学兴起之后,特别是到了东晋,眼睛又被人们认为是很重要的。顾恺之则追求透过画面传达的超越形象的精神意蕴。

"以形写神"在艺术理论上第一次明确地区分了"形"与"神",并且指明了"形"的描画是为了"写神","形"对"神"处在从属地位。说明绘画不应拘泥于形似形象,根本的目的在于"写神"、"传神"。

"迁想妙得"出于东晋顾恺之的《魏晋胜流画赞》:"凡画,人最难,次山水,次狗马,台榭一定器耳,难成而易好,不待迁想妙得也。"这涉及审美心理。用在园林欣赏上,就是面前作为意象的"景",联想到另一景象,感悟出比眼前景物更为深广的"意境",于是浮藻联翩,情景交融,获得最终的创造性灵感。观赏者的艺术修养越高,觉悟点越多,越丰富,越容易在再创造的艺术空间里驰骋,开悟迁想而有所妙得。想象是头脑中改造记忆表象而创造新形象的心理过程,即梁启超在《中国韵文里头所表现的情感》中说过的"用想象力构造境界"。②

顾恺之作画,常有别出心裁处,顾恺之以画家的眼光观察山水,他给爱山水的谢鲲画像时,便将其置于岩石中:"顾长康画谢幼舆(谢鲲字)在岩石里。人问其所以,顾曰:'谢云:一丘一壑,自谓过之。'此子宜置丘壑中。"③谢鲲自己与庾亮对比称:"端委庙堂,使百官准则,臣不如亮;一丘一壑,自谓过之。"吴世昌先生认为,"这一条记载在画史上很重要,可以看作中国山水画的嚆矢"④。晋顾恺之为了自娱所画的《云雾望五老峰图》和《云台山图》首开山水画之先河。

顾恺之的画形神兼备,取得了与他同时代的谢安对他的评价极高,认为"顾长康画,有苍生来所无"的成就。

三、王羲之的《书论》

传为王羲之的《书论》,见载于朱长文《墨池编》等书。《书论》中提出:

---

① 《世说新语·巧艺》,中华书局,1983,第720-721页。
② 曹林娣:《东方园林审美论》,中国建筑工业出版社,2012,第221页。
③ 《世说新语·巧艺》,中华书局,1983,第722页。
④ 吴世昌:《魏晋风流与私家园林》原载1934年《学文》月刊第2期。

"凡书贵乎沉静,令意在笔前,字居新后,未作之始,结思成矣。"凡作书贵在沉稳庄静,立意在动笔之前,写字在动笔之后,未写之前,构思就已成熟了。王羲之《题卫夫人笔阵图后》重申了这个观点:"夫欲书者,先干研墨,凝神静思,预想字形大小,偃仰平直振动,令筋脉相连,意在笔前,然后作字。"

王羲之意在笔前的书论,承西晋卫铄(卫夫人)《笔阵图》"意后笔前者败……意前笔后者胜"。与宋苏轼在《文与可画筼筜谷偃竹记》中说的"画竹必先得成竹于胸中"的画论一脉相通。

清画家沈宗骞《芥舟学画编》也说:

> 凡作一图,若不先立主见,漫为填补,东添西凑,使一局物色各相顾,最是大病。先要将疏密虚实,大意早定,洒然落墨,彼此相生而相应,浓淡相间而相成,拆开则逐物有致,合拢则通体联络。自顶及踵,其烟岚云树,树落平原,曲折可通,总有一气贯注之势。密不嫌迫塞,疏不嫌空松。增之不得,减之不能,如天成,如铸就。方合古人布局之法。

中国园林艺术属于诗画艺术载体,是立体的画、凝固的诗,它的营构与诗画创作一样。计成《园冶》载:"物情所逗,目寄心期,似意在笔先,庶几描写之尽哉"[1],造园的布局一定要先有全局构思,胸有成竹,才能达到"心期"的目的,"尽"其善美。

造园家在整体结构时,已经考虑了能反映这些风格的重点景区的立意。再用简约的笔墨、富有诗意的文字题一景名,规定了局部风景的意境。然后再仔细推敲该区的山水、亭榭、花树等每一个具体景点的布置,使它们符合意境的需要。清钱泳《履园丛话·营造》详细地介绍了营造园林的步骤:

> 凡造屋必先看方向之利不利,择吉既定,然后运土平基。基既平,当酌量该造屋几间,堂几进,弄几条,廊庑几处,然后定石脚,以夯石深,石脚平为主。基址既平,方知丈尺方圆,而始画屋样,要使尺幅中绘出阔狭浅深,高低尺寸,贴签注明,谓之图说。然图说者仅居一面,难于领略,而又必以纸骨按画,仿制屋几间,堂几进,弄几条,廊庑几处,谓之烫样。苏、杭、扬人皆能为之,或烫样不合意,再为商改,然后令工依样放线,该用若干丈尺,若干高低,一目了然,始能断木料,动工作,则省许多经营,许多心力,许多钱财。

> 余每见乡村富户,胸无成竹,不知造屋次序,但择日起工,一凭工匠随意建造,非高即低,非阔即狭。或主人之意不适,而又重拆,或工匠之见不定,而又添改,为主人者竟无一定主见。种种周章,比比皆是。至屋未成而囊钱已罄,或屋既造而木料尚多,此皆不画图不烫样之过也。

恰似对"意在笔前"的图解。

---

① 计成:《园冶·借景》,中国建筑工业出版社,1988,第247页。

第六章　南朝园林美学思想

南朝指宋、齐、梁、陈四个朝代。南朝的历史是门阀士族由盛转衰的历史,南朝的皇权比较强大,门阀士族已不能完全左右政局,南朝后期庶姓离心,寒人离德,寒人地位上升。四朝更迭,干戈不绝。

但南朝又是南北文化大交融时期,最终呈现出新的统一的文化格局,诞生了以"士族精神,书生气质"为审美核心的江南文化;南朝又都偏安江南,得江山之助,烟花春雨进一步柔化了江南文化,"诗性"遂成为"江南文化"最本质和与众不同的特征;自此确立了"外柔而内刚,以柔的面貌展示自己,以刚的精神自律自强"[①]的江南文化品格。

加上各朝多少采取过一些除旧布新的措施,社会得到相对稳定。赢得经济、文化、科技等方面获得全面的长足的发展,使生产逐步超过北方,是"中国经济、文化中心南移的重要过渡阶段"[②]。

在意识形态领域,印度宗教哲学与思想信仰初传中国早于中原的京(今西安)、洛(今洛阳),在江淮地区兴盛传播,中土学问僧西行求法,许多异国高僧和讲经者纷纷来到建康,京城佛寺林立,大量译写佛教经典,深刻影响中土文化;大规模的修建皇家园林;命如草芥的人们普遍皈依佛、道,以求精神安慰,于是寺观园林盛行,三者鼎足而立。

梁思成先生指出,"值丧乱易朝之际,民生虽艰苦,而乱臣权贵,先而僭侈,继而篡夺,府第宫室,不时营建,穷极巧丽。且以政潮汹涌,干戈无定,佛教因之兴盛,以应精神需求。中国艺术与建筑遂又得宗教上之一大动力,佛教艺术乃其自然之产品,终唐宋之世,为中国艺术之主流……"[③]

南朝士人完全超越了儒家对自然的比德之美,发现了大自然之真美,于是由衷地赞美、欣赏、山水审美化、艺术化,山水诗、山水小品、山水画和山水园林,走向高雅和审美。

"池塘生春草,园柳变鸣禽",大自然细微的变化,即能使忧郁的心情在春的节律中发生振荡;"余霞散成绮,澄江静如练",余霞似锦缎,澄江如白绸,柔美空灵;"樵隐俱在山,得意在丘中",山水隐逸审美化。

山水之美使日常的应用文也变成千古山水美文。如丘迟《与陈伯之书》"暮春三月,江南草长,杂花生树,群莺乱飞"情韵,居然收到"强将投戈"的奇效。吴均《与宋元思书》以"清拔有骨气"、工丽而不拘忌的辞笔写出江南山水的清秀之美,传神写照,动人心魄:

风烟俱净,天山共色,从流飘荡,任意东西。自富阳至桐庐,一百许里,奇山异水,天下独绝。水皆缥碧,千丈见底;游鱼细石,直视无碍。急湍甚箭,猛浪若奔。夹

①　徐茂明:《论吴文化的特征及其成因》,《学术月刊》1997 年第 8 期。
②　卞孝萱:《六朝丛书》总序,南京出版社,1992。
③　梁思成:《中国建筑史》第四章,百花文艺出版社,1998。

岸高山,皆生寒树,负势竞上,互相轩邈,争高直指,千百成峰。泉水激石,泠泠作响;好鸟相鸣,嘤嘤成韵。蝉则千转不穷,猿则百叫无绝。鸢飞唳天者望峰息心,经纶世务者窥谷忘反。横柯上蔽,在昼犹昏;疏条交映,有时见日。

陶弘景的《答谢中书书》,寥寥数笔,写尽了江南之美和娱情山水之情:

山川之美,古来共谈。高峰入云,清流见底。两岸石壁,五色交辉。青林翠竹。四时俱备。晓雾将歇,猿鸟乱鸣;夕日欲颓,沉鳞竞跃。实是欲界之仙都。自康乐以来,未复有能与其奇者。

笔调清新自然,可谓延续了谢灵运吐言天拔的一面。

在山水园林审美思想的推动下,地方官员也在所辖地建亭台楼阁,广陵徐湛之堪为典型,《宋书》徐湛之本传载:

广陵城旧有高楼,湛之更加修整,南望钟山。城北有陂泽,水物丰盛。湛之更起风亭、月观,吹台、琴室,果竹繁茂,花药成行,招集文士,尽游玩之适,一时之盛也。时有沙门释惠休,善属文,辞采绮艳,湛之与之甚厚。世祖命使还俗。本姓汤,位至扬州从事史。

第一节　谢灵运山居园林的美学思想

出身于陈郡谢氏士族的谢灵运(385—433 年),小名"客",人称谢客。曾祖父谢奕,曾为剡令,祖父谢玄年轻时有"谢家宝树"之誉,后为东晋名将,又以袭封康乐公。谢灵运才学出众,与从兄谢瞻、谢晦等皆为谢氏家庭中一时之秀。然身处晋宋易代,宋初刘裕采取压抑士族的政策,谢灵运也由公爵降为侯爵,"自谓才能宜参权要,既不见知,常怀愤愤"[①];于是纵情山水,从山水中寻找人生的哲理与趣味,将山水作为独立的审美对象,他描写山姿水态,"极貌以写物"[②]和"尚巧似"[③],境界清新自然,犹如一幅幅鲜明的图画,从不同的角度向人们展示着大自然的美。尤其是"池塘生春草"更是意象清新,天然浑成;他发现山水的晨昏变化之美:"昏旦变气候,山水含清晖","清晖能娱人",包含着深刻的理念,体现着一种新的山水审美观念。从写意到摹象,从启示性到写实性,"譬犹青松之拔灌木,白玉之映尘沙,未足贬其高洁也"[④]。唐释皎然甚至誉之为"诗中之日月","上蹑风骚,下超魏晋"[⑤],成为

---

① 《宋书》列传第三十七卷。
② 刘勰:《文心雕龙·明诗》。
③ 钟嵘:《诗品》上。
④ 钟嵘:《诗品》卷上。
⑤ 释皎然:《诗式》卷一《不用事第一格·文章宗旨》。

中国诗歌史上第一位真正大力创作山水诗并产生巨大影响的山水诗人。自谢灵运之后,山水诗在南朝成为一种独立的诗歌题材,并日渐兴盛。南朝著名的诗人中,鲍照、谢朓、王融、沈约、何逊、阴铿等人,皆不乏优秀的山水之作,而其中以谢朓的成就最为突出。

谢灵运自永嘉太守离任后,带着失败的伤痕,回到会稽始宁墅庄园,领悟到"淮丘园是归宿,唯隐中有乐趣","见柱下之经,睹濠上之篇",他已坚定了皈依佛道、超脱尘世、远离政治的人生信念。

始宁墅庄园南北绵延长约四十里,东西距离宽狭不一,约十五公里,总面积约六百平方公里,为魏晋六朝陈郡阳夏谢氏家族几代人的经营所形成的。

庄园为谢玄手上所开拓,其基本格局即已形成,谢灵运从永嘉辞职后回到这里,就开始对始宁墅进行了全面而精心的规划、扩建和园林化处理。

谢灵运总结了自古以来四种隐居方式:"古巢居穴处曰岩栖,栋宇居山曰山居,在林野曰丘园,在郊郭曰城傍。"①构筑巢居、穴处,人迹罕至,过于简陋而不舒适。丘园即隐居在村野,陶渊明式的隐居模式。居住在城邑郊郭,也能够"逍遥乎山水之间,放旷乎人间之世"。谢灵运选择的最佳的隐居方式便是山居,即"栋宇居山",生活在山间水际,身心俱适。东汉的庄园经济给士人提供了山居的条件,仲长统式的"背山临流,沟池环布。竹木周布,场圃筑前,果园树后"的环境。谢灵运的《山居赋》以汉大赋的规模铺写山居园林的选址、建筑、山水格局和动植物及个人的审美体验,并以散体笔调作自注,描摹山水风景,灵动亲切,自然有味,"对后世散体山水游记的兴起,不无导源滋养之功"②,从中可见其山居园林美学思想。

一、傍山带江　清晖娱人

谢灵运《山居赋》注曰:"五奥者,昙济道人、蔡氏、都氏、谢氏、陈氏各有一奥,皆相掎角,并是奇地。""奇地",其主要含义大约不是指土地的富庶,而是指山川的优美。曾祖父谢奕,曾为剡令,乐其山水,有寓居之谋。据《剡录》载:

会稽辽张愿叛,玄上疏送节,尽求解所职,又以疾辞,授散骑常侍、会稽内史。玄舆疾之郡,居崿山东北太康湖,江曲起楼,楼侧桐梓森竦,人号桐亭。郡有名山水,灵运素所爱好,遂肆意游遨。父祖并葬始宁,有宅墅,修营旧业,傍山带江,尽幽居之美。尝入剡有诗曰:"旦发清溪阴,暝投剡中宿。"

据《山居赋》载,谢灵运自己选择的居所是:

左湖右江,往渚还汀。面山背阜,东阻西倾。抱含吸吐,款跨纤萦。绵联邪亘,侧直齐平。

① 《山居赋》,见《宋书·谢灵运》列传第二十七卷。
② 袁行霈:《中国文学史》,高等教育出版社,2000,第二卷,第167页。

山居左濒湖池而右临江河,前往之路铺在江中的几块小陆洲,返回之路展现在水边斜滩。面临山峦而背负高地,东边崎岖艰险而西边陡峭难行。山山水水互相拥抱又相互吸纳,在堵塞处跨越,于盘旋处环绕。山势迂回曲折而有所倾斜,但总体上还是在同一平面之上。

近东则上田、下湖、西溪、南谷,石墱、石潺,闽硎、黄竹。决飞泉于百仞,森高薄于千麓。写长源于远江,派深悊于近渎。

靠近东边的上田、下湖、西溪、南谷,石墱、石潺,闽硎、黄竹等,水流的决口处瀑布飞流直下,倾泻百仞千丈银练,森林高高地覆盖着上千个同样的山麓。遥远的江河发源于倾泻而下的长流,临近的沟渠却于中途分流后才分别注入。瀑布飞流,分流跌宕。号称"地球之肺"的原始森林,既提供了丰富的氧气,也调节着大自然的气温。

近南则会以双流,萦以三洲。表里回游,离合山川。崿崩飞于东峭,盘傍薄于西阡。拂青林而激波,挥白沙而生涟。

靠近南边的双流剡江、小江在此汇流,三江相连在此形成三片绿洲。水流在表面和深层各自回旋,山川在此若即若离。东边悬崖峭壁有大石壁崩塌而飞出,西边的绿洲有磅礴巨石盘据集结。那摇摆飘拂的青郁森林如同激荡的千层绿色波澜,挥舞的洁白河沙也翻滚着一道道沙流涟漪。三江口地形复杂,飞崖石礅,乱石崩天,急流漱滩。

近西则杨、宾接峰,唐皇连纵。室、壁带溪,曾、孤临江。竹缘浦以被绿,石照涧而映红。月隐山而成阴,木鸣柯以起风。

靠近西边的则是杨中、元宾在这里遥接山峰,与唐皇在这里纵向相连。小江口南岸遍布的岩洞石室与北岸高达四十余丈的石壁均连带着溪水,曾山、孤山临江屹立。翠竹沿着溪水的边坡成片如屏使溪水显得更加碧绿,而赤色的岩石则把山涧中的水流映照得通红通红。这里的月亮也常常因为隐没在山后而显得格外的阴沉,树木的枝茎摇摆鸣响从而引来阵阵山风。

近北则二巫结湖,两利(利,下加日)通沼。横、石判尽,休、周分表。引修堤之逶迤,吐泉流之浩漾。山磻(磻,石换山)下而回泽,濑石上而开道。

靠近北边的地方是大巫湖、小巫湖,这二湖相互连通,外利(利,下加日)、里利(利,下加日)均与沼泽地连通。北面的横山与西北的常石却与之毫无关联,而东北的休山及休南的周里山都仅在其北边作表面上的区分。接引巫湖旧塘的堤岸迫使其水流沿着山麓弯弯曲曲而延续不绝;喷吐而出的泉水长溪却汩汩泌泌而断断续续。河岸突出的岩石使河水回旋并在常石磻(磻,石换山)下形成河湾,流水从沙石滩上冲刷而过,接着又分道扬镳。

大巫湖和小巫湖连成一体,既分又合,两利(利,下加日)长溪称为"地球之肾"、"鸟类的乐园"的湿地相连。

湖光山色,气候宜人,故作者在《石壁精舍还湖中作诗》描写道:

> 昏旦变气候,山水含清晖。清晖能娱人,游子憺忘归。……林壑敛暝色,云霞收夕霏。芰荷迭映蔚,蒲稗相因依。披拂趋南径,愉悦偃东扉。

> 远东则天台、桐柏,方石、太平,二韭、四明,五奥、三菁。表神异于纬牒,验感应于庆灵。凌石桥之莓苔,越栖溪之纤萦。

遥远的东边则是天台、桐柏,另外还有方石、太平、二韭、四明,五奥、三菁。这里总体上表现出一种异常和神奇,如若载入神灵附会的儒家经籍、简札之中,一定会让人们产生刻骨铭心的体念,当这种感觉至深之时将作出某种相应的反应,也真以为这里必定会有那些呈现祥瑞的庆云、灵芝之类存在。届时人们将在这里用双脚去践行仙人所走过的石桥,尽管上面长着苍老的青苔,以跨越那神仙出没的栖溪。

> 远南则松箴、栖鸡,唐嶷、漫石。崪、嵊对岭,能(能,厶换山,山置上,月换目)、孟分隔。入极浦而邅回,迷不知其所适。上崚崎而蒙笼,下深沉而浇激。

远方的南面是松箴,其下方是小溪曲折深幽且四面屏山的栖鸡,其上方是瀑布有数百丈高的唐嶷,再下方则是郄景兴(大司马参军)盖有修行精舍的名山漫石。这里崪山与嵊山二座山岭遥遥相对,王敬弘(太子少傅)也在这里建有精舍,奇异的能(能,厶换山,山置上,月换目)山和昙济道人所居住的孟山在此完全隔绝,不相统属。如若进入沿河水滨,就会因道路不断地回转而很容易迷路,使人不知何去何从。山上的风光,卓异而超群,还会让人的视觉产生模糊,山谷下则深邃幽静,水流回旋而且湍急。

这里境殊不凡,如同世外桃源。名山大川,不过如此。高山屏蔽,曲径通幽。形势迂回周转,却不过分张扬;品格卓异出群,而又深藏不露。栖鸡于山窝之中,四面高山,一条曲径,真是个逃避现实的最好去处。

> "远北则长江永归,巨海延纳。昆涨缅旷,岛屿绸沓。山纵横以布护,水回沉而萦泹。信荒极之绵眇,究风波之睽合。"

在那遥远的北边则是那一去永不复返的万里长江,浩瀚的大海在这里把它延伸并接纳。孤山在河沙之中隆起,故显得是那么的渺茫而空旷,大小岛屿,星罗棋布。山峦纵横交错,水流回旋缠绕。使人不由得产生身临天涯海角的茫然感觉,以及那江风起扬波所产生的聚合分离情怀。

面对名山大川,让人心旷神怡;面临大海深洋,令人心胸开阔。

二、水卫石阶　幽峰招提

谢灵运自己对庄园的建设,其审美的意味则更加浓厚:

尔其旧居,曩宅今园,枌槿尚援,基井具存。曲术周乎前后,直陌蛊其东西。岂伊临溪而傍沼,乃抱阜而带山。考封域之灵异,实兹境之最然。葺骈梁于岩麓,栖孤栋于江源。敞南户以对远岭,辟东窗以瞩近田。田连冈而盈畴,岭枕水而通阡。

意思是:至于以前的山居,即以往的住宅,现在的园地,枌榆和木槿相互攀升以比高下,墙基与水井尚存。弯弯的古城道路,穿梭环绕在房前屋后,笔直的田间小路,横贯于村东村西。濒临溪水而又依傍小湖,拥抱土山又连带山岭。考查封地之内的种种神灵奇异,实在是环境最为特殊。用茅草所盖的"骈梁"(并列的房屋)在岩崖脚之下,栖居的"孤栋"则独立在水流的源头。敞开南边的门户便正对着远方的山岭,打开东边的窗户就可以注视到近处的田园。田园连着山岗并延伸到原野,山岭枕着河水,贯通田间的是南北的小路。

葺室在宅里山之东麓。东窗瞩田,兼见江山之美。三间故谓之骈梁。门前一栋,枕矶上,存江之岭,南对江上远岭。此二馆属望,殆无优劣也。

庄园建筑与山川风光精心搭配,将庄园切入了一种审美的境界:

西岩带林,去潭可二十丈许,葺基构宇,在岩林之中,水卫石阶,开窗对山,仰眺曾峰,俯镜浚壑。去岩半岭,复有一楼。迥望周眺,既得远趣,还顾西馆,望对窗户。缘崖下者,密竹蒙逸,从北直南,悉是竹园。……北倚近峰,南眺远岭,四山周回,溪涧交过,水石林竹之美,岩岫限曲之好,备尽之矣。

若遵南北两居,水道陆阻。观风瞻云,方知厥所。南山则夹渠二田,周岭三苑。九泉别涧,五谷异垄。群峰参差出其间,连岫复陆成其阪。众流溉灌以环近,诸堤拥抑以接远。远堤兼陌,近流开湍。凌阜泛波,水往步还。还回往匝,枉渚员峦。呈美表趣,胡可胜单。抗北顶以葺馆,殷南峰以启轩。罗曾崖于户里,列镜澜于窗前。因丹霞以赪楣,附碧云以翠椽。视奔星之俯驰,顾飞埃之未牵。鹍鸿翻翥而莫及,何但燕雀之翩翾。沈泉傍出,潺湲于东檐;柴壁对峙,碨礌于西溜。修竹葳蕤以翳荟,灌木森沈以蒙茂。萝蔓延以攀援,花芬熏而媚秀。日月投光于柯间,风露披清于巘岫。夏凉寒燠,随时取适。阶基回互,橑棁乘隔。此焉卜寝,玩水弄石。迩即回眺,终岁周戢。伤美物之遂化,怨浮龄之如借。眇遁逸于人群,长寄心于云霓。

谢灵运自注文称:"南山是开创卜居之处也。涂路所见,皆乔木茂竹,缘畛弥阜。横波疏石,侧道飞流,以为寓目之美观。及至所居之处,自西山开道,迄于东山,二里有余。南悉连岭叠鄣,青翠相接,云烟霄路,殆无倪际。西岩带林,去潭可二十丈许,葺基构宇,在岩林之中,水卫石阶,开窗对山,仰眺曾峰,俯镜浚壑。去岩半岭,复有一楼。回望周眺,既得远趣,还顾西馆,望对窗户。缘崖下者,密竹蒙径,从北直南,悉是竹园。东西百丈,南北百五十五丈。北倚近峰,南眺远岭,四山周回,溪涧交过,水石林竹之美,岩岫限曲之好,备尽之矣。"

南山有夹着水渠的两片广阔田野,且围绕山岭建有三座园林。群峰参差,出没其间,连绵山峦,重重叠叠。面对北面山顶修建楼台馆所,凭靠南面山峰扩建回廊曲轩。罗列层峦叠嶂在门户之中,排列碧水明镜于窗户之前。因为彩霞的映照而让门楣涂上一抹朱红,由于附着碧云而使屋椽刷上一片翠绿。可仰望流星向下俯冲而飞驰,环顾飞扬的尘埃毫无约束地弥漫。生态环境实在太好了,夏季凉爽而冬天暖和,随着时令的变化而把气候调节得很是合适。台阶和墙基互相衔接而环绕回转,屋椽和窗格相互交叉而错落有致。选择了这样好的寝室,既可以游玩于山林又可观赏于水泽。

南山南面全是重峦叠嶂,且青翠相连,几疑是云壑雾衢通向九霄之路,始终无边无际。东北方向头枕沟壑,清潭如镜,倾覆的树枝以及盘踞的巨石,覆盖在弯曲的河岸而映照着隆隆的小绿洲。西边是岩崖缭绕树林,离清潭大约二十丈,在平整的土地建了房屋,在岩石树林之中,河边是护卫的石砌台阶,一开窗户就正对山峦,抬头可仰望重叠的山峰,俯首可镜照已疏通的山涧。离开岩石的半山腰处,又建筑了一座楼台。回首仰望,周身四顾,概得远景情趣,返身回顾西边楼馆,可以对窗相望。石崖边缘的下面,茂密的修竹覆盖了路径,这里从北到南全是竹园。东西方向相距约百丈远,南北方向的距离长达一百五十五余丈。北边靠近山峰,南边可远眺山岭。四面群山环抱,溪流山涧,交互通过。流水、奇石、苍树、修竹之美,危岩、幽洞、河湾、曲径之妙,备尽其极。恍如人间仙境,世外桃源。

谢灵运在《于南山往北山经湖中瞻眺》中说:"朝旦发阳崖,景落憩阴峯。舍舟眺迥渚,停策倚茂松。侧径既窈窕,环洲亦玲珑。俛视乔木杪,仰聆大壑灇。石横水分流,林密蹊绝踪。解作竟何感,升长皆丰容。初篁苞绿箨,新蒲含紫茸。海鸥戏春岸,天鸡弄和风。抚化心无厌,览物眷弥重。不惜去人远,但恨莫与同。孤游非情叹,赏废理谁通?"

好佛的谢灵运早在《辨宗论》里就主张"去物累而顿悟",其《游名山志序》说:"夫衣食,生之所资;山水,性之所适。今滞所资之累,拥其所适之性耳。……岂以名利之场,贤于清旷之域耶!"只有倘佯于山水之间,才能体道适性,舍却世俗之物累。"山野昭旷,聚落膻腥",山林原野是多么的明亮和广阔,而城市和村落却到处都有膻气和腥味,故立下大慈大悲的宏伟誓愿,要"拯群物之沦倾",在自己的领地上建清静的佛教圣地,如同论说四真谛的鹿野华苑,论说盘若经、法华经的灵鹫名山,论说涅槃的坚固贞林,论说不思议的庵罗芳园,以招让四方僧侣修行悟道。

翦榛开径,寻石觅崖。四山周回,双流逶迤。面南岭,建经台;倚北阜,筑讲堂。傍危峰,立禅室;临浚流,列僧房。对百年之乔木,纳万代之芬芳。抱终古之泉源,美膏液之清长。谢丽塔于郊郭,殊世间于城傍。欣见素以抱朴,果甘露于道场。

面向南面山岭,建造一方读经台;在背靠北面坡地上,筑建一座讲学堂。依傍那危山孤峰,建筑一座参禅室;临时决定疏通好河流,在河畔建设一排僧人宿舍。面对那些百年乔木大树,可呼吸其万年的芳香。拥有那终身不竭的泉源,可品尝那清淳隽永的瑶浆甘霖。告别了郊区壮丽的浮屠宝塔,断绝了都城热闹的繁华世界。只欣赏这里所呈现的那种未经染色的生丝与未经加工过的原木的朴素,饮用这里只供佛祭祀与修行学道之处的甘露。

洁净、光明、幽邃和清妙的名山胜水环境,成为现世的净土。因此,谢灵运在建造招提精舍时,选址在人迹罕至的山峰,山峰高敞、空旷,环境幽美,"四山周回,双流逶迤",山水美妙,由此达到与世隔绝的出世环境。谢灵运选择有石崖的山峰,以求与灵鹫山形似,托想释迦牟尼佛讲法圣地。谢灵运依崖构建禅室,借助山崖之势创造佛教庄严气氛。由此,招提精舍的创建,实现了谢灵运创造世间净土的设想。对于士人而言,在山中营造一种净土的山水环境作为佛教解脱的理想,使净土信仰和山水审美合而为一,山居的"净土化",谢灵运或许是第一人。

经台、讲堂、禅室、僧房,置于山川之中,与士人优雅恬静、逍遥自在的生活融为一体,显得十分的和谐。"幽人息止之乡"。

三、麻麦粟菽　湖光山色

山居能看到"阡陌纵横,膛埒交经。导渠引流,脉散沟并"和优美宁静的田园风光,看到丰收景象:"蔚蔚丰秫,芯芯香秔。送夏蚤秀,迎秋晚成。兼有陵陆,麻麦粟菽。"有秫(有黏性的谷物)的丰收,秔稻(黏性较小的稻)的芬芳。扬花吐穗之际送走了火热的夏季,灌浆成熟之时迎来了丰收的秋季。丘陵与平原全都能获得好的收成,诸如苎麻、小麦、小米、豆类之类。感悟老庄知足长乐的生命秘诀。

从园林到田野,从田野到湖泊,浩渺泽国,浚潭涧水,曲尽其美,"除菰洲之纤余。慈温泉于春流,驰寒波而秋徂。风生浪于兰渚,日倒景于椒涂。飞渐榭于中沚,取水月之欢娱。且延阴而物清,夕栖芬而气敷。"清除了茭白之类的杂草,那绿洲显得婀娜多姿。让温泉在春风中涌动畅流,让寒潮尽快过去,以便秋收冬种顺利进行。绿洲上的秋风卷起了银色的波浪,太阳光所投下的倒影,笼罩在芳香的道路上。水中小绿洲上名为"渐榭"木屋的檐牙,像鸟儿一样展翅欲飞,当水月交融之际,是难得的欢娱时日。当太阳升起之时,那延伸拉长的绿荫使得万物更加清新,夕阳下山之时,大地的芬芳像是附着在空气之中久久不会散去。

真乃人间仙乡,美不胜收!

比邻于山弯水曲的各个角落小湖,别有一番风景,"众流所凑,万泉所回。汜滥异形,首恳终肥。别有山水,路邈缅归"! 各路清泉,涓涓细流,百川汩汩,各呈其美,却周而复始,殊途同归。

四、百果备列　含蕊藉芳

谢灵运庄园的山上、水中,百草丰茂,茂林修竹,郁郁葱葱,装点着他的山居园林。谢灵运长期细致地观察植物,极物之形、尽物之性、感物之情,《山居赋》中写出众多植物的美趣、生机,摆脱了儒家比德的框框,还自然植物以自然之美。

植物名目繁多,水草有萍、藻、蕰、茭、蘉、蒲、芹、荪、兼、菰、苹、蘩、蕰、荇、菱、莲等。虽然这些水生植物都很美好,作者却独赏莲花的华丽、鲜艳:"播绿叶之郁茂,含红敷之缤翻。"绿叶郁茂,含苞待放的粉红色花蕾更是色彩缤纷。作者在欣赏莲花的美艳时,却想到了这一切的消纵即逝:"怨清香之难留,矜盛容之易阑。"清香难留,美艳易逝。"必充给而后塞,岂蕙草之空残",务必充分地给予之后方可索取,岂能让蕙草这样白白遭受损失?

山庄园林中栽植的药草也很多,见诸《神农本草经》的,有"参核六根,五华九实。二冬并称而殊性,三建异形而同出。水香送秋而擢蒨,林兰近雪而扬猗。卷柏万代而不殒,伏苓千岁而方知。映红葩于绿蒂,茂素蕤于紫枝。既住年而增灵,亦驱妖而斥疵。"药材中有参核和六根须,五花瓣和九果实。天门冬、麦门冬以冬并称,但性质却不一样。三建汤的形色不同却出自同一种配方(即乌头、附子与天雄)。兰草只有在秋季才演变成红色的茜草,栀子只有在下雪之时才显示华美盛容。卷柏因万世干枯也不死而被称为"九死还魂草",茯苓经过千年之久才被人们发现它具有很高的药用价值。映照衬托红花的是那绿蒂,茂盛的白色花蕊顶立于紫色的枝茎。它们一如既往地永葆青春从而增添了灵性,可驱赶妖媚从而排斥邪恶。

卷柏、茯苓,都是神仙药品。卷柏又名万年青、长生草,九死还魂草,它不仅自身生命力顽强,能在贫瘠干旱的环境下顽强生长,而且能治疗诸多顽症怪病。

茯苓,又称玉灵、茯灵、万灵桂,既可用于治疗关节酸痛,尿路感染,白带,湿热疮毒,梅毒,红皮病,急性菌痢,瘰疬等传染疾病,还可用于治疗钩端螺旋体病。

东晋的王献之等道教人物以竹子为君子,生活中已经须臾离不开它。谢灵运山林园林中竹子品种很多:"其竹则二箭殊叶,四苦齐味。水石别谷,巨细各汇。既修竦而便娟,亦萧森而蓊蔚。露夕沾而悽阴,风朝振而清气。捎玄云以拂杪,临碧潭而挺翠。蔑上林与淇澳,验东南之所遗。"

竹类则有两种箭竹的叶子特殊,而四种苦竹却大体相同。水竹和石竹生长在不同的山谷,按大小各自丛生。它们既修长而挺立,显示那么轻盈美好,既阴森含蓄而又茂盛浓密。每当夜幕降临而披上露珠,因为湿润显得阴沉凄凉,每当晨风掠过又重新振奋又显清新朝气。摇拂着的竹梢逗弄着高高的浓云,濒临碧绿清潭的,因倒影其中而显得更加挺拔青翠。大可压倒关中上林苑,以及卫国淇澳园,可体验东南之地的遗风。

赋中还列举了南朝前与竹子相关的典故:黄帝时代乐官伶伦制竹笛、《诗经》卫女写《竹竿》诗以寄异乡思归之情,西汉辞赋家东方朔被放逐时创作《七谏》长诗咏竹,甚至想到悠游竹林的西晋之"七贤"!

接着写了材质不一的树木:"松柏檀栎,梗楠桐榆。蘖柘榖楝,楸梓柽榈。刚柔性异,贞脆质殊。卑高沃瘠,各随所如。干合抱以隐岑,杪千仞而排虚。凌冈上而乔竦,荫涧下而扶疏。沿长谷以倾柯,攒积石以插衢。华映水而增光,气结风而回敷。当严劲而葱倩，承和煦而芬腴。送坠叶于秋晏，迟含萼于春初。"

此地材质不同的树木有梗、楠、桐、榆、檿、柘、榖、栋、楸、梓、柽、樗树等。阳刚温柔而特性各异，硬脆渐递而质地不同。虽然这些树木高大矮小不一，且生长的土壤肥沃贫瘠各异，但均能随遇而安，且各得其所。有的树干大得可用双手合抱，而且树荫可遮蔽整个小山包，有的树梢长达千仞，因而有腾空凌云之势。矗立在山脊上的高耸入云，荫庇山涧的枝叶繁茂而分披八方。有的沿着长长的山谷延伸，其枝条倾斜而下垂，有的聚拢在石缝之中，枝叶伸展而穿插于四通八达的道路之上。浓郁的色彩因倒映水中而增加亮泽，磅礴的气概因凝雪骤风而回旋散播。立身于悬岩石壁之上而显得刚劲有力，且格外青翠挺拔，承受着阳光的照耀而显得芬芳而又丰腴。晚秋的金风送走了落叶，初春的阳光却迎来了含苞待放的蓓蕾。

众木荣芬，品种繁多。这些优良林木能适地生长，茂盛葳蕤。千姿百态，气度非凡。有的旁逸斜出，有的参天耸立；有的仰身高岗，有的俯首低谷。

庄园中的"北山二园，南山三苑"，更是"百果备列，乍近乍远。罗行布株，迎早候晚。猗蔚溪涧，森疏崖巘。杏坛、柰园，橘林、栗圃。桃李多品，梨枣殊所。枇杷林檎，带谷映渚。楂梅流芬于回峦，椑柿被实于长浦"。

在人们眼前的是一片蟠桃园、花果山。

畦町所艺，含蕊藉芳，蓼蕺裸荠，葑菲苏姜。绿葵春节以怀露，白薤感时而负霜。寒葱摽倩以陵阴，春藿吐苕以近阳。

在田垄之中经营农艺，到处充满了花蕊，凭借其芳香可引来蝴蝶、蜜蜂，传播花粉，栽种有蓼草、蕺菜、荠菜，葑菜、萝卜、苏梗、生姜等等。绿葵(蔬菜)怀抱着清露而节节攀升，白薤(蔬菜)敏感于时令而背负着严霜。寒冷中青葱却标榜着阳刚之气，以侵凌柔阴，春季藿豆在春风中开放，如同鲜花般的叶子在大量地吸收阳光。

五、飞泳骋透　备列山川

动类亦繁。飞泳骋透，胡可根源。观貌相音，备列山川。寒燠顺节，随宜匪敦。

动物的种类也很繁多。飞鸟、泳鱼、骋兽、透虫，怎能全都探究其根源。然而观察其体貌特征并相与比较其声音，详细列举其生存的山岗和河川。它们面对寒热的变化能顺从节令，随时随处都能生存环境而不怎么勉强。

服从物竞其择，适者生存的道理。

鱼则鮋鳢鲋鳂，鳟鲩鲢鳊，鲂鲔鲹鳜，鲯鲤鲻鳢。辑采杂色，锦烂云鲜。喽藻戏浪，泛苻流渊。或鼓鳃而湍跃，或掉尾而波旋。鲈鲎乘时以入浦，迅(迅，左加鱼)沿濑以出泉。

鱼类则有鮋、鳢、鲋、鳂、鳟、鲩、鲢、鳊、鲂、鲔、鲹、鳜、鲯、鲤、鲻、鳢等。通过集中分析可发现它们的色彩都很丰富，如同锦绣一样斑斓、鲜艳、灿烂。或衔食水藻或追波逐浪，或泛游于水藻之间或潜藏于深水之中。或是鼓起鱼鳃在急流中跳跃，或是掉转尾巴在涡旋中搧动鳍翅。鲈鱼和鲨鱼还不时会窜上浅水,鳡鱼和鲴鱼则喜欢在沙石上的急流中腾跃,似乎是在寻找源泉。

作者非常向往这种生活情调,将自己比喻为鲫鱼,他在《游石门洞》中说:"我是谢康乐,一箭射双鹤。试问浣沙娘,箭从何处落。浣沙谁氏女?香汗湿新雨。对人默无言,何事甘良苦。我是潭中鲫,暂出溪头食。食罢自还潭,云踪何处觅。"

"鸟则鹃鸿鹇鹄,鸳鸯鸧相(相,下加鸟)。鸡鹊绣质,鶷鹡绶章。晨凫朝集,时鶷山梁。海鸟违风,朔禽避凉。莫生归北,霜降客南。接响云汉,侣宿江潭。聆清哇以下听,载王子而上参。薄回涉以弁翰,映明鏊而自耽。"

鸟类则有鹃、鸿、鹇、鹄、鸳、鸯、鸧、相鹏。另外鸡和喜鹊的花纹比较简明朴素,反舌鸟、山雉的纹理分明而象绶章彩带。野鸭喜欢在早晨聚集在一起呱噪,鹊雉则经常蛰伏在山梁之上静默。只有那海鸟喜欢迎风高飞,而候鸟如大雁则懂得躲避寒冷。它们在草木吐出嫩芽之时才回归北方,而霜降以后又迁徙到南方。它们一声接一声地鸣叫声响彻云霄,常寄宿在沿途的江河湖沼。人们在下方聆听到它们断断续续的高鸣,就不由得感觉到,它们可能正载着名列仙班的王子晋去天宫上朝。当它们在踏上归途之时,已换上了一身尊贵的羽毛,身披锦衣而顶戴皇冠,倒映在云鏊之中自我陶醉。

鸟儿比鱼儿更加自由自在,因为天空无边无际,生活环境和视野非常广阔高远。人们又更加向往高飞的海鸟,因为它们象征着"勇敢"。一会儿迎风飞翔,一会儿直冲云霄。人们也崇敬那识时达变的大雁,因为它们象征着"信誉"。一会儿像人字一样排开,一会儿又像人字一样聚拢。故人们把有秩序地飞行的雁群,叫做"雁序"。

山上则猨猱狸貜,犴獌猰㺄。山下则熊罴豺虎,麚鹿麏麜。掷飞枝于穷崖,踔空绝于深硎。蹲谷底而长啸,攀木杪而哀鸣。

山上有猨、猱、狸、貜,犴、獌、猰、㺄;山下则有熊、罴、豺、虎、麚、鹿、麏、麜等各种野兽。它们或将身子飞掷于悬崖峭壁之间,或凌空跳跃在岩石之上。或蹲踞在山谷底之下不住地啸叫,或攀掾在树梢之上不时发出哀号凄鸣。

走兽不同飞禽,有另一套生活习性。虽然不能翱翔蓝天与畅游绿水,但是它们也有很强的活动能力,矫健雄壮,灵活敏捷。

鉴虎狼之有仁,伤遂欲之无崖。顾弱龄而涉道,悟好生之咸宜。率所由以及物,谅不远之在斯。

此地"缗纶不投,罝罗不披。磻弋靡用,蹄筌谁施",不投放钓鱼的缗绳和纶线,不张罗捕鸟的装置和罗网。不用石箭镞,也不用带绳的弓箭,不施能夹住腿脚的工具,也不放带有倒钩的捕鱼器。是动物活动的天堂!主人出于保护生灵的慈悲胸怀,特别怜爱那些"弱龄而涉道"的小动物,"抚鸥鲦而悦豫,杜机心于林池"能安抚海鸥和白鲦(即白鲦)之时心中会倍感喜悦,要杜绝一切不良心机!自觉地保护动物、爱护自然生态环境。

山庄园林的生态之美、建筑之美、植物之美、人与自然结合之美，与山川相融共荣，实在是美不胜收!

第二节　园林多趣赏

南朝士大夫文人包括三教兼修的士族文人，他们普遍将生命关怀与园林生活紧密联系起来，出现了较多的城市宅园，山林别墅园大量出现，其中不乏小型的山庭园。在园林审美上，大多能摒去华丽奢靡之习，追求朴素淡雅的境界，他们的山水情怀通过构园得以抒写，追求再现山水的园林美，他们尽情欣赏园林自然之美，物质功能下降，游赏功能上升;但也有达官贵人虽然也认识到园林的趣赏，但趣赏的同时，依然不忘物质享乐，及时行乐，趣味低俗。

一、仿佛丘中　遗子清白

在人境结庐，妙造自然。城市住宅边叠山引水，营造山林野趣，虽由人作，追求的是有若自然的趣味。即使绿苔生阁，芳尘凝榭，阁下长满了绿苔，台榭之间，也堆满了尘埃，亦可藉此少寄情赏。

《宋书》隐逸传中引用《易》曰:"天地闭，贤人隐。"又曰:"遁世无闷。"又曰:"高尚其事。"又曰:"幽人贞吉。"认为"全身远害，非必穴处岩栖"。

传中将艺术家戴颙列入。戴颙(377—441年)，字仲若，谯郡铚人也。父逵，兄勃，并隐遁有高名。颙年十六，遭父忧，几于毁灭，因此长抱羸患。以父不仕，复修其业。父善琴书，颙并传之，凡诸音律，皆能挥手。会稽剡县多名山，故世居剡下。颙及兄勃，并受琴于父。

戴颙是著名画家、雕塑家戴逵之子，早年随父亲客居浙江剡县，戴颙善鼓琴，"巧思通神"，父亡后又和其弟戴勃居留桐庐县之名山，时"勃疾患，医药不给。颙谓勃曰:'颙随兄得闲，非有心于默语。兄今疾笃，无可营疗，颙当干禄以自济耳。'乃告时求海虞令，事垂行而勃卒，乃止。桐庐僻远，难以养疾，乃出居吴下。吴下士人共为筑室，聚石引水，植林开涧，少时繁密，有若自然。乃述庄周大旨，著《逍遥论》，注《礼记·中庸》篇。三吴将守及郡内衣冠要其同游野泽，堪行便往，不为矫介，众论以此多之。"

戴颙出居吴下原因是"桐庐僻远，难以养疾"，但居住环境有山石和清泉及繁茂的植物，"有若自然"。

刘宋末年的刘勔，"字伯猷，彭城人也。祖怀义，始兴太守。父颖之，汝南、新蔡二郡太守，征林邑，遇疾卒。勔少有志节，兼好文义"。后屡建奇功，后捐躯卫主，史称其"弘勋树绩，誉洽华野"、"赠散骑常侍、司空，本官、侯如故，谥曰忠昭公"。"勔经始钟岭之南,以为栖息,聚石蓄水,仿佛丘中,朝士爱素者,多往游之。"①

徐勉,字修仁,东海郯人,《南史》卷六十载其勉幼孤贫,早励清节。年六岁,即能率尔为文,见称耆宿。及长好学,宗人孝嗣见之叹曰:"此所谓人中之骐骥,必能致千里。""勉居选官,彝伦有序。既闲尺牍,兼善辞令,虽文案填积,坐客充满,应对如流,手不停笔。又该综百氏,皆避其讳。尝及闾人夜集,客有虞暠求詹事五官。勉正色答云:'今夕止可谈风月,不宜及公事。'故时人服其无私。"官至中书令。"勉虽居显职,不营产业,家无蓄积,奉禄分赡亲族之贫乏者。门人故旧或从容致言,勉乃答曰:'人遗子孙以财,我遗之清白。子孙才也,则自致辐辏;如不才,终为佗有。'"尝言"遗子黄金满籯,不如一经"。徐勉在戒其子崧书中自述:

"中年聊于东田开营小园者,非存播艺以要利,政欲穿池种树,少寄情赏……古往今来,豪富继踵,高门甲第,连闼洞房,宛其死矣,定是谁室?但不能不爲培塿之山,聚石移果,杂以花卉,以娱休沐,用托性灵。随便架立,不存广大,唯功德处小以爲好,所以内中逼促,无复房宇。"

徐勉所以"穿池种树",筑"培塿之山,聚石移果,杂以花卉",为的是"少寄情赏"、"用托性灵"。

又讲:"近修东边儿孙二宅",也是他经营数年而成,有之二十载,已经是"桃李茂密,桐竹成阴,塍陌交通,渠畎相属。华楼迥榭,颇有临眺之美,孤峰丛薄,不无纠纷之兴。渎中并饶苻役,湖里殊富芰莲"。

自己亦颇享受:"或复冬日之阳,夏日之阴,良辰美景,文案间隙,负杖蹑履,逍遥陌馆,临池观鱼,披林听鸟,浊酒一杯,弹琴一曲,求数刻之暂乐,庶居常以待终,不宜复劳家间细务。"②

但后来,"货与韦黯,乃获百金……由吾虽云人外,城阙密迩,韦生欲之,亦雅有情趣",本为天地之物,亦不足惜。

徐勉将园林视为天地间物,有之藉以寄情赏,货之他人,亦雅有情趣,并不视之为个人恒有私产,更不为"子孙"。

南朝齐时,会稽山阴人孔珪,官至太子詹事,加散骑常侍,卒赠金紫光禄大夫。史载其"少学涉有美誉……风韵清疏,好文咏,饮酒七八斗……不乐世务。居宅盛营山水,凭几独酌,傍无杂事。门庭之内,草莱不翦。中有蛙鸣,或问之曰:'欲爲陈蕃乎?'珪笑答曰:'我以此当两部鼓吹,何必效蕃。'王晏尝鸣鼓吹候之,闻群蛙鸣,曰:'此殊聒人耳。'珪曰:'我听鼓吹,殆不及此。'晏甚有惭色。"③他的居宅,多列植桐柳,多构山泉,殆穷真趣。

雅朴自然的"小园",是南朝许多士大夫文人的理想天国。屈仕北朝的南朝著

① 沈约:《宋书》卷八十六。
② 李延寿:《南史》卷六十。
③ 李延寿:《南史》卷四十九孔珪。

名的宫廷诗人庾信,"幼而俊迈,聪敏绝伦",又"博览群书,尤善《春秋左氏传》"①,仕北周时,官至骠骑将军开府仪同三司,"虽位望通显,常有乡关之思",魂牵梦绕于故国山河,又具"流连哀思"审美趣味,并擅以绮艳之辞抒哀怨之情。《小园赋》突出表现了他浓厚的乡关愁思,幻想中的园林,既没有连闼洞房,也没有赤墀青锁。

园林很小,"若夫一枝之上,巢夫得安巢之所",就如《庄子·逍遥游》所说,"鹪鹩巢于深林,不过一枝",巢父便得栖身之处;"一壶之中,壶公就有安居之地。况乎管宁藜床,虽穿而可坐;嵇康锻灶,既暖而堪眠。岂必连闼洞房,南阳樊重之第;赤墀青锁,西汉王根之宅"。他要求的仅是"数亩弊庐,寂寞人外,聊以拟伏腊,聊以避风雨"。几亩小园一座破旧的小屋,寂寥清静与喧嚣尘世隔绝。姑且能与祭祀伏腊的阔屋相比,姑且以此避风遮霜。

"黄鹤戒露,非有意于轮轩;爱居避风,本无情于钟鼓",鹤鸣仅为警露,非有意乘华美之车;爱居鸟只是避风,本无心于钟鼓之祭。"蜗角蚊睫,又足相容者也",蜗牛之角,蚊目之睫,都足以容身。

房屋十分简陋,"犹得敧侧八九丈,纵横数十步,榆柳两三行,梨桃百余树。拔蒙密兮见窗,行敧斜兮得路。蝉有翳兮不惊,雉无罗兮何惧!草树混淆,枝格相交。山为篑覆,地有堂坳"。不规则的小园八九丈,纵横几十步,榆柳两三行,梨桃百余棵。拔开茂密的枝叶即见窗,走过曲折的幽径可得路。蝉有树荫隐蔽不惊恐,雉无罗网捕捉不惧怕。草树混杂,枝干交叉。一篑土为山,一小洼为水。园内不仅草莱不剪,中有蛙鸣,还"藏狸并窟,乳鹊重巢。连珠细菌,长柄寒匏"。与藏狸同窟而居,与乳鹊并巢生活。细菌连若贯珠,葫芦绵蔓高挂。不仅不觉得寒碜,还很自得,因为"可以疗饥,可以栖迟",尽管"崎岖兮狭室,穿漏兮茅茨。檐直倚而妨帽,户平行而碍眉。坐帐无鹤,支床有龟"。狭室高低不平,茅屋漏风漏雨。房檐不高能碰到帽子,户们低小直身可触眼眉。帐子简朴,床笫简陋。但"鸟多闲暇,花随四时。心则历陵枯木,发则睢阳乱丝。非夏日而可畏,异秋天而可悲"。鸟儿悠闲慢舞,花随四时开落。心如枯木,寂然无绪;发如乱丝,蓬白不堪。不怕炎热的夏日,不悲萧瑟的秋天。

更在于园主人与自然合二为一的自在悠闲的心理享受:

一寸二寸之鱼,三竿两竿之竹。云气荫于丛蓍,金精养于秋菊。枣酸梨酢,桃榹李薁。落叶半床,狂花满屋。名为野人之家,是谓愚公之谷。

试偃息于茂林,乃久美于抽簪。虽有门而长闭,实无水而恒沉。三春负锄相识,五月披裘见寻。问葛洪之药性,访京房之卜林。

游鱼、翠竹、雾气、丛生的蓍草、九月的秋菊,乃至酸枣酢梨、山桃郁李;积半床落叶,舞满屋香花。可以叫做野人之家,又可称为愚公之谷。在此卧息茂林之下乘

① 《周书·庾信传》。

荫纳凉,更可体味羡慕已久的散发隐居生活。园虽设而常关,实在是无水而沉的隐士。暮夏与荷锄者相识,五月受披裘者寻访。求葛洪药性之事,访京房周易之变。

摒去作者屈仕敌国、南归无望的无奈心情,但就这些他构想的小园及园居生活,虽然园内狸狌打洞,乌鹊作窝,细草连贯如珠,原朴、宁静、拙陋,但与纷乱喧嚣的尘世和华丽的宅第形成鲜明的反差,精神享受功能提到空前的高度。

二、幽庭野气深　岭上多白云

南朝时山林别墅园占着绝大多数,朴素雅致、妙造自然的山庭屡屡出现在文人的诗文吟咏之中,例如,江总《春夜山庭》载:

春夜芳时晚,幽庭野气深。山疑刻削意,树接纵横阴。
户对忘忧草,池惊旅浴禽。樽中良得性,物外知余心。

江总《夏日还山庭》载:

独于幽栖地,山庭暗女萝。涧清长低绠,池开半卷荷。
野花朝暝落,盘根岁月多。停樽无赏慰,狎鸟自经过。

肖悫《奉和初秋西园应教》载:

池亭三伏后,林馆九秋前。清冷间泉石,散漫杂风烟。
菜开千叶影,榴艳百枝然。约岭停飞旆,凌波动画船。

沈约在钟山下有郊园,他在《憩郊园和约法师堂诗》云:"郭外三十亩,欲以贸朝饘。繁蔬既绮布,密果亦星悬。"谢朓有《和沈祭酒行园诗》《游东田》诗等。

刘宋时期的吴姓士族孔灵符,"自丹阳出为会稽太守,寻加豫章王子尚抚军长史。灵符家本丰,产业甚广,又于永兴(今浙江萧山)立墅,周回三十三里,水陆地二百六十五顷,含带二山,又有果园九处。"①

南朝多儒、佛、道兼修的名士和佛道人物。南齐顾欢明言"道佛二者,用不同而体同"。梁武帝萧衍在《述三教诗》中说他自己"少时学周孔","中复观道书","晚年开释卷,犹月映众星",佛教成三教的中心。

南齐吴郡吴县人(今江苏省苏州市),文学家、书法家张融,其父张畅先为丞相长史,本人曾任太祖太傅掾,历骠骑豫章王司空谘议参军、中书郎、中散大夫等职,为官清廉,史书记述:"融假东出,世祖问融住在何处?融答曰:'臣陆处无屋,舟居非水。'后日上以问融从兄绪,绪曰:'融近东出,未有居止,权牵小船于岸上住。'上大笑。"这正是清李斗在《扬州画舫录·工段营造录》将之与"蒋诩径"并提的"张融舟":"启闭竟穿蒋诩径,入室还住张融舟。""蒋诩"(前69—前17年),字元卿,杜陵(今陕西西安)人,东汉兖州刺史,以廉直著称,后因不满王莽的专权而辞官隐退故

---

① 《宋书》卷五十四。

图 6-1 陆舟水屋(苏州沧浪亭)

里,闭门不出。《三辅决录》卷一云:"蒋诩归乡里,荆棘塞门。舍中有三径,不出,惟求仲、羊仲从之游。""蒋诩径"意指隐士的家园。"张融舟"亦可称"陆舟水屋"(图 6-1),即喻清心寡欲,不求富贵。张融这样以为品性高洁的士族,实际也是一位三教兼修的人物,他的临终遗令是:"左手执《孝经》、《老子》,右手执小品《法华经》。"①

陶弘景(456—536 年),出身于江东名门。博涉子史,自幼聪明异常。他工草隶行书尤妙,对历算、地理、医药等都有一定研究。十五岁著《寻山志》,二十岁被引为诸王侍读,后拜左卫殿中将军,三十六岁梁代齐而立,隐居句曲山(茅山),成为道教茅山派代表人物之一,实亦为三教合于一身的人物。《南史·陶弘景传》载:"遗令:既没不须沐浴,不须施床,止两重席于地,因所著旧衣上加生

图 6-2 山中宰相木雕(苏州忠王府)

①《南齐书》卷四十一《张融传》。

�裙及臂衣靺,冠巾法服,左肘录铃,右肘药铃,佩符络左腋下,绕腰穿环,结于前,钗符于髻上,通以大袈裟覆衾蒙首足,明器有车马。"

梁武帝礼聘不出,但朝迁大事辄就咨询,时人称为"山中宰相"(图6-2)。齐高帝萧道成诏书劝其出山,陶弘景写《诏问山中何所有赋诗以答》:"山中何所有,岭上多白云;只可自怡悦,不堪持赠君。"山中没有华轩高马,没有钟鸣鼎食,没有荣华富贵,只有那轻轻淡淡、飘飘渺渺的白云。正是这山中白云,自由飘逸。

三、恣意酣赏 及时行乐

陈沈炯《幽庭赋》:"矧幽庭之闲趣,具春物之芳华。转洞房而隐景,偃飞阁而藏霞。筑山川于户牖,带林苑于东家。草纤纤而垂绿,树搔搔而落花。于是秦人清歌,赵女鼓筑。"

嗟光景之迟暮,咏群飞之栖宿。顾留情于君子,岂含姿于娇淑。于是起而长谣曰:"故年花落今复新,新年一故成故人。那得长绳系白日,年年月月俱如春。"[1]陈江总《岁暮还宅》诗曰:"长绳岂系日?浊酒倾一杯。"

幽庭闲趣多,自然风景美,又有丝竹之乐,但人生不永,好景不长,南朝权臣们已经没有了建功立业的激情,更没有老骥伏枥的使命感,催生的是及时行乐的畸情,他们将汉末《古诗十九首》中"何不秉烛游"的呼声,化为践行的生活方式。

《梁书·夏侯亶传·附鱼弘传》,鱼弘认为"丈夫生世,如轻尘栖弱草,白驹之过隙。人生欢乐富贵几何时"!于是"恣意酣赏,侍妾百余人,不胜金翠,服玩车马,皆穷一时之绝"。他把所在郡地搜括干净,"常语人曰:'我为郡,所谓四尽:水中鱼鳖尽,山中獐鹿尽,田中米谷尽,村里民庶尽。'"[2]

据《南史》卷七十七载:

文度既见委用,大纳财贿,广开宅宇,盛起土山,奇禽怪树,皆聚其中,后房罗绮,王侯不能及……

法亮被责,少时亲任如旧。广开宅宇,杉斋光丽,与延昌殿相垺。延昌殿,武帝中斋也。宅后为鱼池钓台,土山楼馆,长廊将一里。竹林花药之美,公家苑囿所不能及……

吕文显……与茹法亮等叠出入为舍人,并见亲幸。多四方饷遗,并造大宅,聚山开池。时中书舍人四人各住一省,世谓之四户。既总重权,势倾天下。

权臣的私家园林追求声色之好、珠光宝气,物欲横流,虽然亦有亭台楼阁、花木之美,但与士大夫园林雅俗互异,不可同日而语。

《南史·恩幸·阮佃夫》卷七七载:权臣阮佃夫:"宅舍园池,诸王邸第莫及。女

① 欧阳询等编纂、汪绍楹校:《艺文类聚》,卷六十四,上海古籍出版社,1965。

② 姚思廉撰:《梁书·夏侯亶传附鱼弘传》卷二十八。

妓数十,艺貌冠绝当时。金玉锦绣之饰,宫掖不逮也。每制一衣,造一物,都下莫不法效焉。于宅内开渎东出十许里,塘岸整洁,泛轻舟,奏女乐。"

梁钱塘人朱异,始为扬州议曹从事,召直西省,累迁中领军。晚年为"娱衰暮","曰余今卜筑,兼以隔嚣纷。池入东陂水,窗引北严云。槿篱集田鹭,茅檐带野芬。原隰何迤逦,山泽共氛氲。苍苍松树合,耿耿樵路分。朝兴候崖晚,暮坐极林曛。恁高眺虹霓,临下瞰耕耘"。① 筑园于钟山西麓至富贵山,穷乎美丽,朱异好饮食,晚日来下,酣饮其中,极滋味声色之娱,子鹅炰不辍于口。②

《南史》卷六十七载,文化修养高、政绩颇丰且并不吝啬贪财的孙瑒,在园林美的享受上亦颇奢侈。

陈时孙瑒,字德琏,吴郡吴人,少倜傥,好谋略,博涉经史,尤便书翰。仕梁为邵陵王中兵参军事,后以军功封富阳侯。敬帝立,累迁巴州刺史。陈时官至迁五兵尚书,领左军将军,侍中。"瑒事亲以孝闻,于诸弟甚笃睦。性通泰,有财散之亲友。居家颇失于侈,家庭穿筑,极林泉之致,歌锺舞女,当世罕俦。宾客填门,轩盖不绝"。孙瑒于宅旁筑园,"极林泉之致",丝竹歌舞,宾客盈门。镇守郢州的水路上,居然也离不开园林:"乃合十馀船为大舫,于中立亭池,植荷芰,每良辰美景,宾僚并集,泛长江而置酒,亦一时之胜赏焉!"在大舫中立亭池,可谓前无所闻。

权臣追求的是赏心悦耳目、口食之味等全方位的享受。

第三节　南朝帝王宫苑的美学思想

南朝的帝王宫苑,在布局和使用内容上既继承了汉代苑囿的某些特点,又增加了较多的自然色彩和写意成分,开始走向高雅。

皇家园林依然追求"壮丽"、"重威"的艺术境界,但帝王个人品格的高下、艺术修养的差别,美学风格追求也不同,南朝宫苑呈现出雅俗不一的艺术格调。

一、尚简黜奢　尚自然恶人工

开国前期由于军事斗争的形势,国君往往励精图治,大力发展经济,力图维持社会的稳定、经济的繁荣。宫苑建筑和活动侧重军事功能,规模小、简约,以练兵听讼为主。

刘宋开国君主刘裕,本人虽然识字不多,但却十分重视文化典籍的保护,据《建康实录》卷十一载:"帝入长安,收其彝器、浑天仪、土圭、指南车、记里鼓、秦汉大钟、魏铜蟠螭等",归于建康。元嘉年间于建康立儒、玄、文、史四学馆;以后建康文论、

① 朱异:《还东田宅赠朋离诗》,见《文苑英华》二百四十七。《诗纪》九十二。
② 李延寿:《南史·朱异本传》卷六十二。

史学等发展到高峰,无不凭借这些文献图籍。

刘裕也非常重视教育。永初三年(422年)正月,下诏:"古之建国,教学为先,弘风训世,莫尚于此;发蒙启滞,咸必由之……"。为巩固刘宋的统治,改善社会风气,奠定了良好的基础。

公元417年,刘裕将北方官营手工业的"百工"迁来建康,于都城南郊斗场市(今雨花门外一带)设立专门管理织锦的官署——锦署,南京云锦由此诞生。建康都城的经济、文化日趋繁荣。

据南朝沈约《宋书本纪》第三武帝下记载,刘裕曾下令"蠲租布二年",在平定刘毅时,也曾下令减免税役,一律放还因战争被征发的奴隶。在吏治上,刘裕于永初二年(421年)三月,严格控制官吏及规制:"初限荆州府置将不得过二千人,吏不得过一万人;州置将不得过五百人,吏不得过五千人。兵士不在此限。"永初三年(422年)正月刘裕下诏:"刑罚无轻重,悉皆原降。"改革了东晋以来苛刻的刑法。

刘裕的个人生活"清简寡欲,严整有法度,未尝视珠玉舆马之饰,后庭无纨绮丝竹之音","财帛皆在外府,内无私藏",穿着十分随便,连齿木屐,普通裙帽;住处用土屏风、布灯笼、麻绳拂。为了告诫后人,知道稼穑艰辛,他在宫中摆放了年轻时耕田用过的耨耙之类的农具、补缀多层的破棉袄。

刘裕为宫苑繁盛打下坚实的文化、经济基础。

刘裕在位期间没有修园林的记载,见诸史书比较多的是宋文帝巡行四方,观省风俗,尊老爱民,巡慰振恤灾民等勤政爱民、整饬吏治的记载。园林活动比较多的是他听讼、阅武、办公事的记载,不见在园林中享乐的记载,如:《宋书武帝本纪》记载:"车驾于华林园听讼"、"临延贤堂听讼,自是每岁三讯"、"临玄武馆阅武"等。

或者与民同乐,宴请父老:"宴丹徒宫,帝乡父老咸与焉"。最多的活动是宴饮赋诗:宋文帝元嘉十一年三月禊饮于乐游苑,会者赋诗,颜延之为序。

宋孝武帝刘骏是宋文帝的第三子,文采横溢,《文心雕龙·时序》称"孝武多才,英采云构";"孝武诗,雕文织采,过为精密,为二蕃希慕,见称轻巧矣。"[1]《颜氏家训》卷四《文章篇》道:"自昔天子而有才华者,唯汉武、魏太祖、文帝、明帝、宋孝武帝。"

史载宋武帝刘骏听讼于阅武堂、听讼于华林园、阅武于宣武场、玄武湖大阅水师,因号昆明池,而俗亦呼为饮马塘。

齐开国君主高帝萧道成(427—482年)出身"布衣素族",以宽厚为本,提倡节俭。其子武帝继续统治其方针,使南朝又出现了一段相对稳定发展的阶段。

齐武帝永明元年(483年)曾于华林园设八关斋。永元元年(499年),敕请三十僧入华林园夏讲,推举成实论之硕学僧旻为法主。或者在园中进行外事活动:陈宣帝即位,北齐使常侍李騊駼来聘,赐宴乐游苑,尚书令江总作诗以赠之。

永明五年(487年)齐武帝曾禊饮于此芳林苑。王融《曲水诗序》云:"载怀平浦

---

① 《诗品》卷下"宋孝武帝、宋南平王铄、宋建平王宏"条。

乃眷芳林",盖此也。

齐明帝萧鸾在任期间屠杀宗室,萧道成与萧赜的子孙都被萧鸾诛灭。萧鸾任内长期深居简出,要求节俭,停止边地向中央的进献,并且停止不少工程。"罢武帝新起新林苑,以地还百姓。废文惠太子所起东田,斥卖之。"①建武二年(495)冬十月"诏罢东田,毁兴光楼"。

二、穷极雕靡　有侔造化

宋文帝刘义隆开创了"内清外晏,四海谧如"的极盛局面,也是刘宋皇家园林量、质齐高的时代。

刘义隆幼年特秀,博涉经史,善隶书,史载其"聪明仁厚,雅重文儒,躬勤政事,孜孜无怠,加以在位日久,惟简靖爲心。于时政平讼理,朝野悦睦,自江左之政,所未有也。"

《南史·宋本纪》卷二云:"上好儒雅,又命丹阳尹何尚之立玄素学,着作佐郎何承天立史学,司徒参军谢元立文学,各聚门徒,多就业者。江左风俗,于斯为美,后言政化,称元嘉焉。""三十年间,氓庶蕃息,奉上供徭,止于岁赋。晨出暮归,自事而已","民有所系,吏无苟得。家给人足,即事虽难,转死沟渠,于时可免。凡百户之乡,有市之邑,谣舞蹈,触处成群,盖宋世之极盛也。"

帝王们服膺士人自然山水园的高逸格调,欣赏仿效士人风范,甚至专请著名的士大夫文人来设计、监造皇家园林。

宋文帝刘义隆元嘉二十三年(446 年),"是岁,大有年,筑北堤,立玄武湖于乐游苑北,筑景阳山于华林园"。②

"二十三年,造华林园、玄武湖,并使永监统。凡诸制置,皆受则于永。二十三年,造华林园、玄武湖,并使永监统。凡诸制置,皆受则于永。"③

总设计师是张永,吴郡吴人,张良后也。张永是文武双全的能吏,所居皆有称绩,永既有才能,所在每尽心力。大明四年,立明堂,永以本官兼将作大匠。七年,为宣贵妃殷氏立庙,复兼将作大匠。史载其"永涉猎书史,能为文章,善隶书,晓音律,骑射杂艺,触类兼善,又有巧思,益为太祖所知。纸及墨皆自营造,上每得永表启,辄执玩咨嗟,自叹供御者了不及也。二十三年,造华林园、玄武湖,并使永监统。凡诸制置,皆受则于永……永既有才能,所在每尽心力,太祖谓堪为将……为宣贵妃殷氏立庙,复兼将作大匠"。④ 宋元嘉中,玄武湖有黑龙见,因改玄武湖,立方丈、蓬莱、瀛洲三座神山(大致为今天的梁洲、菱洲和翠洲)于湖中,春秋祠之。同年"凿

---

① 李延寿撰:《南史·齐本纪》卷五。
② 梁沈约:《宋书·文帝本纪》。
③ 《宋书列传第十三张茂度传》附录《张永传》
④ 梁沈约:《宋书·张茂度传》附录《张永传》。

天渊池,造景阳楼"。

《六朝事迹编类》载:"宋元嘉中,以其地(晋药园)为北苑,更造楼观。后改为乐游苑。"苑内建有"正阳"和"林光"二殿,宋张敦颐《六朝事迹编类》引《寰宇记》云,其地在覆舟山南去县六里。位于南京东北隅,其范围包括今九华山公园。石迈《古迹编》曰:"元嘉23年筑北堤,立玄武湖于乐游苑之北,湖中亭台四所。"

宋武帝刘骏,"少机颖,神明爽发,读书七行俱下,才藻甚美,雄决爱武,长于骑射"。

于玄武湖侧作大窦,通水入华林园天渊池,引殿内诸沟经太极殿,由东西掖门下注城南堑,故台中诸沟水常萦回不息。并巡江右,讲武校猎。还立皇后蚕宫于西郊,置大殿七间,又立蚕观。皇后亲桑;本人亲耕藉田,大赦天下等,也不失为有为君主。《南史》载,宋孝武刘骏大明三年于真武湖北立上林苑。《建康实录》云在县北十三里有古池俗呼为饮马塘。在凤台山修"南苑";"制度奢广,追陋前规,更造正光,玉烛,紫极诸殿。雕栾绮节,珠窗网户"。"立驰道,自阊阖门至于朱雀门,又自承明门至于玄武门"。

少帝刘义符"开渎聚土"、"兴造千计"、"穿池筑观"(《宋书·少帝本纪》),扩建华林园。

齐武帝萧赜永明元年(483年)因"望气者云:'新林、娄湖、东府西有天子气。'甲子,筑青溪旧宫,作新林、娄湖苑以厌之"。"娄湖苑"极为崇丽。

《寰宇记》云:"芳林苑一名桃花园,原为齐高帝萧道成旧居,改旧居为青溪宫,筑山凿池,设芳林苑,饮宴游乐其中。在府城之东,秦淮大路北。位于古湘宫寺前,近青溪中桥(青溪即今日竺桥)。"

永明五年(487年)"冬十月,初起新林苑"[①]。以临新林浦,得名新林苑,位于今雨花台区板桥街道境内。新林河,即今板桥河。旧志称,有小水源出牛首山,西流入长江,古名新林浦,亦名新林港。

建于建武三年(496年)的芳乐苑,苑内出现了跨池水而建的紫阁等新的建筑形式。

萧梁是六朝宫苑的鼎盛期,梁武帝萧衍(464—549年),容纳士族参政,保证他们的特权,同时选拔庶族地主掌权要,控制实权。萧衍一再诏令招募流民垦荒,减轻租赋,发展农业生产。在他统治的40多年间,社会比较安定,为南方经济文化的发展创立了良好的环境。

萧衍在位时继承扩建了华林园、乐游苑(《南史》有"鸾鸟见(梁)乐游苑"语)、玄圃、芳乐苑等园林外,在齐东宫的基础上,凿九曲池、立亭馆,还建了"江潭苑"、"兴苑"、"方山苑"等。

萧梁时著名政治家、史学家、文学家裴子野作《游华林园赋》:

---

① 李延寿撰:《南史·齐本纪》卷四。

谅无庸于殿省,且栖迟而不事。譬笼鸟与池鱼,本山种而有思。伊暇日而容与,时遨游以荡志。正殿则华光弘敞,重台则景阳秀出。赫奕晕焕,阴临郁律。绝尘雾而上征,寻云霞而蔽日。经增城而斜趣,有空垄之石室。在盛夏之方中,曾匪风而自栗。溪谷则沿潜派别,峭峡则险难壁立。积峻寰,溜(疑脱二字)阑干。草石苔藓,驳荦丛攒。既而登望徒倚,临远凭空。广观遨听,靡有不通。①

江潭苑,亦名王游苑。《建康实录》,萧梁大同九年(543年)"置江潭苑,去县二十里"。《地志》:"武帝自新亭凿渠,通新浦,又为池,并大道,立殿宇,亦名王游苑,未成而侯景乱。"

建兴苑。天监四年(505年)二月,"是月立建兴苑于秣陵建兴里"②。纪少瑜《游建兴苑诗》:

丹陵抱天邑,紫渊更上林。银台悬百仞,玉树起千寻。

水流冠盖影,风扬歌吹音。跐蹰怜拾翠,顾步惜遗簪。

日落庭光转,方幰屡移阴。愿言乐未极,不道爱黄金。③

湘东苑是梁元帝萧绎未即帝位为湘东王之时在他的封地首邑江陵的子城中建所筑,或倚山,或临水,借景园外,置景有精心布划。苑内穿池构山,长数百丈。山有石洞,入内可宛转潜行两百多步,叠山技艺水平已经不一般。

穿池构山,跨水有阁、斋、屋。斋前有高山,山有石洞,蜿蜒潜行二百余步。山上有阳云楼,楼极高峻,远近皆见。这个时期的园林穿池构山而有山有水,结合地形进行植物造景,因景而设园林建筑。

穿地构山,长数百丈,植莲蒲,缘岸杂以奇木。其上有通波阁,跨水为之。南有芙蓉堂,东有禊饮堂,堂后有隐士亭,亭北有正武堂,堂前有射埘、马埒。其西有乡射堂,堂安行埘、可得移动。东南有连理,太清初生此连理,当时以为湘东践祚之瑞。北有映月亭、修竹堂、临水斋。前有高山,山有石洞,潜行委宛二百余步。山上有阳云楼,极高峻,远近皆见。北有临风亭、明月楼。④

湘东苑池沿岸种植莲荷,岸边杂以奇木。建筑物有跨水而过的通波阁,高踞山巅的阳云楼。园林中还出现了可以移动的建筑。如湘东苑中有芙蓉堂、隐士亭、映月亭、修竹堂、临水斋等,并备有移动式"行埘"的乡射堂(堂前有射埘和马埒,以供骑射)。⑤

---

① 《艺文类聚》六十五。
② 李延寿撰:《南史·梁武帝本纪》卷六。
③ 《先秦汉魏南北朝诗梁诗》卷十三。
④ 李昉:《太平御览》一九六引居处部《渚宫旧事》。
⑤ 李昉:《太平御览》卷四十四,中华书局,1960,第1100页。

《南史·梁宗室下》卷五二载:南平元襄王伟字文达,"伟性端雅,持轨度。少好学,笃诚通恕。趋贤重士,常如弗及,由是四方游士、当时知名者莫不毕至"。

"齐世青溪宫改为芳林苑,天监初,赐伟为第。又加穿筑,果木珍奇,穷极雕靡,有侔造化。立游客省,寒暑得宜,冬有笼炉,夏设饮扇,每与宾客游其中,命从事中郎萧子范为之记。梁蕃邸之盛无过焉。"

"游客省"是特设的园林管理机构,每次活动,有从事中郎萧子范作记。游览方式也很浪漫惬意,萧恁有《奉和初秋西园应教诗》:"池亭三伏后,林馆九秋前。清泠间泉石,散漫杂风烟。菓开千叶影,榴艳百枝然。约岭停飞旆,凌波动画船。"①

南平元襄王伟之子恭,字敬范,而性尚华侈,广营第宅,重斋步阁,模写宫殿。尤好宾友,酣宴终辰,坐客满筵,言谈不倦。时元帝居蕃,颇事声誉,勤心着述,厄酒未尝妄进。恭每从容谓曰:"下官历观时人,多有不好欢兴,乃仰眠床上,看屋梁而著书,千秋万岁,谁传此者。劳神苦思,竟不成名。岂如临清风,对朗月,登山泛水,肆意酣歌也。"

南朝园林以萧梁时代为盛,萧衍在位时间较长,国力比较繁盛。

继承扩建了华林园、乐游苑、玄圃、芳乐苑等园林外,。

萧梁时著名的政治家兼史学家、文学家的裴子野,用清新秀美,质朴无华的笔触写过《游华林园赋》:

谅无庸于殿省,且栖迟而不事。譬笼鸟与池鱼,本山种而有思。伊暇日而容与,时遂游以荡志。正殿则华光弘敞,重台则景阳秀出。赫奕翚焕,阴临郁律。绝尘雾而上征,寻云霞而蔽日。经增城而斜趣,有空垄之石室。在盛夏之方中,曾匪风而自栗。溪谷则沱潜派别,峭峡则险难壁立。积峻窦,溜(疑脱二字)阑干。草石苔藓,驳荦丛攒。既而登望徒倚,临远凭空。广观遯听,靡有不通。②

《建康实录》,萧梁大同九年(543年)"置江潭苑,去县二十里。"《地志》:"武帝自新亭凿渠,通新浦,又为池,并大道,立殿宇,亦名王游苑,未成而侯景乱。"天监四年(505年)二月,"是月立建兴苑于秣陵建兴里"③。纪少瑜《游建兴苑诗》:

丹陵抱天邑,紫渊更上林。银台悬百仞,玉树起千寻。

水流冠盖影,风扬歌吹音。踟蹰怜拾翠,顾步惜遗簪。

日落庭光转,方憺屡移阴。愿言乐未极,不道爱黄金。

陈武帝陈霸先及文帝陈茜、宣帝陈顼,都重视奖励流民垦荒,减轻农民租役负担,发展农业生产。经20多年的治理,遭受梁宋战争破坏的南方经济又得到了恢复

---

① 《初学记》三。《文苑英华》卷百七十九。《万花谷後》三作萧恁诗。《金陵玄观志》作晋阳休之初秋西园诗。《诗纪》百十。

② 《艺文类聚》卷六十五。

③ 《南史》卷六(《梁武帝本纪》)。

和发展。

陈武帝以"侯景之平也，太极殿被焚……乃构太极殿"①，"天嘉中，盛修宫室，起显德等五殿，称为壮丽"②。

三、身处朱门　情游江海

齐高帝子衡阳王萧钧所说，他们是"身处朱门，情游江海；形入紫闼，而意在青云"③。

文惠太子萧长懋是齐武帝萧赜的长子，先于武帝去世，未能实际继承皇位。死后被谥为文惠。萧长懋解声律，工射，善立名尚，礼接文士，聚集文学之士于东宫，如范云、沈约等，《梁书》第十三卷称"时东宫多士，约特被亲遇，每直入见，影斜方出"。好经学，因祖父好《左氏春秋》，故承旨讽诵，作为平常诵读、谈论的内容。能文，有集十一卷，今佚。有《拟古诗》，存"磊磊落落玉山崩"一句，见《南史·沈颙传》；文一篇，即《疾笃上表》，见《南齐书》本传。

萧长懋性爱山水，"开拓玄圃与台城北堑，其中楼观塔宇，多聚异石，妙极山水。虑上宫望见，乃傍门列修竹，内施高障。造游墙数百间，施诸机巧：宜须障蔽，须臾成立，若应毁撤，应手迁移。"④园中还建"茅斋"一所，并请工于卫恒散隶书法的名士周颙书其壁。周颙其人"清贫寡欲，终日长蔬食，虽有妻子，独处山舍"，然"音辞辩丽，出言不穷，宫商朱紫，发口成句"⑤。

萧长懋同母弟竟陵王萧子良，玄、儒、佛兼容。与萧长懋俱好释氏，立六疾馆以养穷人。萧子良《行宅诗序》云："余禀性端疏，属爱闲外。往岁羁役浙东，备历江山之美，名都胜景，极尽登临。山原石道，步步新情；廻池绝涧，往往旧识。以吟以咏，聊用述心。"萧子良《游后园诗》，其中"丘壑每淹留，风云多赏会"为传世之名句。自然山水意识铸合成审美心理结构，体现了自然山水意识到觉醒。

梁武帝萧衍长子昭明太子萧统（501—531 年）史载他"生而聪叡，三岁受孝经、论语，五岁遍读五经，悉通讽诵"，著有文集二十卷，又撰古今典诰文言爲正序十卷，五言诗之善者爲《英华集》二十卷，又引纳才学之士，选编了当时最优秀的文学选本《文选》三十卷，以"事出于沉思，义归乎翰藻"为标准，主张文质并重，鉴赏力也与士人一致，史载他"性爱山水，于玄圃穿筑，更立亭馆，与朝士名素者游其中。尝泛舟后池，番禺侯轨称此中宜奏女乐。太子不答，咏左思《招隐诗》云：'何必丝与竹，山水有清音。'轨惭而止"。

将建于齐的玄圃进行改建，于园中建亭馆、凿善泉池。位于今玄武湖边的最西

---

① 李延寿撰：《南史·陈本纪》。
② 令狐德棻、长孙无忌、魏征等：《隋书·五行志》。
③ 《南史·齐宗室传》。
④ 梁萧子显：《南齐书》卷二十一《文惠太子传》。
⑤ 梁萧子显：《南齐书》卷四十一《周颙传》。

南角,古城墙的拐角处。现玄圃为"六朝文化地标",建有"天籁清音馆"、"明月轩"、"芙蓉坊"及"净明情舍"等游览景点。萧统《玄圃讲诗》载:

> 白藏气已暮,玄英序方及。稍觉螫声凄,转闻鸣雁急。
> 穿池状浩汗,筑峰形巀嶭。旰云缘宇阴,晚景乘轩入。
> 风来幔影转,霜流树条湿。林际素羽翻,濑间赪尾吸。
> 试欲游宝山,庶使信根立。名利白巾谈,笔札刘王给。
> 兹乐逾笙磬,宁止消悁邑。虽娱惠有三,终寡闻知十。[①]

萧统追求的是山水清音,而不是低级的感官之欲,与名士审美无二。

四、纵恣不悛 淫佚放荡

在园林中骄奢淫逸的都是各皇朝中晚期,特别是那些亡国之君,在园林中胡作非为。

宋少帝刘义符,曾"兴造千计,费用万端,帑藏空虚,人力殚尽"、"穿池筑观,朝成暮毁;征发工匠,疲极兆民"。"于华林园为列肆,亲自酤卖。又开渎聚土,以象破冈埭,与左右引船唱呼,以为欢乐。夕游天泉池,即龙舟而寝"[②]。

刘宋的前废帝为孝武帝刘骏的嫡长子刘子业,他淫乱嗜杀,将外围府第城堡改作离宫别馆,以供皇家游宴。刘子业还滥杀无辜,据《南史·废帝纪》记载:

> 帝好游华林园竹林堂,使妇人裸身相逐,有一妇人不从命,斩之。经少时,夜梦游后堂,有一女子骂曰:"帝悖虐不道,明年不及熟矣。"帝怒,于宫中求得似所梦者一人戮之。其夕复梦所戮女骂曰:"汝枉杀我,已诉上帝。"至是,巫觋云"此堂有鬼"。

帝与山阴公主及六宫彩女数百人随群巫捕鬼,屏除侍卫,帝亲自射之。事毕,将奏靡靡之声,寿寂之怀刀直入,姜产之为副,诸姬迸逸,废帝亦走。追及之,大呼:"寂!寂!"如此者三,手不能举,乃崩于华光殿,时年十七。

山阴公主淫恣过度,谓帝曰:"妾与陛下虽男女有殊,俱托体先帝,陛下后宫数百,妾惟驸马一人,事不均平,一何至此!"帝乃为立面首左右三十人,晋爵会稽郡长公主,秩同郡王,汤沐邑二千户,给鼓吹一部,加班剑二十人。帝每出,公主与朝臣常共陪辇。

真是"宋废帝兼斯众恶,不亡其可得乎"!

齐明帝驾崩,第二子萧宝卷继位,时年十六岁,最后降为东昏侯。变本加厉,《南史卷五·齐本纪》载:"大起诸殿,芳乐、芳德、仙华、大兴、含德、清曜、安寿等殿。又别为潘妃起神仙、永寿、玉寿三殿,皆匝饰以金璧。"宫苑之侈,以其为最。三年,后宫火,烧璿仪、曜灵等十余殿,及柏寝,北至华林,西至秘阁,三千余间皆尽。《南

---

① 《梁昭明太子文集》卷二载,北京图书馆,2004。
② 沈约:《宋书·少帝本纪》。

史·齐本纪》卷五载：

> 后宫遭火之后，更起仙华、神仙、玉寿诸殿，刻画雕彩，青濩金口带，麝香涂壁，锦幔珠帘，穷极绮丽。繁役工匠，自夜达晓，犹不副速，乃剔取诸寺佛刹殿藻井仙人骑兽以充足之。世祖兴光楼上施青漆，世谓之"青楼"。帝曰："武帝不巧，何不纯用琉璃。"

装点黄金白玉之类，极尽奢华之能事。窗间尽画神仙。椽桷之端，悉垂铃佩。造殿未施梁桷，便于地画之，唯须宏丽，不知精密。涂壁皆以麝香。锦幔珠帘，穷极绮丽。剔取诸寺佛刹殿藻井仙人骑兽以充足之。又以阅武堂为芳乐苑，穷奇极丽，山石皆涂以彩色。跨池水立紫阁诸楼观，壁上画男女私亵之像。日与潘妃放恣亵渎不可言。①

苑内多种好树美竹，天时盛暑，未及经日，便就萎枯；于是征求民家，望树便取，毁撤墙屋以移致之。朝栽暮拔，道路相继，花药杂草，亦复皆然。② 东昏侯倒行逆施，违反树木生长规律，且于城里城外大肆搜刮民间良树嘉卉。齐宣德太后的懿旨数落他：

> 凡所任仗，尽愿穷奸，皆营伍屠贩，容状险丑，身秉朝权，手断国命，诛戮无辜，纳其财产，睚眦之间。屠覆比屋……曾楚、越之竹，未足以言，校辛、癸之君，岂或能匹。③

《南史》卷五十一《梁宗室》上记载：临川靖惠王宏"纵恣不悛，奢侈过度，修第拟于帝宫，后庭数百千人，皆极天下之选"，"宏性好内乐酒，沈湎声色，侍女千人，皆极绮丽"。

史载萧梁皇家园林还有兰亭苑，玄洲苑等。萧梁宫苑之盛，成为侯景倒梁的一大罪行。

> "试观今日国家池苑，王宫第宅，僧尼寺塔，及在位庶僚，姬姜百室，仆从数千，不耕不织，锦衣玉食，不夺百姓，从何得之！"④

南朝几位治国无方，却在追求精神、肉欲享乐上颇能别出心裁的末代君主，居然也为后世园林留下一些"创造性"元素。

宋少帝"于华林园为列肆，亲自酤卖"。仿效的是东汉灵帝（168—188年在位），第一个在宫内西园列肆做"买卖"、开旅馆，令宫女扮作客店主人，他穿着商人服装来投店，住下后，享受美食。

齐东昏侯"又于苑中立市，太官每日进酒肉杂肴，使宫人屠酤，潘妃为市令，帝

---

① 李延寿撰：《南史·齐本纪》卷五。
② 李延寿撰：《南史·齐本纪》卷五。
③ 梁萧子显：《南齐书·本纪第七·东昏侯》卷七。
④ 《资治通鉴》卷一六一《梁纪》。

为市魁,执罚,争者就潘妃决判"①。百姓为此编了个民间小调:"阅武堂,种杨柳,至尊屠肉,潘妃酤酒。"

《南史·齐纪下·废帝东昏侯》载:"(东昏侯)又凿金为莲华(花)以贴地,令潘妃行其上,曰:'此步步生莲华(花)也。'"

东昏侯的凿金为莲华(花)以贴地,根据的居然是佛祖步步生莲的神圣意义。《佛本行集经·树下诞生品》中记载的释迦牟尼在兰毗尼园,"生已,无人扶持,即行四方,面各七步,步步举足,出大莲华"。

陈后主陈叔宝,富有才情,但穷奢极欲,荒淫堪与东昏侯相类。《陈书·后妃传》卷七记载:(陈后主)"至德二年,乃于光照殿前起临春、结绮、望仙三阁。阁高数丈,并数十间,其窗牖、壁带、悬楣、栏槛之类,并以沉檀香木为之,又饰以金玉,间以珠翠,外施珠廉,内有宝床、宝帐,其服玩之属,瑰奇珍丽,近古所未有。每微风暂至,香闻数里,朝日初照,光映后庭。其下积石为山,引水为池,植以奇树,杂以花药。"正如梁思成先生所说:"此风雅帝王燕居之建筑,殆重在质而不在量者也。"②

陈后主自居临春阁,张贵妃居结绮阁,龚、孔二贵嫔居望仙阁,并复道交相往来。又有王、李二美人、张、薛二淑媛、袁昭仪、何婕妤、江修容等七人,并有宠,递代以游其上。以宫人有文学者袁大舍等为女学士。③"后主每引宾客对贵妃等游宴,则使诸贵人及女学士与狎客共赋新诗,互相赠答,采其尤艳丽者以为曲词,被以新声,选宫女有容色者以千百数,令习而歌之,分部迭进,持以相乐。其曲有《玉树后庭花》《临春乐》等,大指所归,皆美张贵妃、孔贵嫔之容色也。其略曰:'璧月夜夜满,琼树朝朝新。'"④

"而张贵妃发长七尺,鬓黑如漆,其光可鉴。特聪惠,有神采,进止闲暇,容色端丽。每瞻视眄睐,光彩溢目,照映左右。常于阁上靓妆,临于轩槛,宫中遥望,飘若神仙。"⑤陈后主玩得稍有雅意。甚至也有"创造"。据冯贽《南部烟花记》记载:

> 陈后主为张贵妃丽华造桂宫于光明殿后,作圆门如月,障以水晶。后庭设素粉罘罳(网),庭中空洞无他物,惟植一桂树。树下置药杵臼,使丽华恒驯一白兔。丽华被素袿裳,梳凌云髻,插白通草苏孕子,靸玉华飞头屦。时独步于中,谓之月宫。帝每入宴乐,呼丽华为"张嫦娥"。

月宫圆月门(图6-3)自此成为后世园林门洞的常法。

① 梁萧子显:《南齐书·东昏侯》卷七。
② 梁思成:《中国建筑史》第四章,百花文艺出版社,1998,第74页。
③ 姚思廉撰:《陈书·后妃传》卷七。
④ 同上。
⑤ 同上。

图 6-3　圆月门(苏州狮子林)

第四节　南朝寺观园林美学思想

唐代诗人杜牧的《江南春》说:"南朝四百八十寺,多少楼台烟雨中!"其实,江南佛寺何止四百八十! 南朝江南佛教中心有三:京城建康(南京)地区、会稽山和剡山地区、吴地。

尊儒又崇佛的梁武帝一朝,广建佛寺,仅建康就有佛寺五百余所。

南北朝时代,赋税和徭役极为繁重,但僧尼却"寸绢不输官府,升米不进公仓","家休大小之调,门停强弱之丁,入出随心,往还自在"①。

寺院成为"法外之地"、"世外桃源",那些寺院的官府赐户所受的免税免役优待,对一般编户齐民更具有无限的诱惑力,于是贫苦农民纷纷"竭财以赴僧,破产以趋佛"②,以求寺院庇护。

在南朝,寺院的依附人口除下层僧尼、寺户外,还有白徒、养女。萧衍时梁都建康"僧尼十余万",据《南史·郭祖深传》记载:"道人又有白徒,尼则皆畜养女,皆不

---

①　《广弘明集》卷二七。

②　《梁书·武帝纪》。

贯人籍,天下户口几亡其半。"

据唐代僧人法琳《辩正论》所记,南朝,宋时有佛寺1913处,僧尼3.6万人;齐时有佛寺2015处,僧尼3.25万人;梁时最盛,佛寺达2846处,僧尼8.27万人;陈时有佛寺1232处,僧尼3.2万人。而且僧尼有大量奴婢供其驱使取乐。

清人陈作霖编《南朝佛寺志》所载二百二十五座著名寺院中,由皇帝捐钱兴建者三十三座,后妃公主捐钱兴建者十七座,王公捐钱兴建者十五座,官僚捐钱兴建者三十座,僧侣募捐者十六座,商人者一座,官府强迫民间集资者一座,余者不详。

寺院"侵夺细民,广占田宅","翻改契券,侵蠹贫下"①。

一、栖丘饮谷　结宇山中

南朝四百八十寺,虽然也有建于平地的,如创建于梁天监二年(503年)保圣寺位于水乡古镇甪直西市。但最受僧人青睐的还是结宇山中。

《莲社高贤传》云:

宗炳,字少文……炳妙善琴书,尤精元(玄)理。殷仲堪,桓玄并以主簿辟,皆不就。刘毅领荆州,复辟为主簿,答曰:"栖丘饮谷,三十年矣。"乃入庐山筑室。依远公莲社……雅好山水,往必忘归。西陟荆巫,南登衡岳;因结宇山中,怀尚平之志。②

雷次宗,字仲伦……入庐山预莲社,立馆东林之东。元嘉十五年(435年)召至京师,立学馆鸡笼山……复征诣京师,筑室钟山,谓之报隐馆。③

"梁武帝事佛,吴中名山胜境,多立精舍,因于陈隋,浸盛于唐……民莫不喜蠲财以施僧,华屋邃庑,斋馔丰洁,四方莫能及也。寺院凡百三十九……"④。吴地洞庭东、西两山、穹窿山、灵岩山、花山、天池山、阳山、虎丘山都为"深山藏古寺"的佳处。浩淼的太湖中有七十二峰缥缈隐现,其中洞庭东、西两山面积最大,东山是伸展于太湖东首的一座长条形半岛,因其在太湖洞山与庭山以东而得名洞庭东山,古称莫厘山、胥母山,有佛寺50余所(座);洞庭西山是太湖中最大的岛屿,有三庵十八寺,"规模宏丽,栖僧半千"⑤。西山的上真观,南朝梁大同四年隐士叶道昌舍宅而建:"径盘在山肋,缭绕穷云端……两廊洁寂历,中殿高巀嶭;静架九色节,闲悬十绝幡。"⑥号"天下第九洞天"的林屋洞旁有"宫殿百间环绕三殿"的"神景宫",又称"灵佑观"等。

苏州灵岩山寺、常熟兴福寺亦颇为著名。

① 《魏书·释老志》。
② 《莲社高贤传》第12—23页。
③ 《莲社高贤传》第22—23页。
④ 朱长文:《吴郡图经续记》,江苏古籍出版社,1986,第30页。
⑤ 皮日休:《孤山寺》选自钱仲联:《苏州名胜诗词选》,苏州市文联印,1985,第31页。
⑥ 皮日休:《上真观》选自钱仲联:《苏州名胜诗词选》,苏州市文联印,1985,第32页。

灵岩山寺位于江苏省苏州城西附近的灵岩山上。山门朝南,俯临太湖。又名崇报寺,梁时名秀峰寺,南朝梁天监二年(503 年)扩建为寺院,名"秀峰寺"。

始建于南朝齐的兴福寺在虞山北麓破龙涧畔,初名大慈寺。梁大同三年(537 年)改名兴福寺。此寺依山而筑,占地甚广,破龙涧自寺前迂曲而过,寺内青嶂叠起,古木参天,竹径通幽,"山光悦鸟性,潭影空人心"。

始建于梁代天监十年(511 年)昆山慧聚寺昆山市马鞍山南,唐张祜诗称"宝殿依山险,凌虚势欲吞"①。

二、穷极宏丽　资产丰沃

早期僧人的这种身份构成使寺院经济收入主要依靠布施。佛教寺院垦殖土地,兼射商利,从而形成经济实体,大约始于两晋。伴随着佛教的"国教化",寺院的营建遍及我国南北各地。寺院的财产被称为三宝物,即僧物、法物、佛物。作为僧物的田地、宅舍、园林和金银货币是构成寺院地主经济的基础。

南朝佛寺拥有丰厚的资产,建筑宏丽。

梁武帝时,《南史·循吏列传·郭祖琛传》记载:"时帝大弘释典,将以易俗,故祖深尤言其事,条以为都下佛寺五百余所,穷极宏丽。僧尼十余万,资产丰沃。所在郡县,不可胜言。道人(南朝对僧人的称谓)又有白徒,尼则皆畜养女,皆不赏人籍。天下户口,几亡其半。而僧尼多非法……皆使还俗附农,罢白徒养女……如此则法兴俗盛,国富人殷。不然,恐方来处处成寺,家家剃落,尺土一人非复国有。"

据《宋书·王僧达传》载:"吴郡西台寺多富沙门,僧达求须不称意,乃遣主簿顾旷率门义劫寺内沙门竺法瑶,得数百万。"吴郡西台寺法瑶就拥资数百万。

以"菩萨"自居的梁武帝。他曾三次舍身同泰寺,让公卿大臣以钱亿万奉赎。其中一次"皇帝舍财,遍施钱绢银锡杖等物二百一种,值一千九十六万。皇太子……施赠钱绢三百四十万,六宫所舍二百七十万……朝臣至于民庶并各随喜,又钱一千一百一十四万"②。

梁武帝天监五年(506 年),僧旻再游帝都,帝厚遇之,并与法宠、法云等于华林园讲论道义,因之僧旻道誉益隆。十四年,武帝敕令安乐寺僧绍撰华林佛殿众经目录四卷,未契帝意。十七年更诏请宝唱改订僧绍之目录,新编为经录四卷,世称"宝唱录",武帝大为嘉赏,敕掌华林园宝云经藏。③

梁武帝初创同泰寺,开大通门以对寺之南门,又"于故宅立光宅寺,于钟山立大爱敬寺,兼营长干二寺"④。

---

①　《嘉靖昆山县志》卷十六集诗。

②　《广弘明集》卷十九。

③　费长房:《历代三宝纪》卷十五。

④　魏收:《魏书·萧衍传》。

同泰寺位于南京之东北。于梁武帝普通二年(521年)九月建立。该寺楼阁台殿,九级浮图耸入云表。帝尝亲临礼忏,舍身此寺,并设无遮大会等法会,又亲升法座,开讲涅槃、般若等经,后更于本寺铸造十方佛之金铜像。梁亡陈兴,本寺遂成废墟。同泰寺旧址为今日之珠江路北侧。

司马光《资治通鉴》第一百五十七卷载:"上(南朝梁武帝萧衍)修长干寺阿育王塔,出佛爪发舍利。辛卯,上幸寺,设无碍食,大赦。"

南朝梁武帝一朝的天监二年(502年)再建苏州建福田寺,入唐,福田寺改名西竺寺。北宋960—1007年间依然名西竺寺。至北宋大中祥符年间(1008—1016年),西竺寺更名为祥符寺,此巷因寺而名至今。

孝武帝太元二十一年(396年)七月遭火灾,堂塔尽付灰烬。帝敕令兴复,并安置戴安道所造的佛像五尊、顾长康所画的维摩像及师子国所献玉像。

恭帝元熙元年(419年),又于寺内铸造丈六释迦像。刘宋以后,慧果、慧璩、慧重、僧导、求那跋摩、宝意等相次来住。或敷扬经论,或宣译梵夹。至梁代,建瓦官阁。僧供、道祖、道宗等人曾驻锡本寺。

陈光大元年(567年),天台智𫖮(智者大师)住此,讲《大智度论》及《次第禅门》,深获朝野崇敬。僧俗负笈来学者不可胜数,寺运隆盛。

三、竭财施僧　华屋遽庀

佛教号召世人施财舍宅来佞佛,《上品大戒经》说"施佛塔庙,得以千倍报",是积德行善之举。

润州招隐寺,初建于兽窟山上,由南朝著名艺术家戴颙故宅改建。戴颙隐居于此,拒不出仕而得名改兽窟山为招隐山。颙只生一女,颙死后,女矢志不嫁,舍宅为寺。

常熟的兴福寺位于江苏省常熟市虞山北麓,南齐延兴至中兴年间(494—502年),倪德光(曾任郴州刺史)舍宅为寺,初名"大悲寺"。

梁大同五年(539年)大修并扩建,改名"福寿寺",因寺在破龙涧旁,故又称"破山寺"。寺又有东、西二园,东园有白莲池、空心潭、空心亭、米碑亭、饮绿轩等。西园则有放生池、团瓢、对月谭经亭、君子泉、印心石屋等景。沿后山麓处,置以长廊,使各景点疏密相间,曲径通幽。

"规模宏丽,栖僧半千"[①]的西山(今金庭)"孤园寺",又名"祇园寺",是南朝梁大同四年散骑常侍吴猛舍宅为寺。

光福寺(光福寺的前身是私家住宅)系黄门侍郎(侍从皇帝,传达诏命要职)顾野王舍宅为寺,取"佛光普照,广种福田"的意思为名。光福寺塔,建于梁朝大同年间(535—546年),本名舍利佛塔,据传塔内原收藏有大方广佛华严经和光福寺开山

---

① 皮日休:《孤山寺》载钱仲联《苏州名胜诗词选》,苏州市文联印,1985,第31页。

祖师悟彻和尚的舍利。相传,现在光福的古镇区原来都是寺院佛刹,规模十分宏大,因此当地老百姓至今仍称之为"大寺"。[①]

第五节　南朝园林美学理论

南朝梁刘勰的《文心雕龙》关于意境美学、意象说及鉴赏美学诸论,南朝宋画家宗炳的《画山水序》"澄怀观道",谢赫《古画品录》"图绘六法"以及钟嵘的《诗品》提倡"滋味说",这些重要的美学理论,对园林美学思想以重大影响。

一、梁刘勰《文心雕龙》

齐梁时代,是中国美学史上的一个继往开来的时代。成书于齐梁之际的刘勰《文心雕龙》是一部中国古代文学理论的名著,全书五十篇,体制宏伟。清人章学诚在《文史通义·诗话》中说它是"体大而虑周",由总论、文体论、创作论、批评论四个部分构成。他在《序志》里谈到"文之枢纽"的文学总论,"论文叙笔"的文体论,"剖情析采"的创作论。即就这三部分看,都跟美学思想有关。

刘勰的美学思想是继承了先秦儒家、道家的美学思想,再加上魏晋时代曹丕、陆机的新的美学思想,用来纠正宋齐时代以门阀世族为主的追求声色享乐的浮靡文风,是给唐代美学作为先驱的开创者。

刘勰《物色》说:"若乃山林皋壤,实文思之奥府……然则屈平所以能洞监《风》、《骚》之情者,抑亦江山之助乎?"这是说,作家的文思,作品的文情,也是从自然景物中来的。自然是创作的源头活水,园林创作强调的是因地制宜。

刘勰《文心雕龙·原道》云:

夫玄黄色杂,方圆体分,日月叠璧,以垂丽天之象;山川焕绮,以铺理地之形,此盖道之文也……傍及万品,动植皆文:龙凤以藻绘呈瑞,虎豹以炳蔚凝姿;云霞雕色,有逾画工之妙;草木贲华,无待锦匠之奇。夫岂外饰,盖自然耳。至于林籁结响,调如竽瑟;泉石激韵,和若球锽:故形立则章成矣,声发则文生矣。

自然界五彩缤纷、花团锦簇,自然界之美出自天然,而非人工所为,天籁之鸣本身就是美妙的诗章。

于是,发展为对自然一往情深的情感论:"婉转附物,怊怅切情"(《明诗》),情与物审美统一构成诗境;"草区禽旅,庶品杂类,则触兴致情"(《诠赋》),情与草木鸟兽的审美统一便构成赋境。这是刘勰对于意境美学的杰出贡献。

---

① 李嘉球:《洞天福地光福》,山东画报出版社,2010,第7页。

园林正是通过黑格尔所说的"感性材料去表现心灵性的东西"①,"窥情风景之上,钻貌草木之中"②,园林中的建筑山水、花卉和鸟兽虫鱼等自然风景都可以纳入诗美范畴,感情内容转化为可以直觉观照的物色形态,自然万物也成为负载中国人审美情感的载体和符号。

借景言情在园林艺术创作中得到了广泛的运用,"顾有幽忧隐痛,不能自明,漫托之风云月露、美人花草,以遣其无聊"③。

《文心雕龙》"隐秀"说是美学中精辟的意象说。对园林创作、园林审美鉴赏具有重要的启示。创作原则和表现手法需要"隐秀"。在作品论中,具有"隐"的美学特征的作品有多层含义,显得空灵,有深度,具有"秀"的美学特征的作品有波澜,显得亮丽而光彩。在鉴赏论中,"隐"是读者追寻的意义空白,"秀"是使读者惊醒、感奋的美丽诗句。从文化语境来看,"隐"是儒家温柔敦厚诗教观念的体现,"秀"是魏晋以来追求语言形式之美的时代精神的体现。

刘勰在《文心雕龙·知音》篇中,虽为文学鉴赏专论,同样适用于包括园林艺术在内的审美鉴赏。刘勰说:"知音其难哉!音实难知,知实难逢,逢其知音,千载其一乎!"艺术作品要遇到真正的鉴赏者也是很不容易的。偏见比无知离真理更远,刘勰指出的"贵古贱今"和"崇己抑人",显然属于偏见,而"信伪迷真"的偏见属于学识浅薄所至。大多还是出于审美鉴赏力的缺失。

刘勰说:"夫麟凤与麏雉悬绝,珠玉与砾石超殊,白日垂其照,青眸写其形;然鲁臣以麟为麏,楚人以雉为凤,魏氏以夜光为怪石,宋客以燕砾为宝珠。形器易征,谬乃若是;文情难鉴,谁曰易分?"

麒麟和獐,凤凰和野鸡,都有极大的差别;珠玉和碎石块也完全不同;阳光之下显得很清楚,肉眼能够辨别它们的形态。但是鲁国官吏竟把麒麟当作獐,楚国人竟把野鸡当做凤凰,魏国老百姓把美玉误当做怪异的石头,宋国人把燕国的碎石块误当做宝珠。这些具体的东西本不难查考,居然错误到这种地步,何况文章中的思想情感本来不易看清楚,谁能说易于分辨优劣呢?

刘勰还指出:"凡操千曲而后晓声,观千剑而后识器。"只有弹过千百个曲调的人才能懂得音乐,看过千百口宝剑的人才能懂得武器,方能具备鉴赏能力。

二、宗炳的澄怀观道

晋宋时代的宗炳是集隐士与佛教信徒于一身的人物,据《南史·宗少文传》及《名画录》记载:他妙善琴书,以"栖丘饮谷"为志,不踏仕途,好游山水,尝西涉荆巫,南登衡岳,因结宇衡山,有疾还江陵,叹曰:"老疾俱至,名山恐难遍睹,惟当澄怀观

① 黑格尔:《美学》,第一卷,商务印书馆,1979,第361页。
② 刘勰:《文心雕龙·物色》。
③ 朱彝尊:《天愚山人诗集序》。

道,卧以游之。凡所游履,皆图之于室。"①是谓"卧游"。

宗炳在《画山水序》中进一步阐发了他"澄怀观道,卧以游之"的观点,认为:"圣人含道映物,贤者澄怀味象。"道德修养特高明的圣人从自然万物中发现总结出道,方为人知;贤者品味由圣人之道所显现之物象而得"道","澄怀"即涤除污浊,使情怀高洁,不以世俗的物欲容心,达到虚淡空明的心境之心,进入一种超世间、超功利的直觉状态;"味象",指去玩味、寻索自然山水的审美形象之中的佛的"神明"或"神道",从自然山水的形象中得到一种愉悦的享受。这叫"澄怀味象"。

"至于山水,质有而趣灵",既具形质又有灵趣。质有,指山水之感性形态,趣灵,乃是山水之神即内在精神的表现,"趣灵"赋于"质有"的山水以生命活力,也就是"山水以形媚道",山水以其具体的形象显现着道,所以圣人游山赏水,也是为了观道。因此,质有灵趣的山水是美的,使人愉悦的。

"余眷恋庐、衡,契阔荆、巫、不知老之将至。愧不能凝气怡身,伤跕石门之流,于是画像布色,构兹云岭……身所盘桓,目所绸缪,以形写形,以色貌色也……嵩、华之秀,玄牝之灵,皆可得之于一图矣"。

宗炳认为不仅"以形媚道"的自然山水能给人以审美愉悦,"类之成巧"的山水画同样能"怡身"、"畅神",给人以审美愉悦:

"于是闲居理气,拂觞鸣琴,披图幽对,坐究四荒。不违天励之丛,独应无人之野。峰岫峣嶷,云林森渺,圣贤映于绝代,万趣融其神思。余复何为哉?畅神而已。神之所畅,孰有先焉!"

于是,我在闲暇之时,摒除一切杂念,饮酒弹琴,铺展画卷,独自欣赏,坐在那儿仔细观察四方的山水。画面上所描绘的幽远意境,使我仿佛置身于没有尘埃的寂静的山林之中。峰岫耸峙,云林繁密而深远,圣贤的思想辉映着古老的年代,大自然的千万种旨趣融合,陶冶着我的精神,引起我无限遐思。目的只不过是让精神愉快罢了。通过"观道"而实现"畅神",寓观道于畅神,鲜明地突出了人的审美的愉悦功能,强调把握审美的主体意识的绝对意义,强调个体审美的自由及其个体审美认识的价值,强调彻底摆脱"致用"与"比德"的束缚。清乾隆有"澄怀观道妙,益觉此间佳"的咏叹。

此后,"澄观"、"卧游"、"澄怀卧游"等成为中国艺术史、美学史中的一个重要命题,"意境"被广泛地运用于园林景境的创构之中。北京颐和园有"澄怀阁",中南海丰泽园有"澄怀堂",承德山庄有"澄观斋",拙政园香洲旱船上层额"澄观"等。

三、谢赫的"图绘六法"

南齐·谢赫的《古画品录》是书画美学中文字记载最早、最系统的画论,他在序

① 《南史·宗少文传》。

中提出了"图绘六法"：

六法者何？一气韵生动是也，二骨法用笔是也，三应物象形是也，四随类赋彩是也，五经营位置是也，六传移模写是也。唯陆探微、卫协备该之矣。然迹有巧拙，艺无古今，谨以远近，随其品第，裁成序引。故此所述，不广其源，但传出自神仙，莫之闻见也。

"六法"中涉及的各种概念，在汉、魏、晋以来的诗文、书画论著中，已陆续出现。到了南齐，由于绘画实践的进一步发展，以及文艺思想的活跃，这样一种系统化形态的绘画理论终于形成。

受当时人物品藻的风气影响，"气韵生动"成为绘画的最高境界和最高要求。它要求，以生动的形象充分表现人物的内在精神。所以"六法"一开始便提出"气韵生动"的要求。这是六法的总纲，也是中国绘画追求的最高境界。但是"气韵生动"是一个抽象的东西，后面的二至五条，是达到"气韵生动"的具体要求。包括用笔、色彩、形象、构图等要素。只有这些都做好了，才有可能"气韵生动"。第六条是获取第二至第五条技法的途径，即向传统和古人学习临摹。这是一套完整的绘画理论，至今仍被奉为圭臬。

"六法"的其他几个方面则是达到"气韵生动"的必要条件。六朝人审美的最高理想，是神韵或者气韵。《诗镜总论》云："凡情无奇而自佳，景不丽而自妙者，皆韵也。"范温《潜溪诗眼》说："韵者，美之极。"又说："凡事既尽其美，必有其韵，韵苟不胜，亦亡其美。"这与南齐王僧虔(426—485年)在书法理论方面主张是一致的："书之妙道，神采为上，形质次之。"

其二是"骨法用笔"，即绘画的造型技巧。"骨法"一般指事物的形象特征；"用笔"指技法，用墨"分其阴阳"，更好地表现大自然的阴阳明晦、远近疏密、朝幕阴晴，以及山石的体积感、质量感等。下笔之前要充分"立意"，做到"意在笔先"，下笔后"不滞于手，不凝于心"，一气呵成，画完后又能做到"画尽意在"。

其三是"应物象形"，即物体所占有的空间、形象、颜色等。

其四是"随类赋彩"，即画家用不同的色彩来表观不同的对象。我国古代画家把用色得当和表现出的美好境界，称为"浑化"，在画面上看不到人为色彩的涂痕，看到的是"秾纤得中"，"灵气惝恍"的形象。我国山水画家在色彩运用上的这种"浑化"的境界，与我国园林艺术中的建筑、绿化、山水等色彩处理上的清淡雅致等要求是一脉相承的，但自然中的景色入画，画的色彩是不变的，而园林艺术的色彩却可以随着一年四季或一天内早中晚的变化而变化，这是园林与绘画的不同特点，也是绘画达不到的。

其五是"经营位置"，即考虑整个结构和布局，使结构恰当，主次分明，远近得体，变化中求得统一。我国历代绘画理论中谈的构图规律，如疏密、参羡、藏露、虚实、呼应、简繁、明暗、曲直、层次以及宾主关系等，既是画论，更是造园的理论根据。

如画家画远山则无脚,远树无根,远舟见帆而不见船身,这种简繁的方法,既是画理,也是造园之理。园林中的每个景点,犹如一幅连续而不同的画面深远而有层次,"常倚曲阑贪看水,不安四壁怕遮山"。这都是藏露、虚实、呼应等在园林建筑中的应用,宜掩则掩、宜屏则屏、宜敞则敞、宜隔则隔,抓住精华,俗者屏之,使得咫尺空间,颇能得深意。

其六是"传移模写",即向传统学习。从魏晋开始,南北朝的园林艺术向自然山水园发展,由宫、殿、楼阁建筑为主,充以禽兽。其中的宫苑形式被扬弃,而古代苑囿中山水的处理手法被继承,以山水为骨干是园林的基础。构山要重岩覆岭、深溪洞壑、崎岖山路、涧道盘纡,合乎山的自然形势。山上要有高林巨树、悬葛垂萝,使山林生色。叠石构山要有石洞,能潜行数百步,好似进入天然的石灰岩洞一般。同时又经构楼馆,列于上下,半山有亭,便于憩息;山顶有楼,远近皆见,跨水为阁,流水成景。这样的园林创作方能达到妙极自然的意境。

美与艺术被看作是同个体的精神、气质、心理不能分离的东西,园林艺术的美学风格也是如此。明计成《园冶》说,一般兴造"三分匠、七分主人",而"第园筑之主,犹须什九,而用匠什一","主人"非园主,乃"能主之人也",即负责设计的人,"能主之人"的意中创构和胸中文墨,决定了园林思想艺术境界之高下。这"能主之人"英国钱伯斯称为"画家和哲学家"。

四、钟嵘的"滋味说"

誉为"百代诗话之祖"的南朝文学批评家钟嵘(约468—约518年)在他的《诗品序》中,提出了以"自然英旨"为最高美学原则的诗歌创作论,并以"滋味"为最高追求的审美感受论,认为"于之以风力,润之以丹彩,使味之者无极,闻之者动心"者,才是"诗之至也"。

钟嵘提倡"滋味说",与他"吟咏性情"的创作论直接相关。他认为:"若乃春风春鸟、秋月秋蝉,夏云暑雨、冬月祁寒,斯四候之感诸诗者也。凡斯种种,感荡心灵,非陈诗何以展其义?非长歌何以骋其情?"可见,在他看来,诗歌的作用在于表达情感。情感外现于诗就变成了"滋味",供人玩味、体验。滋味原指人们对食物的味觉感受,将其用于文艺领域,则喻指在文艺作品中的深意、旨趣或审美趣味。

在中国美学史上,陆机《文赋》首先用"缺大羹之遗味"来形容诗味的不足,刘勰《文心雕龙·体性》篇也有"子云沈寂,故志隐味深"句,但钟嵘则更为自觉、明确地把"滋味"看作是诗的审美内容:"五言居文词之要,是众作之有滋味也。"

钟嵘的滋味说对后世颇有影响,唐代司空图"韵味论"、苏轼的"至味论",乃至清代王士禛的"神韵说"都深受其影响。对园林审美最高境界的意境说以巨大影响。

第七章　北朝园林美学思想

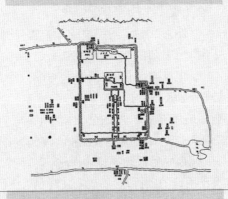

西晋末年,晋室内乱,北方游牧民族乘隙入主中原。先后出现五胡十六国。北朝十六国之一的后赵(319—352年),羯族石勒所建,都襄国(今河北邢台),后迁邺(今河北临漳县西)。盛时疆域有今河北、山西、陕西、河南、山东及江苏、安徽、甘肃、辽宁的一部分。后赵最强大的时候北方除辽东慕容氏、吉林高氏和河西张氏外,皆为石勒所统一。

后赵武帝石虎为明帝石勒堂侄,在位期间,生活十分荒淫奢侈,又对百姓施行暴政,表现出种种残暴的一面。太子石邃素来骁勇,骄淫残忍,喜欢将美丽的姬姜装饰打扮起来,然后斩下首级,洗去血污,盛放在盘子里,与宾客们互相传览,再烹煮姬妾身体上的肉共同品尝。石虎父子虽残暴,然却十分仰戴来自西域辅佑石赵的佛教僧侣佛图澄。《资治通鉴》第九十五卷载:

> 初,赵主勒以天竺僧佛图澄豫言成败,数有验,敬事之。及虎即位,奉之尤谨,衣以绫锦,乘以雕辇……争造寺庙,削发出家……虎诏曰:"朕生自边鄙,忝君诸夏,至于飨祀,应从本俗。其夷、赵百姓乐事佛者,特听之。

五胡乱华之前,佛教作为外来"胡教"入侵文化而一直受到汉族社会的强烈排斥,汉魏朝廷都明令汉人不得出家为僧,而只许"西域人立寺都邑以奉之",到了五胡乱华时期,为了在文化上奴化汉族,石赵统治者大力推行佛教,并打破了汉人不得出家的禁令,鼓励汉人改信佛教。

公元386年拓跋部首领拓跋珪建立北魏;公元439年,统一黄河流域。结束"五胡乱华"。6世纪前期,权臣高欢、宇文泰将北魏辖区切割成东魏(534—550年)、西魏(535—556年)两块。东、西魏先后被北齐(550—577年)和北周(557—581年)取代。北齐是鲜卑化汉人高氏所建的政权,北周是宇文鲜卑人统治的王朝。公元581年,北周外戚杨坚废静帝自立,改国号为隋,是为文帝,北朝结束。最终由隋文帝杨坚灭南朝陈,重新统一了中国。历史上将北魏和西魏、东魏、北齐、北周四个王朝总称为北朝。

鲜卑族举国上下都信奉佛教,由西域到中原的广大地域内,"民多奉佛,皆营造寺庙,相竞出家"。佛教在北魏前后奠定了基础。

北魏时,随着佛教的传播,发展佛像、壁画、石窟寺院等也得到了空前的发展。此后佛教中又加入了密宗、禅宗等新的教派。直至今日与道教、儒教一样,佛教在中国已扎入了深深的根基。北朝时广建佛寺。佛寺建筑可用宫殿形式,宏伟壮丽并附有庭园。尤其是不少贵族官僚舍宅为寺,原有宅园成为寺庙的园林部分。很多寺庙建于郊外,或选山水胜地。

洛阳城内数以千计的佛寺,平面布局及建筑单体影响了此后的佛寺建设;伴随着佛寺的兴盛,寺庙园林应时而生,从此中国三大园林体系皇家园林、私家园林、寺庙园林形式齐备,并肩发展。

北魏时期,私家园林大量兴起,其设计手法受到山水审美思想的影响,对后世园林的发展产生了重要影响。

建立北魏的鲜卑族拓跋部,最初活动于大兴安岭北端东麓一带,过着游牧生活,是文化较低、社会发展落后的部族。

孝文帝大举实行汉化,政治中心从平城(今山西大同)迁徙到中原腹地洛阳,集合中国古代都城建设思想,建设了洛阳城,是数千年来都城规划的集大成者。他推行了一系列改革鲜卑旧俗的措施:实行均田、三长、租调三个制度,让更多的农民成为国家直接的编户,以保证政府的租调收入和力役征发;改官制,一依魏晋南朝制度;禁北语,"不得以北俗之语,言于朝廷,若有违者,免所居官";禁胡服,服装一依汉制;改鲜卑复姓为单音汉姓。使汉族的先进文化及先进的政治制度完全融入了北魏的统治中,昭示出中华民族大融合的历史性进程。

孝文帝死后,由于部分守旧贵族和鲜卑武人的反对,北魏统治者逐渐废弃了以前的民族和解政策,又恢复了鲜卑族的特权,政治日益腐败,卖官鬻爵,贿赂公行,佛教寺庙如云。北魏开始逐步走向衰落。

第一节 崇饰佛寺 造立经象

一、侵夺细民 寺庙如云

据《高僧传·佛图澄传》载,后赵政权仅十数年间,各州郡建立佛寺竟达893所,僧尼万余人。北魏经略北方,对佛教"笃信弥繁",建寺造像,颇重功德。据唐代僧人法琳《辩正论》所记,北魏太延四年(438年)仅有僧尼数千人,到北魏末年(528年)。佛寺已达3万处,僧尼200多万人;北周建德三年(574年),佛寺有4万处,僧尼300万人。《魏书一百十四释老志》云:"京城内寺,新旧且百所,僧尼二千余人。四方诸寺,六千四百七十八,僧尼七万七千二百五十八人。"

上自皇帝,下至世族,构成了寺院地主经济急剧膨胀的输血队伍。据统计,皇室造寺47所,王公贵族舍宅立寺839所,百姓僧众建寺三万余所,境内僧尼多至百万人众①。到北魏末年,仅洛阳一地就有佛寺1 367所。《魏书一百十四·释老志》载:

世宗笃好佛理,每年常于禁中亲讲经论,广集名僧,标明义旨,沙门条录为《内起居》焉。上既崇之,下弥企尚。至延昌中(512—515年),天下州郡僧尼等(寺)积有一万三千七百二十七所,徒侣逾众。

《洛阳伽蓝记》(图7-1)序曰:

---

① 《辩正论》卷三,《法苑珠林》卷一百二十。

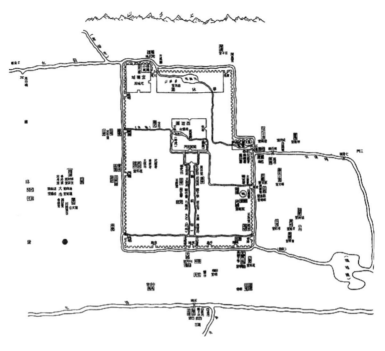

图 7-1 洛阳伽蓝记图

（洛阳）至永嘉，唯有寺四十二所。逮皇魏受图，光宅嵩洛，笃信弥繁，法教愈盛。王侯贵臣，弃象马如脱屣；庶士豪家，舍资财若遗迹，于是昭提栉比，宝塔骈罗；争写天上之姿，竞模山中之影，金刹与灵台比高，广殿共阿房等壮，岂直木衣绨绣，土被朱紫而已哉！

当时，寺院到处"侵夺细民，广占田宅"，每一所寺院实际就是一所地主庄园，高级僧侣就是地主，一般"僧尼"、"白徒"、"养女"或贫苦农民便是佃客。东晋释道恒曰："僧尼或垦植田圃，与农夫齐流，或商旅博易，与众人竞利……，或聚蓄委积，颐养有余，或指空谈，坐食百姓。"[1]

北魏初期，官吏没有俸禄，他们全靠贪污和残酷的经济掠夺来维持自己的奢侈生活，北魏建国初规定："天下户以九品混通。户调帛二匹、絮二斤、丝一斤、粟二十石；又入帛一匹二丈委之州库，以供调外之费。"宗主督护在评定户等时，"纵富督贫，避强侵弱"，从而把大部分租赋负担摊到一般百姓身上。

《释老志》总结北魏时佛法的流行，说：

自魏有天下，至于禅让，佛经流通，大集中国，凡有四百一十五部，合一千九百一十九卷。正光（公元五二〇）已后，天下多虞，工役尤甚。于是所在编民相与入

---

① 《弘明集》第六释道桓《释驳沦》。

道,假慕沙门,实避调役,猥滥之极,自中国之有佛法,未之有也!

北齐武平年间(570—575 年),"凡厥良沃,悉为僧有"。《北史·苏琼传》云:"道人道研,为济州沙门统,资产巨富。"

西魏京师大中兴寺释道臻,既为中兴寺主,又被"尊为魏国大僧统"①。这说明,寺主既是寺院的把持人,又是封建政府控制寺院的工具和代理人。

寺主之下则是都维那、典录、典坐、香火、门师等神职人员,他们都属于寺院的上层,与寺主一起构成了寺院地主阶层。寺院地主依靠他们手中的神权和雄厚的经济势力,身无执作之劳,却口餐美味佳肴,"贪钱财,积聚不散,不作功德,贩卖奴婢,耕田垦殖,焚烧山林,伤害众生,无有慈愍"②。

崇饰佛寺,造立经象的风气,到北齐、北周仍相承袭。受北方地域文化以及社会思潮的影响,北朝的佛教信仰特别注重建寺、造像、修功德、讲业报,逐渐与南朝佛教重义理、通玄解的风尚相分野。

开凿了龙门石窟等石窟寺园林,龙门山离洛阳市区十二公里,是标准的京畿之地使之形成名胜,接着开创了京畿风景园林,在龙门搞的第一个洞窟古阳洞,内容最为丰富:两壁镌刻着佛龛,拱额精巧富丽,图案文饰多彩,雕像姿态持重。这是洞内的景致,而洞外则是龙门西山之松柏,龙门东山之香草,与洞窟中的雕像相呼应,形成绝美的风景带。

因此,北朝修建寺庙,开窟造像的数量和规模都为南朝所不及。魏文帝昭中所说"内外之人,兴建福业,造立图寺,高敞显博,亦足以辉隆至教"③,是对北朝信佛风尚的最好注解。

二、绣柱金铺

佛寺建筑可用宫殿形式,宏伟壮丽并附有庭园。北魏时的寺院都在城市里或近郊,穷极奢华,《洛阳伽蓝记·城内篇》记北魏都城第一大寺永宁寺,位于宫城南门阊阖门外一里御道西。永宁寺呈南北向长方形,南北长 305 米,东西宽 215 米,占地面积 65 575 平方米。永宁寺内僧房楼观一千余间,都用珠玉锦绣装饰。

> 中有九层浮图一所,架木为之,举高九十丈。上有金刹,复高十丈;合去地一千尺。去京师百里,已遥见之……刹上有金宝瓶,容二十五斛。宝瓶下承露金盘一十一重周匝皆垂金铎。复有金锁四道,引刹向浮图四角,锁上亦有金铎。铎大小如一石瓮子。浮图有九级,角角皆悬金铎,合上下有一百三十铎。浮土有四面,面有三户六窗,户皆朱漆。扉上各有五行金铃,合有五千四百枚。复有金环铺首,殚土木之功,穷造形之巧,佛事精妙,不可思议。绣柱金铺,骇人心目。至于高风永夜,宝

① 《续高僧传·护法篇》。
② 《小法灭尽经》。
③ 《魏书·释老志》。

铎和鸣,铿锵之声,闻及十余里。浮图北有佛殿一所,形如太极殿。中有丈八金像一躯,中长金像十躯,绣珠像三躯,金织成像五躯,玉像二躯。作工奇巧,冠于当世。僧房楼观,一千余间,雕梁粉壁,青缦绮疏,难得而言……

时有西域沙门菩提达摩者,波斯国胡人也。起自荒裔,来游中土。见金盘炫目,光照云表,宝铎含风,响出天外;歌咏赞叹,实是神功。自云:年一百五十岁,历涉诸国,靡不周遍,而此寺精丽,阎浮所无也,极佛境界,亦未有此。口唱南无,合掌连日。

《魏书·释老志》载:

起永宁寺,构七级佛图,高三百余尺,基架博敞,为天下第一。又于天宫寺造释迦立像,高四十三尺,用赤金十万斤,黄金六百斤。皇兴中,又构三级石佛图,椽栋楣楹,上下重结,大小皆石,高十丈,镇固巧密,为京华壮观。

达官贵人纷纷舍私园建寺,洛阳出现了"王侯第宅,多题为寺"[①]的现象,原有宅园成为寺庙的园林部分。

吴世昌先生把北朝洛阳的寺宇,归于金谷园这系统之下,他说:"北魏洛阳的寺宇有许多是当时的权贵舍宅所立,而那些所舍的住宅里面的楼亭布置,当然要受洛阳附近的金谷园的影响的。"[②]

庙宇大都是王公贵族所建,其作用和现在要人们的别墅差不多,专为游观休息的。

经河阴之役,诸元歼尽。王侯第宅,多题为寺。寿邱里间,列刹相望。祇垣郁起,宝塔高凌。

河间寺
四月初八日,京师士女,多至河间寺。观其殿庑绮丽,无不叹息。以为蓬莱仙室,亦不是过。

建中寺,本是阉官司空刘腾宅。屋宇奢侈,梁栋逾制。一里之间,廊庑充溢。堂比宣光殿,门匹乾明门。博敞宏丽,诸王莫及也。[③]

宫城西南建中寺。位于皇城西边南数第二门西阳门内御道北延年里内有,本为宦官刘腾宅,占地一个里坊,"屋宇奢侈,梁栋逾制,一里之间,廊庑充溢。"

宫城以西瑶光寺。位于皇城西边南数第三门阊阖门内御道北、也即宫城千秋门外二里处御道北。瑶光寺为世宗宣武帝所立,五级佛图可与永宁寺比美,而有"讲殿尼房五百余间",可以推测其规模大致比永宁寺为小。此五百余间讲殿尼房绮疏连亘,户牖相通。

---

① 《洛阳伽蓝记·城西法云寺》。
② 《魏晋风流与私家园林》,见原载 1934 年《学文》月刊第 2 期。
③ 《洛阳伽蓝记》卷一。

城东。崇义里内杜子休宅,后为灵应寺。崇义里位于建春门外一里余之东石桥桥北大道以东(大道以东为绥民里,绥民里东即崇义里)。

秦太上君寺。位于东阳门外二里御道北之晖文里内。此寺为胡太后为母所建,规格颇高,"五层浮图一所,修刹入云,高门向街,佛事装饰,等于永宁。颂室禅堂,周流重叠。"

阳水东迳故七级寺禅房南。水北则长庑偏驾,迥阁承阿,林之际则绳坐疏班,锡林闲设;所谓修修释子,眇眇禅栖者也。[1]

溱水又西南迳中宿县会一里水,其处险,名之为观歧。连山交枕,绝岸壁竦。下有神庙;背河面流,坛宇虚肃。庙渚缵石巉嶷,乱峙中川。[2]

城南,景明寺。宣武帝所立,位于宣阳门外一里御道东,东西南北方圆五百步,占有形胜之地,规模恢弘,所谓"前望少室,却负帝城,青林垂影,绿水为文"。

城西,冲觉寺。原为清河王元怿宅,位于西明门外,"第宅丰大,逾于高阳。西北有楼,出凌云台,俯临朝市,目极京师……楼下有儒林馆、延贤堂,形制并如清暑殿。土山钓池,冠于当世。"

大觉寺。为广平王怀舍宅所立,位于阊阖门外一里余,其环境景致比美景明寺:"北瞻邙岭,南眺洛汭,东望宫阙,西顾旗亭,禅窟显敞,实为胜地……林池飞阁,比之景明。"

同书又记载了洛阳的报恩寺、龙华寺、追圣寺,"此三寺园林茂盛,莫之与争"[3]。

第二节　夸竞斗富　奢朴异趣

一、争修园宅　互相夸竞

北魏后期,四海晏清,承平日久,鲜卑门阀在优裕的生活中已经完全腐化,高阳王元雍有家仆六千,使女五百,吃一顿饭要花费数万钱。王公贵族王公贵族争尚山水之好,洛阳有永和里、寿丘里、四夷里等园林区。

宫城东南永和里园林区,里内居住太傅录尚书(事)长孙稚等六宅,"皆高门华屋,斋馆敞丽。"《洛阳伽蓝记》卷四《开善寺》记载:

寿丘里,皇宗所居也,民间号为王子坊……于是帝族王侯、外戚公主,擅山海之富,居川林之饶。争修园宅,互相夸竞。崇门丰室,洞户连房。飞馆生风,重楼起雾。高室芳树,家家而筑;花林曲池,园园而有。桃李夏绿,竹柏冬青。

---

① 《水经注》卷二十六,第17页。

② 《水经注》卷三十八,第24页。

③ 《洛阳伽蓝记·城南·龙华寺》。

而河间王琛最为豪首,常与高阳争衡。造文柏堂,形如徽音殿。置玉井金罐,以金五色缋为绳。妓女三百人,尽皆国色。……遣使向西域求名马,远至波斯国,得千里马,号曰"追风赤骥"。有七百里者十余匹,皆有名字。以银为槽,金为锁环,诸王服其豪富。

琛(常)语人云:"晋室石崇乃是庶姓,犹能雉头狐掖,况我大魏天王,不为华侈?"造迎风馆于后园,窗户之上,列钱青琐,玉凤衔铃,金龙吐佩,素柰朱李,枝条入檐;伎女楼上,坐而摘食。①

奢侈的河间王元琛,十几匹骏马全来自西域,居然都用银槽来喂养,金为锁环。同书还写:

"王侯第宅,多题为寺。寿丘里间,列刹相望,祗洹郁起,宝塔高凌。八日士女,多至河间寺。观其廊庑绮丽,无不叹息,以为蓬莱仙室。……咸皆唧唧(啧啧),虽梁王兔苑想之不如也。"②

既然"诸王服其豪富"了,元琛还时时炫富:

"琛常会宗室,陈诸宝器,金瓶银瓮。百余口,瓯檠盘盒称是。自余酒器,有水晶钵碗、赤玉卮数十枚,作工奇妙,中土所无,皆从西域而来。又陈女乐及诸名马,复引诸王按行府库,锦罽(罽)珠玑,冰罗雾縠,充积其内。绣、缬、油(紬)、绫、丝、彩、越、葛、钱、绢等不可数计。"③

请客用的器皿如水晶钵、玛瑙碗等,都是由外国买来的稀罕之物。不仅如此,还以富豪自骄骄人,还向章武王元融炫耀:"不恨我不见石崇,恨石崇不见我!"

章武王融"立性贪暴,志欲无限"之徒,当胡太后赐百官任意取绢时,朝臣"莫不称力而去,唯融与陈留侯李崇负绢过任,蹶倒伤踝。(太后即不与之,令其空出,时人笑焉)"。他因妒羡元琛之富,居然病倒:

"见之惋叹,不觉生疾,还家卧三日不起。江阳王继来省疾,谓曰:'卿之财产,应得抗衡,何为叹羡,以至于此?'融曰:'常谓高阳一人宝货多(于)融,谁知河间,瞻之在前。'继曰:'卿欲作袁术之在淮南,不知世间复有刘备也?'融乃蹶起,置酒作乐。于时国家殷富,库藏盈溢,钱绢露积于廊者,不可较数。"

其他王侯、达官,也豪侈如皇帝。如高阳王宅"匹于帝宫。白壁丹楹,窈窕连亘,飞檐反宇,轇輵周通";郭文远宅,"堂宇园林,匹于邦君。"

二、皇家园林　奢朴异趣

北朝十六国之一的后赵和鲜卑慕容氏所建立的后燕,所建宫观也很奢华。而

---

①　杨衒之:《洛阳伽蓝记》卷四。

②　同上。

③　同上。

北魏宫观园林从简尚实用。

后赵武帝石虎性奢侈,咸康二年(336年)在襄国建造太武殿,台基高二丈八尺,长六十五步,宽七十五步,用有纹理的石块砌成。殿基下挖掘地下宫室,安置卫士五百人。用漆涂饰屋瓦,用金子装饰瓦当,用银装饰楹柱,珠帘玉璧,巧夺天工。宫殿内安放白玉床,挂着流苏帐,造金莲花覆盖在帐顶。又在显阳殿后面建造九座宫殿,挑选士民的女儿安置在殿内,佩戴珠玉、身穿绫罗绸缎的有一万多人,教她们占星气、马上及马下的射术。又设置女太史,各种杂术、技巧,都与外边男子相同。石虎又让女骑兵一千人充当车驾的侍从,都戴着紫纶头巾,穿熟锦制作的裤子,用金银镂带,用五彩织成靴子,手执羽仪,鸣奏军乐,跟随自己游巡宴饮。

石虎在邺城所建华林苑、后燕于龙城(今辽宁朝阳)城外营建龙腾苑,台观虽丽,但都为山水园林。(详见本章第三节)

北魏洛阳皇家园林,《洛阳伽蓝记》记载的仅有西游园和华林园,大多系旧园改建,从简尚朴,较当时的私家园林规模小、建筑多而不奢华。

孝文帝节俭,北魏的都城是在晋末"八王之乱"后魏晋旧城址上重建,园林亦仅改造前朝遗园,更重实用。

华林园是在魏晋华林园的基础上重建,园内设施大多因循旧园。

西游园,即东汉、曹魏留下的"西苑",仅仅改一名称而已。

北魏孝文帝时于凌云台上凿八角井,井北还建造有凉风观,登之远望,目极洛川。雕凿精美的石蟾蜍和龙口水道,北魏皇室一直在使用。基于实用,将西游园与寝宫相连,方便了皇室人员的日常生活,使之来到园中,犹在宫中,工作、用餐、夜宿都不耽误。影响至唐宋园林的寝宫布局。

第三节　嘉树夹牖　曲沼环堂

无论皇家园林还是贵族私园,建筑豪侈、构园思想,普遍推崇"道法自然"的道家思想,这时期,人们"不专流荡,又不偏华上;卜居动静之间,不以山水为忘"[1],山水庭园满足了人们时时享受山林野趣的愿望,在这种艺术氛围里,中国园林一改过去"单纯地摹仿自然山水进而至于适当地加以概括、提炼,但始终保持着'有若自然'的基调",初步形成了自然山水式园林的艺术格局,对山水的欣赏提高到审美的高度。

一、楼观随势　妙极自然

皇家宫苑中的人工建构、布局追求与自然山水的巧妙结合,构山合乎真山的自

---

[1] 《洛阳伽蓝记·城东·正始寺》,引姜质《庭山赋》。

然体势，林木掩映，楼观高下随势，妙极自然，成为后世皇家山水园林的先驱。

据陆翙《邺中记》记载，石虎在邺城(今河北临漳县)筑连亘数十里的华林苑，苑中三观四门，其中三门通漳水。

北齐武成帝时，又增饰"若神仙居所"，改称仙都苑。又于仙都苑内"别起玄洲苑，备山水台观之丽"。《历代宅京记·邺下》载：

> 玄洲苑、仙都苑，苑中封土为五岳，五岳之间，分流四渎为四海，汇为大池，又曰大海。海池之中为水殿。其中岳嵩山北，有平头山，东西有轻云楼，架云廊十六间。南有峨嵋山，山之东头有鹦鹉楼，其西有鸳鸯楼。北岳南有玄武楼，楼北有九曲山，山下有金花池，池西有三松岭。次南有凌云城，西有陛道，名曰通天坛。大海之北，有飞鸾殿。其南有御宿堂。其中有紫微殿，宣风观、千秋楼，在七盘山上。又有游龙观、大海观、万福堂、流霞殿、修竹浦、连璧洲、杜若洲、靡芜岛、三休山。西海有望秋观、临春观，隔水相望。海池中又有万岁楼。北海中有密作堂，贫儿村，高阳王思宗城，已上并在仙都苑中。

后燕(384—407年)光始三年(403年)五月，于龙城(今辽宁朝阳)城外营建龙腾苑，据《晋书·卷一百二十四·慕容熙载记第二十四》载："大筑龙腾苑，广袤十余里，役徒二万人。起景云山于苑内，基广五百步，峰高十七丈。又起逍遥宫、甘露殿，连房数百，观阁相交。凿天河渠，引水入宫。又为其昭仪苻氏凿曲光海、清凉池。季夏盛暑，士卒不得休息，暍死者大半。"

据《洛阳伽蓝记》载，北魏高祖时，拟华林园中的"天渊池"为大海，就池中文帝所筑九华台上，造了"清凉殿"，世宗又在海内造蓬莱山，山上有"仙人馆，上有钓鱼殿……海西有景山殿，山右东羲和岭，岭上有温风室。山西有姮娥峰，峰上有露寒馆。并飞阁相通，凌山跨谷。山北有玄武池，山南有清暑殿，殿东有临涧亭。殿西有临危台"。这种"临危台"，一般设置在峰巅危崖之上，是个观景台，可以登高四顾，遍览美景。

华林园景阳山南有大片果园，称为百果园，白果园内"果别作林，林各有堂"，其中枣和桃负有盛名："有仙人枣，长五寸，把之两头俱出，核细如针，霜降乃熟，食之甚美。""又有仙人桃，其色赤，表里照彻，得霜乃熟"，成熟时间在十月。

园林在艺术构建上已经趋于成熟：山水、花木、建筑、雕塑等园林要素已经齐备。

无论是豪侈的王公贵族园林，还是寺庙园林，宏美堂宇建筑群掩映于绿树丛翠之中，环境既肃穆静谧又无比优美。

"匹于帝宫"的高阳王(宅)，其竹林鱼池，侔于禁苑，芳草如积，珍木连阴；河间王元琛屋后园林，"见沟渎蹇产，石磴礁峣，朱荷出池，绿萍浮水，飞梁跨阁，高树出云"。[1]

---

① 杨衒之：《洛阳伽蓝记》卷四，第7～9页。

永和里园林区"秋槐荫途,桐杨夹植"。四夷馆、四夷里园林区,"门巷修整,阊阖填列。青槐荫陌,绿柳垂庭"。

"性爱山泉"临淮王彧的宅园,宅第花草树木自然繁盛,每至"春风扬扇,花树似锦"。

原为刘腾避暑的建中寺内,有凉风堂,"凄凉常冷,经夏无蝇,有万年千岁之树也"。

瑶光寺,"珍木香草,不可胜言。牛筋狗骨之木,鸡头鸭脚之草,亦悉备焉";灵应寺园中"果菜丰蔚,林木扶疏";正始寺园林,"檐宇清净,美于丛林,众僧房前,高林对牖,青松绿柽,连枝交映。多有枳树";平等寺,"堂宇宏美,林木萧森,平台复道,独显当世"。

宣武帝所立景明寺,"前望少室,却负帝城,青林垂影,绿水为文"。寺内殿堂一千余间,"复殿重房,交疏对霤,青台紫阁,浮道相通。虽外有四时,而内无寒暑。房檐之外,皆是山池。松竹兰芷,垂列阶墀,含风团露,流香吐馥"。寺有三池,萑蒲菱藕,水物生焉。或黄甲紫鳞,出没于繁藻,或青凫白雁,沉浮于绿水。

秦太上公二寺,并门临洛水,林木扶疏,布叶垂阴。花林芳草,偏满价墀。

报德、大觉、三宝、宁远寺,"周回有园,珍果出焉"。

龙华寺、追圣寺二寺园林冠于洛阳诸寺,所谓"园林茂盛,莫之与争"。

城西冲觉寺,原为清河王元怿宅,位于西明门外,"第宅丰大,逾于高阳。西北有楼,出凌云台,俯临朝市,目极京师……楼下有儒林馆、延贤堂,形制并如清暑殿。土山钓池,冠于当世。斜风入牖,曲沼环堂,树响飞嘤,墄丛花药"。

大觉寺,为广平王怀舍宅所立,其环境景致比美景明寺:"北瞻邙岭,南眺洛汭,东望宫阙,西顾旗亭,禅窠显敞,实为胜地……林池飞阁,比之景明。至于春风动树,则兰开紫叶,秋霜降草,则菊吐黄花。"

凝玄寺,原为宦官济州刺史贾璨宅,"地形高显,下临城阙,房庑精丽,竹柏成林"。

永宁寺:"栝柏椿松,扶疏檐霤,翠竹香草,布护阶墀……其四门外,皆树以青槐,亘以绿水,京邑行人,多庇其下。路断飞尘,不由淦云之润;清风送凉,岂藉合欢之发?"

白马寺,寺内苹果、葡萄异于别处,子实甚大,葡萄大于枣,味道很鲜美。每到葡萄成熟季节,孝文帝命人摘取,自己品尝之后,多赠予宫人。宫人得之,又舍不得吃尽,遂转送亲戚。亲戚们感到新奇,让街坊邻居品尝,于是京师流传一句话:"白马甜榴,一实直牛。"夸赞葡萄香甜,堪比石榴,一颗就抵得上一头牛的价值。

宝光寺园林,园中有水系,有"咸池",池边有芦苇;景明寺园林还有人工湖,湖中有荷花,竹林松树林也在其中,含风带露,青翠欲滴;宫城以南为景乐寺,环境幽静,多种枣树、槐树,掩映曲廊精舍,十分精致。"堂屋周环,曲房连接","堂屋、曲房之间有"轻条拂户,花蕊被庭"。宫城东南景林寺,寺西部有果园,"多饶奇果。春鸟秋

241

第七章　北朝园林美学思想

蝉,鸣声相续"。

果园中内有一小巧而构架奇巧的祇洹精舍,深藏草木之间,如同处在岩谷,所谓"禅阁虚静,隐室凝邃,嘉树夹牖,芳杜匝阶,虽云朝市,想同岩谷"。

宫城东南昭仪尼寺。寺内堂前有"酒树面木";又有水池一处,京师学徒初谓之翟泉,隐士赵逸称之为"石崇家池";宫城东南愿会寺佛堂前有奇异桑树:"直上五尺,枝条横绕,柯叶旁布,形如羽盖。复高五尺,又然。凡为五重。"报恩寺、龙华寺、追圣寺,"此三寺园林茂盛,莫之与争"①。

山野寺观园林更有得天独厚的山水环境,下为《水经注》所引几则:

"导北山泉源下注,漱石颓隍。水上长林插天,高柯负日。出于山林精舍右,山渊寺左……溪水沿注西南,迳陆道士解南精庐,临侧川溪。"②

"沮水南迳沮县西……稠木傍生,凌空交合。危楼倾岳,恒有落势。风泉传响于青林之下,岩猿流声于白云之上,游者常若目不周玩,情不给赏。是以林徒栖托,云客宅心。泉侧多结道士精庐焉。"③

"阳水东迳故七级寺禅房南。水北则长庑偏驾,迥阁承阿,林之际则绳坐疏班,锡林闲设;所谓修修释子,眇眇禅栖者也。"④

"溱水又西南迳中宿县会一里水,其处隘,名之为观歧。连山交枕,绝岸壁竦。下有神庙;背河面流,坛宇虚肃。庙渚缋石巉嵓,乱峙中川。"⑤

二、曲尽山居之妙

真山真水中所构私家园林,所具自然野致,自不待言。

《魏书·逸士冯亮传》云:

冯亮,字灵通,南阳人。萧衍平北将军蔡道恭之甥也……隐居嵩高……亮既雅爱山水,又兼巧思,结架岩林,甚得栖游之适。颇以此闻。世宗给其工力,令与沙门统僧暹,河南尹甄琛等,周视嵩高形胜之处,遂造闲居佛寺。林泉既奇,营制又美,曲尽山居之妙。

《魏书·恩倖茹皓传》云:

茹皓,字禽奇,旧吴人也……皓性微工巧,多所兴立,为山于天渊池西,采掘北邙及南山佳石,徙竹汝颖,罗蒔其间,经构楼馆,列于上下,树草栽木,颇有野致,世宗心悦之,以时临幸。

---

① 《洛阳伽蓝记·城南·龙华寺》。
② 《水经注》卷三十二。
③ 同上。
④ 《水经注》卷二十六。
⑤ 《水经注》卷三十八。

吴世昌先生说:"由此条可知来人米芾爱石,徽宗兴'花石纲'之役,乃是由茹皓的先例所引起的。"[①]北朝时期,已经有观赏石罗列在园林中了。

三、重岩复岭 有若自然

北魏司农张伦在宅园中模仿自然造景阳山。

敬义里南有昭德里。里内有……司农张伦等五宅……惟伦最为奢侈:斋宇光丽,服玩精奇;车马出入,逾于邦君。园林山池之美,诸王莫及! 伦造景阳山,有若自然。其中重岩复岭,嶔崟相属。深溪洞壑。逦迤连接。高林巨树,足使日月蔽亏;悬葛垂萝,能令风烟出入。崎岖石路,似瓮而通;峥嵘涧道,盘纡复直。是以山情野兴之士,游以忘归。[②]

天水人姜质志(一作姜质)为张伦宅作《庭山赋》进行了详尽描写:

庭起半山半壑,听以目达心想……纤列之状一如古,崩剥之势似千年……尔乃决石通泉,拔岭岩前。斜与危云等并,旁与曲栋相连。下天津之高雾,纳沧海之远烟……

若乃绝岭悬坡,蹭蹬蹉跎;泉水纡徐如浪峭,山石高下复危多。五寻百拔,十步千过:则知巫山弗及,未稔蓬莱如何? 其中烟花露草,或倾或倒;霜干风枝,半耸半垂,玉叶金茎,散满阶坪。然目之绮,烈鼻之馨,既共阳春等茂,复与白雪齐清。

羽徒纷泊,色杂苍黄,绿头紫颊,好翠连芳。白鹤生于异县,丹足出自它乡:皆远来以臻此,藉水木以翔翔……[③]

地势起伏跌宕,泉水长流,花草树木繁荣,鸟类荟萃,是以山情野兴之士,游以忘归。

---

① 吴世昌:《魏晋风流与私家园林》,载 1934 年《学文》月刊第二期。
② 《洛阳伽蓝记》卷二,第 7 页。
③ 《洛阳伽蓝记·城东·正始寺》,引姜质《庭山赋》。

参 考 文 献

［1］李民,王健.尚书译注［M］.上海:上海古籍出版社,2004.

［2］杨天宇.周礼译注［M］.上海:上海古籍出版社,2004.

［3］朱熹.诗集传［M］.北京:中华书局据文学古籍刊行社影印宋刊本.

［4］许维遹.韩诗外传集释［M］.北京:中华书局,2005.

［5］杨伯峻.论语译注［M］.北京:中华书局,1963.

［6］杨伯峻.孟子译注［M］.北京:中华书局,1963.

［7］陈鼓应.庄子今注今译［M］.北京:中华书局,1999.

［8］吴毓江.墨子校注［M］.北京:中华书局,2006.

［9］陈奇猷.韩非子集释·校注本［M］.上海:上海人民出版社,1974.

［10］杨伯峻.列子集释［M］.晋张湛,校注.北京:中华书局,1979.

［11］杨伯峻.春秋左传注［M］.北京:中华书局1981.

［12］徐元浩.国语集解［M］.北京:中华书局,2002.

［13］郭璞.山海经校注［M］.袁珂,点校.北京:北京联合出版公司,2014.

［14］王逸,黄灵庚.楚辞章句疏证［M］.北京:中华书局,2007.

［15］李安纲.儒教三经［M］.北京:中国社会出版社,1999.

［16］张震泽.扬雄集校注［M］.上海:上海古籍出版社,1993.

［17］汉许慎.说文解字［M］.徐铉,校定.北京:中华书局,1963.

［18］段玉裁.说文解字注［M］.上海:上海古籍出版社,1988.

［19］佚名.三辅黄图［M］.西安:陕西人民出版社,1980.

［20］刘歆.西京杂记［M］.葛洪,辑抄.北京:中华书局,1985.

［21］程大昌.雍录［M］.北京:中华书局,2002.

［22］董仲舒.春秋繁露［M］.北京:中华书局,1975.

［23］李安纲.佛教三经［M］.北京:中国社会出版社,1999.

［24］侯白.启颜录［M］.曹林娣,李泉,注.上海:上海古籍出版社,1990.

［25］司马迁.史记［M］.北京:中华书局,1975.

［26］王先谦.汉书补注［M］.北京:中华书局,1983.

［27］范晔.后汉书集解［M］.王先谦,撰.北京:中华书局,1984.

［28］张华.博物志［M］.范宁,校注.北京:中华书局,1980.

［29］萧统.文选［M］.北京:中华书局,1977.

[30] 陶渊明. 陶渊明集[M]. 逯钦立, 校注. 北京:中华书局,1979.

[31] 刘勰. 文心雕龙[M]. 北京:人民文学出版社,1958.

[32] 刘义庆. 世说新语笺证[M]. 余嘉锡, 笺证. 北京:中华书局,1983.

[33] 六张敦颐. 朝事迹编类[M]. 上海:上海古籍出版社,1995.

[34] 许嵩. 建康实录[M]. 文渊阁本《四库全书》.

[35] 陈寿. 三国志[M]. 裴松之, 注解. 北京:中华书局,1959.

[36] 房玄龄,褚遂良,等. 晋书[M]. 北京:中华书局,1974.

[37] 沈约. 宋书[M]. 北京:中华书局,1974.

[38] 萧子显. 南齐书[M]. 北京:中华书局,1972.

[39] 姚思廉. 梁书[M]. 北京:中华书局,1973.

[40] 李延寿. 南史[M]. 北京:中华书局,1975.

[41] 魏收. 魏书[M]. 北京:中华书局,1974.

[42] 姚思廉. 陈书[M]. 北京:中华书局,1999.

[43] 萧统. 梁昭明太子文集[M]. 北京:北京图书馆出版社,2004.

[44] 广弘明集[M]. 唐京兆释道宣撰, 上海:上海古籍出版社,1991.

[45] 宋无名氏. 莲社高贤传[M]. 北京:中华书局,1991.

[46] 郦道元. 水经注[M]. 南京:江苏凤凰出版社,2011.

[47] 杨炫之,范祥雍. 洛阳伽蓝记集证[M]. 上海:上海古籍出版社,1978.

[48] 令狐德棻,长孙无忌,魏征,等. 隋书[M]. 北京:中华书局,1973.

[49] 陆广微, 著. 吴地记[M]. 南京:江苏古籍出版社,1986.

[50] 欧阳询,等. 艺文类聚[M]. 汪绍楹, 校. 上海:上海古籍出版社,1965.

[51] 李昉,徐铉,宋白,等. 文苑英华[M]. 北京:中华书局,1966.

[52] 李昉,李穆,徐铉,等. 太平御览[M]. 北京:中华书局,1960.

[53] 沈括. 梦溪笔谈[M]. 北京:文物出版社,1975.

[54] 朱长文. 吴郡图经续记[M]. 南京:江苏古籍出版社,1986.

[55] 顾炎武. 日知录[M]. 上海:上海古籍出版社影印本.

[56] 季羡林. 季羡林散文全编[M]. 北京:中国国际广播出版社,2001.

[57] 冯时. 星汉流年——中国天文考古录[M]. 成都:四川教育出版社,1996.

[58] 叶林生. 古帝传说与华夏文明[M]. 哈尔滨:黑龙江教育出版社,1999.

[59] 赵国华. 生殖崇拜文化论[M]. 北京:中国社会科学出版社,1990.

[60] 楼庆西. 中国传统建筑装饰[M]. 北京:中国建筑工业出版社,1999.

[61] 朱光潜. 朱光潜美学文学论文选集[M]. 长沙:湖南人民出版社,1980.

[62] 项秉仁. 国外著名建筑师丛书·赖特[M]. 北京:中国建筑工业出版社,1992.

[63] 刘永济. 词论[M]. 上海:上海古籍出版社,1981.

[64] 郭沫若. 甲骨文字研究[M]. 北京:科学出版社,1962.

[65] 郭沫若. 中国古代社会研究[M]. 北京:人民出版社,1954.

[66] 郭沫若.中国史稿[M].北京:人民出版社,1976.

[67] 王仲殊.汉代考古学概说[M].北京:中华书局,1984.

[68] 金春峰.汉代思想史[M].北京:中国社会科学出版社,1997.

[69] 徐复观.两汉思想史[M].上海:华东师范大学出版社,2001.

[70] 梁思成.中国建筑史[M].天津:百花文艺出版社,1998.

[71] 刘敦桢.中国古代建筑史[M].北京:中国建筑工业出版社,1980.

[72] 刘叙杰.中国古代建筑史(第一卷)[M].北京:中国建筑工业出版社,2009.

[73] 王其钧.华夏营造[M].北京:中国建筑工业出版社,2010.

[74] 张正明,邵学海.长江流域古代美术史前至东汉玉石器[M].武汉:湖北教育出版社,2002.

[75] 张朋川.黄土上下[M].济南:山东画报出版社,2006.

[76] 周维权.中国古典园林史[M].北京:清华大学出版社,1999.

[77] 张家骥.中国造园艺术史[M].太原:山西人民出版社,2004.

[78] 范文澜,蔡美彪.中国通史[M].北京:人民出版社,1994.

[79] 许顺湛.黄河文明的曙光[M].郑州:中州古籍出版社,1993.

[80] 钱钟书.管锥编[M].北京:中华书局,1979.

[81] 张正明.楚史论丛[M].武汉:湖北人民出版社,1984.

[82] 吴功正.六朝园林[M].南京:南京出版社,1992.

[83] 黄仁宇.中国大历史[M].北京:生活·读书·新知三联书店,2002.

[84] 余英时.士与中国文化[M].上海:上海人民出版社,2003.

[85] 闻一多.回望故园[M].北京:北京大学出版社,2010.

[86] 宗白华.美学散步[M].上海:上海人民出版社1997.

[87] 朱光潜.谈美书简二种[M].上海:上海文艺出版社1999.

[88] 李泽厚,刘纲纪.中国美学史[M].北京:中国社会科学出版社1987.

[89] 李泽厚.美的历程[M].北京:文物出版社,1982.

[90] 袁行霈.中国文学史[M].北京:高等教育出版社,1999.

[91] 冯友兰.中国哲学史新编[M].北京:人民出版社,2001.

[92] 汤用彤.汉魏两晋南北朝佛学史[M].北京:中华书局,1983.

[93] 陈寅恪.魏晋南北朝史讲演录[M].合肥:黄山书社,1987.

[94] 陈寅恪.金明馆丛稿[M].上海:上海古籍出版社,1980.

[95] 钱穆.国史大纲[M].北京:商务印书馆,1994.

[96] 吴大澂.说文古籀补[M].光绪九年(1883)初刻本.

[97] 王国维.观堂集林[M].中华书局,2004.

[98] 张岱年.晚思集:张岱年自选集[M].北京:新世界出版社,2002.

[99] 宗白华.宗白华全集[M].合肥:安徽教育出版社,1996.

[100] 王稼句.苏州园林历代文钞[M].上海:上海三联,2008.

[101]【英】弗·培根着.人生论·论园艺[M].何新,译.北京:华龄出版社,1996.

[102]【德】黑格尔.美学[M].朱光潜,译.北京:商务印书馆,1984.

[103]【英】爱德华·B·泰勒.原始文化[M].连树声,译.上海:上海文艺出版社,1992.

[104]【德】马克思恩格斯.马克思恩格斯选集(第四集)[M].北京:人民出版社,1972.

[105]【英】弗朗西斯·克里克.惊人的假说[M].汪云九,等,译.长沙:湖南科技出版社,1999.

[106]【俄】普列汉诺夫.普列汉诺夫哲学著作选集[M].北京:生活·读书·新知三联书店,1961.

[107]【俄】普列汉诺夫.论艺术[M].北京:生活·读书·新知三联书店,1973.

[108]【俄】乌格里诺维奇.艺术与宗教[M].王先睿,等,译.北京:生活·读书·新知三联书店,1987.

[109]【瑞士】荣格.心理学与文学[M].冯川,苏克,译.北京:生活·读书·新知三联书店,1987.

[110]【瑞士】荣格.荣格文集[M].冯川,译.北京:改革出版社,1997.

后　记

　　中华先人在史前原始美学思想的萌芽时期,产生了基于生存和繁衍的原始天地山川自然崇拜以及生殖崇拜,由此出现天圆地方等祭坛礼器形式等园林文化原始意象,随着对天象的观察,附会出北极、四象、二十八星宿等天宫布局,对秦汉及以后的宫苑乃至一般住宅的布局产生永久的影响;史前神话意象也深刻地影响着后世构园思想;夏商周三代儒、道、墨、楚骚等思想,为中国园林美学思想的奠基;秦汉神仙思想是园林"一池三山"美学思想的典范,长盛不衰,汉末对生命的觉悟为魏晋南北朝山水美的发现奠定了思想基础;迎来了魏晋南北朝醉心山水、享受生命、放浪形骸的高潮,思想的自由、个性的张扬,带来了富有个性特色的私家园林的勃兴。而汉末入传中国的佛教,经历了与中华传统儒道思想碰撞、融合,成为中国传统思想的重要组成因素,宗教园林自道观外出现了大量豪侈的寺庙园林,自此,中国园林中的皇家宫苑、私家园林和寺观园林鼎足而三。

　　园林美学思想呈现出多元的色彩,雅俗纷呈,为隋唐两宋元园林美学思想的全面成熟奠定了基础。

　　同济大学编辑部多次组织讨论、统一思想,特别是责编季慧和陆克丽霞付出了很大的努力,敬业精神令我感佩不已!本书框架结构及内容,都是在本丛书作者夏咸淳、程维荣先生及同济大学出版社组织的专家评议的基础上修改而成的,在此一并致以诚挚谢意。不足之处,欢迎方家不吝赐教。

曹林娣

2015 年 9 月